信息技术基础同步实践指导与练习

（Windows 10+Office 2016）

主　编◎刘　冰　谷　潇　刘　城

副主编◎李玮琦　戚海军　杜　军　江　辉

中南大学出版社
www.csupress.com.cn
·长沙·

图书在版编目（CIP）数据

信息技术基础同步实践指导与练习：Windows 10+
Office 2016 / 刘冰，谷潇，刘城主编. --长沙：中南大学
出版社，2025.8. --ISBN 978-7-5487-6230-0

Ⅰ. TP316.7；TP317.1

中国国家版本馆 CIP 数据核字第 2025FU4375 号

信息技术基础同步实践指导与练习
（Windows 10+ Office 2016）
XINXI JISHU JICHU TONGBU SHIJIAN ZHIDAO YU LIANXI
（Windows 10+ Office 2016）

刘冰　谷潇　刘城　主编

□出 版 人	林绵优	
□责任编辑	韩　雪	
□责任印制	李月腾	
□出版发行	中南大学出版社	
	社址：长沙市麓山南路	邮编：410083
	发行科电话：0731-88876770	传真：0731-88710482
□印　　装	广东虎彩云印刷有限公司	

□开　　本	787 mm×1092 mm　1/16	□印张 19.5	□字数 484 千字
□版　　次	2025 年 8 月第 1 版	□印次 2025 年 8 月第 1 次印刷
□书　　号	ISBN 978-7-5487-6230-0	
□定　　价	56.00 元	

图书出现印装问题，请与经销商调换

内容提要

    本书是《信息技术基础——Windows 10+Office 2016》教材的同步实践指导与练习参考用书。全书各章节内容完全对照教材的项目任务(即计算机基础知识、计算机硬件基础、办公自动化、网络与信息安全、算法与程序设计、数据库技术和计算机新技术)的次序进行编排,每个项目内容下设有重点知识精讲、典型例题精解、阶段知识检测等模块,对实操性强的项目还设有上机实战精练,书中的实战案例以教材为依托、难度适中、操作性强,阶段知识检测部分按照"全国计算机等级考试一级计算机基础"及"四川省普通高等学校'专升本'大学计算机基础考试大纲"(2024)进行设计,题目类型主要有单选题、多选题、判断题和填空题,并就近给出了参考答案,方便读者即练即测。

    本书适合作为大学各专业信息技术课程的实训和练习用书,也适合作为全国计算机等级考试一级计算机基础及四川省普通高等学校"专升本"大学计算机基础考试和 MS Office 应用考试的自学参考用书。

前言
Foreword

　　本书是《信息技术基础——Windows 10+Office 2016》教材的同步实践指导与练习参考用书。全书各章节内容完全对照教材的项目任务(即计算机基础知识、计算机硬件基础、办公自动化、网络与信息安全、算法与程序设计、数据库技术和计算机新技术)的次序进行编排。通过重点知识精讲、典型例题精解、上机实战精练和阶段知识检测等模块对教材各项目中所涉及的知识点进行针对性的精讲、精解、精练和测试,旨在帮助读者进一步巩固其在教材中学到的相关知识,提升实践操作的能力,检验相关知识的掌握情况。书中的实战案例以教材为依托、难度适中、操作性强。阶段知识检测部分按照"全国计算机等级考试一级计算机基础"及"四川省普通高等学校'专升本'大学计算机基础考试大纲"(2024)进行设计,题目类型主要有单选题、多选题、判断题和填空题,并附有参考答案,方便读者即练即测。

　　本书结构明晰、内容全面、解析透彻、实战案例及题量丰富,适合作为职业院校各专业信息技术课程的实训和练习用书,也适合作为全国计算机等级考试一级计算机基础及四川省普通高等学校'专升本'大学计算机基础考试和 MS Office 应用考试的自学参考用书。

　　本书由达州职业技术学院的刘冰、谷潇、刘城、李玮琦、戚海军、杜军、江辉主持编写,参与编写的还有吴刚、张彬、王兰、向瑜、梁姝、胡鹏、毛政翔、于洲、廖永强等,谷潇负责了全书的审阅工作。

　　在编写过程中,我们参阅、借鉴了其他有关资料,在此,谨向有关作者表示谢意。由于作者水平有限,加之时间仓促,书中错误与疏漏在所难免,敬请读者批评指正。

编　者

目 录
Contents

项目一
计算机基础知识

任务一　计算机概述

本任务涉及的知识点及考点：计算机的概念、发展历史、特点、分类和应用。

一、重点知识精讲

1.计算机的发展阶段

(1)第一代，电子管(半导体)计算机时代(1946—1957年)。
(2)第二代，晶体管(半导体)计算机时代(1958—1964年)。
(3)第三代，中小规模集成电路计算机时代(1965—1970年)。
(4)第四代，大规模、超大规模集成电路计算机时代(1971年至今)。

2.计算机的特点

计算速度快、精度高、超强记忆、逻辑判断和自动控制。

3.计算机的分类

(1)按处理数据的形态分类：数字计算机、模拟计算机、混合计算机。
(2)按使用范围分类：通用计算机、专用计算机。
(3)按性能和规模分类：巨型计算机、大型计算机、中型计算机、小型计算机、微型计算机和工作站。

二、典型例题精解

1.单选题

计算机从诞生至今已经经历了四个时代，这种对计算机时代划分的原则是根据(　　)。

A.计算机所采用的电子部件　　　　B.计算机的运算速度

C. 程序设计语言　　　　　　　　D. 计算机的存储量

【答案】A

【解析】计算机从诞生到现在已经经历了4个时代,计算机时代划分的原则是根据计算机所采用的电子部件。第1代,电子管;第2代,晶体管(半导体);第3代,中小规模集成电路;第4代,大规模和超大规模集成电路。

2. 多选题

计算机按性能和规模可以分为巨型计算机、大型计算机和(　　　)。

A. 中型计算机　　　　　　　　B. 小型计算机

C. 工作站　　　　　　　　D. 微型计算机

【答案】ABCD

【解析】计算机按性能和规模分为:巨型计算机、大型计算机、中型计算机、小型计算机、微型计算机和工作站。

3. 判断题

计算机能够进行逻辑判断。(　　　)

【答案】√

【解析】计算机的特点为:计算速度快、精度高、超强记忆、逻辑判断和自动控制。

4. 填空题

当前世界上,计算机在_____领域的应用占的比例最大。

【答案】信息处理

【解析】当今计算机的应用领域非常广泛,主要包括科学计算、信息处理、过程控制、计算机辅助系统、人工智能等,但信息处理的应用范围最广。

任务二　数制及其转换

本任务涉及的知识点及考点:数制,进制之间的相互转换(二进制、八进制、十进制、十六进制)。

一、重点知识精讲

1. 二进制和十进制的相互转换

(1)二进制转换为十进制。将二进制数按权展开求和,即得到对应的十进制数。

(2)十进制转换为二进制。整数部分的转换采用"除2取余法",小数部分的转换采用"乘2取整法"。

2. 二进制和八进制、十六进制的相互转换

(1)二进制转换为八进制、十六进制。以小数点为界将二进制数分组(整数部分向左,小数部分向右),若要转换为八进制数,则每3位一组,若要转换为十六进制数则每4位一

组(左端最高位和右端最低位不足 3 位或 4 位时用 0 补足)，然后每组用相应的八进制或十六进制数来表示。

（2）八进制、十六进制转换为二进制。把对应的每一位数转换成 3 位或 4 位二进制数即可。

二、典型例题精解

1. 单选题

（1）十进制数 101 转换成二进制数是(　　　)。

A. 01101001　　　　　　　　　　B. 01100101

C. 01100111　　　　　　　　　　D. 01100110

【答案】B

【解析】十进制整数转换成二进制的方法为：用十进制数除以 2，第 1 次得到的余数为最低有效位，最后 1 次得到的余数为最高有效位。因此：

$101/2 = 50 \cdots\cdots 1$

$50/2 = 25 \cdots\cdots 0$

$25/2 = 12 \cdots\cdots 1$

$12/2 = 6 \cdots\cdots 0$

$6/2 = 3 \cdots\cdots 0$

$3/2 = 1 \cdots\cdots 1$

$1/2 = 0 \cdots\cdots 1$

所以，十进制数 101 转换后的二进制数是 01100101。

（2）二进制数 10100101011 转换成十六进制数是(　　　)。

A. 52B　　　　　B. D45D　　　　　C. 23C　　　　　D. 5E

【答案】A

【解析】二进制整数转换成十六进制整数的方法为：从个位数开始向左按每 4 位二进制数一组划分，不足 4 位的前面补 0，然后各组代之 1 位十六进制数字即可。

2. 多选题

计算机内部采用二进制表示数据信息，二进制的主要优点是(　　　)。

A. 容易实现　　　　　　　　　　B. 方便记忆

C. 运算规则简单　　　　　　　　D. 简单可行

E. 书写简单

【答案】ACD

【解析】二进制是计算机中的数据表示形式，其有如下特点：简单可行、容易实现、运算规则简单、适合逻辑运算。

任务三　数值数据与字符数据的表示

本任务涉及的知识点及考点：数值数据的表示，字符数据的表示，计算机信息单位。

一、重点知识精讲

1. 数制转换

计算机中常用的数制有十进制、二进制、八进制和十六进制。十进制是日常生活中常用的数制，由 0~9 这十个数字组成，逢十进一。二进制由 0 和 1 组成，逢二进一，是计算机内部数据存储和处理的基本形式。八进制由 0~7 组成，逢八进一。十六进制由 0~9 和 A~F 组成，逢十六进一。不同数制之间可以相互转换，如二进制转换为八进制时，每三位二进制代表一位八进制；二进制转换为十六进制时，每四位二进制代表一位十六进制，反之亦然。十进制转换为其他进制可采用短除法等方法。

2. 有符号数的表示

在计算机中，为了表示有符号数，通常把一个数的最高位定义为符号位，0 表示正，1 表示负。有符号数有原码、反码和补码三种表示形式。原码是数值前直接加符号位的表示法。正数的反码与原码相同，负数的反码符号位为"1"，数值部分按位取反。正数的补码和原码相同，负数的补码是符号位为"1"，数值部分按位取反后再在末位加 1。

3. 字符编码

字符数据需要转换成二进制编码才能被计算机识别和处理。标准的 ASCII 码采用 7 位二进制编码，可以表示 128 个字符。一个字符在计算机内实际用一个字节（8 位二进制）表示，通常最高位为 0。ASCII 码中字符的编码顺序为字符<数字<大写字母<小写字母。汉字编码较为复杂，汉字的编码包括汉字输入码、汉字交换码、汉字机内码、汉字地址码和汉字字形码等。汉字编码及转换、汉字信息处理中的各编码及流程如图 1-1 所示。另外，汉字输入码有音码（如微软拼音）和形码（如五笔字型）等。区位码是汉字编码的一种，通过行列编号确定汉字，国标码在此基础上行列各加 32，机内码则是将国标码每个字节的最高位由 0 变为 1，用于汉字在计算机系统内部的处理和存储。此外，还有用于汉字显示或打印输出的字形码。

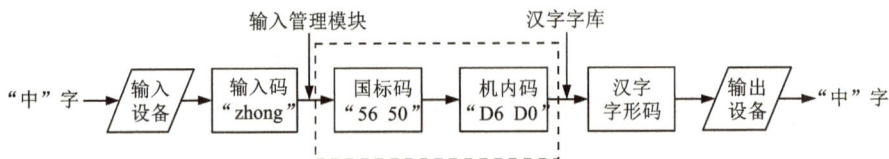

图 1-1　汉字信息处理系统模型

二、典型例题精解

1. 单选题

ASCII 码表中共有(　　)个字符。

A. 126　　　　　　　B. 127　　　　　　　C. 128　　　　　　　D. 129

【答案】C

【解析】ASCII 码表中共有 128 个字符,每一个字符对应一个数值,该数值称为该字符的 ASCII 码。

2. 多选题

计算机中常用的字符编码是(　　)。

A. EBCDIC 码　　　　　　　　　　B. ASCII 码

C. 汉字编码　　　　　　　　　　　D. 重码

E. 补码

【答案】AB

【解析】计算机中常用的字符编码有 EBCDIC 码和 ASCII 码,后者用于微型机中。

3. 判断题

(1)ASCII 码采用 8 位二进制数表示一个字符,因此可以表示 256 个不同的字符。(　　)

【答案】×

【解析】标准 ASCII 码(基础 ASCII 码)实际采用 7 位二进制数进行编码,理论上可以表示 $2^7 = 128$ 个不同的字符,包括英文字母、数字、标点符号及控制字符(如换行、回车等)。

在计算机存储中,一个 ASCII 字符通常占用 1 个字节(8 位),但最高位(第 8 位)为 0,仅使用低 7 位表示实际编码。

题目中"采用 8 位二进制数表示一个字符"的说法混淆了存储形式与编码位数,因此该表述错误。若为扩展 ASCII 码,会使用 8 位二进制数表示 256 个字符,但这并非标准 ASCII 码的定义。

(2)汉字的区位码由一个汉字的区号和位号组成,其区号为 1~94,位号为 1~94。(　　)

【答案】√

【解析】标准的汉字编码表有 94 行、94 列,其行号称为区号,列号称为位号。双字节中,用高字节表示区号,低字节表示位号。非汉字图形符号置于第 1~11 区,一级汉字 3755 个置于第 16~55 区,二级汉字 3008 个置于第 56~87 区。

4. 填空题

字母"Q"的 ASCII 码值对应的十进制数是＿＿＿＿。

【答案】81

【解析】字母"A"的 ASCII 码对应的十进制数为 65,容易推算得字母"Q"的 ASCII 码对应的十进制数为 81。

阶段知识检测

1. 单选题

(1)在计算机市场上,用户可挑选不同国家生产的组件来组装成一台完整的计算机,体现了计算机组件具有( )。

A. 适应性 　　　　　　　　　　B. 统一性
C. 兼容性(√) 　　　　　　　　D. 包容性

(2)计算机的发展趋势是( )、微型化、网络化和智能化。

A. 大型化 　　　B. 小型化 　　　C. 精巧化 　　　D. 巨型化(√)

(3)根据系统规模的大小与功能的强弱来分类,笔记本电脑属于( )。

A. 大型机 　　　　　　　　　　B. 中型机
C. 小型机 　　　　　　　　　　D. 微型机(√)

(4)在计算机术语中,英文"IT"的中文名称是( )。

A. 计算机技术 　　　　　　　　B. 信息技术(√)
C. 通信技术 　　　　　　　　　D. 智能技术

(5)目前广泛使用的人事档案管理、财务管理软件,按计算机应用分类,应属于( )。

A. 过程控制 　　　　　　　　　B. 科学计算
C. 计算机辅助系统 　　　　　　D. 数据处理(√)

(6)工业上的自动生产线属于( )。

A. 科学计算方面的计算机应用 　　B. 过程控制方面的计算机应用(√)
C. 数据处理方面的计算机应用 　　D. 辅助设计方面的计算机应用

(7)计算机在汽车自动生产线上的应用属于( )。

A. 科学计算应用 　　　　　　　B. 数据处理应用
C. 过程控制应用(√) 　　　　　D. 人工智能应用

(8)机器人所采用的技术属于( )。

A. 科学计算 　　　　　　　　　B. 人工智能(√)
C. 数据处理 　　　　　　　　　D. 辅助设计

(9)从计算机键盘上输入汉字时,输入的实际上是( )。

A. 汉字内码 　　　　　　　　　B. 汉字输入码(√)
C. 汉字交换码 　　　　　　　　D. 汉字字形码

(10)下列汉字输入法中重码率最低的是( )。

A. 微软拼音输入法 　　　　　　B. 区位码输入法(√)
C. 智能 ABC 输入法 　　　　　D. 五笔型输入法

(11)在计算机内部用来传送、存储、加工处理的数据或指令都是以( )形式进行的。

A. 十进制码 　　　　　　　　　B. 二进制码(√)

C. 八进制码 D. 十六进制码

(12)下列关于世界上第一台电子计算机 ENIAC 的叙述中,(　　)是不正确的。

A. ENIAC 是 1946 年在美国诞生的

B. ENIAC 主要采用电子管和继电器

C. ENIAC 首次采用存储程序和程序控制的方法使计算机自动工作(√)

D. ENIAC 主要用于弹道计算

(13)宽带接入的出现标志着计算机的应用已进入了(　　)时代。

A. 分布式系统　　　　　　　　　B. 集散处理

C. 高速网络(√)　　　　　　　　D. 数字

(14)二进制数 011111 转换为十进制数是(　　)。

A. 64　　　　　　　　　　　　　B. 63

C. 32　　　　　　　　　　　　　D. 31(√)

(15)十进制数 101 转换成二进制数是(　　)。

A. 01101001　　　　　　　　　　B. 01100101(√)

C. 01100111　　　　　　　　　　D. 01100110

(16)已知字符 A 的 ASCII 码是 01000001B,字符 D 的 ASCII 码是(　　)。

A. 01000011B　　　　　　　　　B. 01000100B(√)

C. 01000010B　　　　　　　　　D. 01000111B

(17)关于 1 MB,下列式子正确的是(　　)。

A. 1 MB = 1024×1024 Words　　　B. 1 MB = 1024×1024 Bytes(√)

C. 1 MB = 1000×1000 Bytes　　　D. 1 MB = 1000×1000 Words

(18)目前微机中所广泛采用的电子元器件是(　　)。

A. 电子管　　　　　　　　　　　B. 晶体管

C. 小规模集成电路　　　　　　　D. 大规模和超大规模集成电路(√)

(19)根据汉字国标 GB 2312—1980 的规定,二级次常用汉字个数有(　　)。

A. 3000 个　　　　　　　　　　　B. 7445 个

C. 3008 个(√)　　　　　　　　　D. 3755 个

(20)汉字的区位码由一个汉字的区号和位号组成。其区号和位号的范围各为(　　)。

A. 区号 1~95 位号 1~95　　　　B. 区号 1~94 位号 1~94(√)

C. 区号 0~94 位号 0~94　　　　D. 区号 0~95 位号 0~95

(21)对于 32 位的微机,其 CPU(　　)。

A. 一次能处理 32 位二进制数(√)　B. 能处理 32 位十进制数

C. 只能处理 32 位二进制定点数　　D. 有 32 个寄存器

(22)计算机最早的应用领域是(　　)。

A. 人工智能　　　　　　　　　　B. 过程控制

C. 信息处理　　　　　　　　　　D. 数值计算(√)

(23)二进制数 00111001 转换成十进制数是(　　)。

A. 58　　　　　　B. 57(√)　　　　　　C. 56　　　　　　D. 41

(24)已知字符 A 的 ASCII 码是 01000001B,ASCII 码为 01000111B 的字符是(　　)。

A. D   B. E   C. F   D. G(√)

(25)一个汉字的机内码需用(　　)个字节存储。

A. 4   B. 3   C. 2(√)   D. 1

(26)任意一汉字的机内码和其国标码之差总是(　　)。

A. 8000H   B. 8080H(√)

C. 2080H   D. 8020H

(27)十进制数 111 对应的二进制数是(　　)。

A. 1111001   B. 01101111(√)

C. 01101110   D. 011100001

(28)用 8 个二进制位能表示的最大的无符号整数等于十进制整数(　　)。

A. 127   B. 128   C. 255(√)   D. 256

(29)根据汉字国标码 GB 2312—1980 的规定,将汉字分为常用汉字(一级)和次常用汉字(二级)两级汉字。其中,一级常用汉字按(　　)排列。

A. 部首顺序   B. 笔画多少

C. 使用频率多少   D. 汉语拼音字母顺序(√)

(30)下列字符中,其 ASCII 码值最小的一个是(　　)。

A. 空格字符(√)   B. 0

C. A   D. a

(31)微机中采用的标准 ASCII 编码用(　　)位二进制数表示 1 个字符。

A. 6   B. 7(√)   C. 8   D. 16

(32)十进制数 56 对应的二进制数是(　　)。

A. 00110111   B. 00111001

C. 00111000(√)   D. 00111010

(33)计算机内部,一切信息的存取、处理和传送都是以(　　)进行的。

A. 二进制(√)   B. ASCII 码

C. 十六进制   D. EBCDIC 码

(34)第一台计算机是 1946 年在美国研制成功的,该机的英文缩写名为(　　)。

A. EDSAC   B. EDVAC

C. ENIAC(√)   D. MARK-Ⅱ

(35)存储 1 个汉字的机内码需 2 个字节,其前后两个字节的最高位二进制值依次分别是(　　)。

A. 1 和 1(√)   B. 1 和 0

C. 0 和 1   D. 0 和 0

(36)1 KB 的存储空间能存储(　　)个汉字国标(GB 2312—1980)码。

A. 1024   B. 512(√)   C. 256   D. 128

(37)二进制数 01100011 转换成十进制数是(　　)。

A. 51   B. 98   C. 99(√)   D. 100

(38)显示或打印汉字时,系统使用的是汉字的(　　)。

A. 机内码   B. 字形码(√)

C. 输入码　　　　　　　　　　　D. 国标交换码

(39) 若已知一汉字的国标码是 5E38H，则其机内码是(　　)。

A. DEB8H(√)　　　　　　　　　　B. DE38H

C. 5EB8H　　　　　　　　　　　　D. 7E58H

(40) 用来存储当前正在运行的程序指令的存储器是(　　)。

A. 内存(√)　　　　　　　　　　　B. 硬盘

C. 软盘　　　　　　　　　　　　　D. CD-ROM

(41) 汉字输入码可分为有重码和无重码两类，下列属于无重码类的是(　　)。

A. 全拼码　　　　　　　　　　　　B. 自然码

C. 区位码(√)　　　　　　　　　　D. 简拼码

(42) 在数制的转换中，下列叙述正确的一项是(　　)。

A. 对于相同的十进制正整数，随着基数 R 的增大，转换结果的位数小于或等于原数据的位数(√)

B. 对于相同的十进制正整数，随着基数 R 的增大，转换结果的位数大于或等于原数据的位数

C. 不同数制的数字符是各不相同的，没有一个数字符是一样的

D. 对于同一个整数值，用二进制数表示的位数一定大于用十进制数表示的位数

(43) 已知英文字母"m"的 ASCII 码值为 6DH，那么码值为 4DH 的字母是(　　)。

A. "N"　　　　　B. "M"(√)　　　　C. "P"　　　　　D. "L"

(44) 下列关于 ASCII 编码的叙述中，正确的是(　　)。

A. 一个字符的标准 ASCII 码占 1 个字节，其最高二进制位总为 1

B. 所有大写英文字母的 ASCII 码值都小于小写英文字母"a"的 ASCII 码值(√)

C. 所有大写英文字母的 ASCII 码值都大于小写英文字母"a"的 ASCII 码值

D. 标准 ASCII 码表有 256 个不同的字符编码

(45) 1 个字长为 8 位的无符号二进制整数能表示的十进制数值范围是(　　)。

A. 0~256　　　　　　　　　　　　B. 0~255(√)

C. 1~256　　　　　　　　　　　　D. 1~255

(46) 标准 ASCII 码用 7 位二进制位表示一个字符的编码，那么 ASCII 码字符集共有(　　)个不同的字符。

A. 127　　　　　B. 128(√)　　　　C. 256　　　　　D. 255

(47) 存储一个 48×48 点阵的汉字字形码，需要(　　)字节。

A. 72　　　　　　B. 256　　　　　C. 288(√)　　　　D. 512

(48) 计算机的主要特点有(　　)。

A. 速度快、存储容量大、性价比低

B. 速度快、性价比低、程序控制

C. 速度快、存储容量大、可靠性高(√)

D. 性价比低、功能全、体积小

(49) 在一个非零无符号二进制整数之后添加一个 0，则此数的值为原数的(　　)倍。

A. 4　　　　　　B. 2(√)　　　　　C. 1/2　　　　　D. 1/4

（50）二进制数 10110101 转换成十进制数是（　　　）。

A. 180　　　　　　B. 181（√）　　　　C. 309　　　　　　D. 117

（51）十进制数 100 转换成二进制数是（　　　）。

A. 0110101　　　　　　　　　　B. 01101000

C. 01100100（√）　　　　　　　　D. 01100110

（52）根据汉字国标 GB 2312—1980 的规定，一级常用汉字个数是（　　　）。

A. 3000 个　　　B. 7445 个　　　C. 3008 个　　　D. 3755 个（√）

（53）1946 年首台电子数字计算机 ENIAC 问世后，冯·诺伊曼（Von Neumann）在研制 EDVAC 计算机时，提出两个重要的改进，它们是（　　　）。

A. 引入 CPU 和内存储器的概念

B. 采用机器语言和十六进制

C. 采用二进制和存储程序控制的概念（√）

D. 采用 ASCII 编码系统

（54）一个字长为 6 位的无符号二进制数能表示的十进制数值范围是（　　　）。

A. 0～64　　　　　　　　　　B. 1～64

C. 1～63　　　　　　　　　　D. 0～63（√）

（55）在下列字符中，其 ASCII 码值最大的一个是（　　　）。

A. 9　　　　　　B. Z　　　　　　C. d（√）　　　　D. E

（56）根据国标 GB 2312—1980 的规定，总计有各类符号和一、二级汉字编码（　　　）。

A. 7145 个　　　　　　　　　　B. 7445 个（√）

C. 3008 个　　　　　　　　　　D. 3755 个

（57）已知三个字符 a、X 和 5，按它们的 ASCII 码值升序排序，结果是（　　　）。

A. 5，a，X　　　　　　　　　　B. a，5，X

C. X，a，5　　　　　　　　　　D. 5，X，a（√）

（58）十进制数 215 对应的二进制数是（　　　）。

A. 11101011　　　　　　　　　　B. 11101010

C. 11010111（√）　　　　　　　　D. 11010110

（59）字符比较大小实际是比较它们的 ASCII 码值，下列说法正确的是（　　　）。

A. "A"比"B"大　　　　　　　　B. "H"比"h"小（√）

C. "F"比"D"小　　　　　　　　D. "9"比"D"大

（60）第 2 代电子计算机的主要元器件是（　　　）。

A. 继电器　　　　　　　　　　B. 晶体管（√）

C. 电子管　　　　　　　　　　D. 集成电路

（61）二进制数 101110 对应的八进制数是（　　　）。

A. 45　　　　B. 56（√）　　　　C. 67　　　　　　D. 78

（62）1GB 等于（　　　）。

A. 1000×1000 字节　　　　　　B. 1000×1000×1000 字节

C. 3×1024 字节　　　　　　　　D. 1024×1024×1024 字节（√）

（63）一个字符的标准 ASCII 码用（　　　）位二进制位表示。

A. 8　　　　　　　　B. 7(√)　　　　　　C. 6　　　　　　　　D. 4

(64)在不同进制的四个数中，最小的一个数是(　　)。

A. 11011001(二进制)　　　　　　　　B. 75(十进制)

C. 37(八进制)(√)　　　　　　　　　D. 2A(十六进制)

(65)微机中，西文字符所采用的编码是(　　)。

A. EBCDIC 码　　　　　　　　　　　B. ASCII 码(√)

C. 原码　　　　　　　　　　　　　　D. 反码

(66)对下列两个二进制数进行算术加法运算，10100+111＝(　　)。

A. 10211　　　　B. 110011　　　　C. 11011(√)　　　　D. 10011

(67)在标准 ASCII 编码表中，数字码、小写英文字母和大写英文字母从小到大的排列顺序是(　　)。

A. 数字、小写英文字母、大写英文字母

B. 小写英文字母、大写英文字母、数字

C. 数字、大写英文字母、小写英文字母(√)

D. 大写英文字母、小写英文字母、数字

(68)用 16×16 点阵来表示汉字的字形，存储一个汉字的字形需用(　　)个字节。

A. 16×1　　　　　　　　　　　　　B. 16×2(√)

C. 16×3　　　　　　　　　　　　　D. 16×4

(69)按照数的进位制概念，下列各数中正确的八进制数是(　　)。

A. 8707　　　　　　B. 1101(√)　　　　C. 4109　　　　　　D. 10BF

(70)第一代电子计算机的主要组成元器件是(　　)。

A. 继电器　　　　　　　　　　　　B. 晶体管

C. 电子管(√)　　　　　　　　　　D. 集成电路

(71)下列叙述中，正确的一项是(　　)。

A. 十进制数 101 的值大于二进制数 1000001(√)

B. 所有十进制小数都能准确地转换为有限位的二进制小数

C. 十进制数 55 的值小于八进制数 66 的值

D. 二进制的乘法规则比十进制的复杂

(72)一个汉字的国标码用(　　)个字节存储。

A. 2(√)　　　　　　B. 1　　　　　　　C. 3　　　　　　　　D. 4

(73)5 位无符号二进制数最大能表示的十进制整数是(　　)。

A. 64　　　　　　　B. 63　　　　　　　C. 32　　　　　　　D. 31(√)

(74)下列各进制的整数中，(　　)的值最小。

A. 十进制数 10　　　　　　　　　　B. 八进制数 10

C. 十六进制数 10　　　　　　　　　D. 二进制数 10(√)

(75)在下列字符中，其 ASCII 码值最大的一个是(　　)。

A. F

B. 6

C. 空格字符

D. a(√)

(76)要存放 10 个 24×24 点阵的汉字字模，需要(　　)存储空间。

A. 72 B   B. 320 B

C. 720 B(√)   D. 72 KB

(77) 1 个汉字的机内码与国标码之间的差别是(   )。

A. 前者各字节的最高位二进制值各为 1，而后者为 0(√)

B. 前者各字节的最高位二进制值各为 0，而后者为 1

C. 前者各字节的最高位二进制值各为 1、0，而后者为 0、1

D. 前者各字节的最高位二进制值各为 0、1，而后者为 1、0

(78) 下列各指标中，(   )是数据通信系统的主要技术指标之一。

A. 重码率   B. 传输速率(√)

C. 分辨率   D. 时钟主频

(79) 用 bps 来衡量计算机的性能，它指的是计算机的(   )。

A. 传输速率(√)   B. 存储容量

C. 字长   D. 运算速度

(80) 对下列两个二进制数进行算术运算，10000 −101 = (   )。

A. 01011(√)   B. 1101

C. 101   D. 100

(81) 计算机对汉字进行处理和存储时使用汉字的(   )。

A. 字形码   B. 机内码(√)   C. 输入码   D. 国标码

(82) 下列各指标中，(   )是数据通信系统的主要技术指标之一。

A. 误码率(√)   B. 重码率   C. 分辨率   D. 频率

(83) 在一个非零无符号二进制整数之后去掉一个 0，则此数的值为原数的(   )。

A. 4 倍   B. 2 倍(√)   C. 1/2   D. 1/4

(84) 为解决某一特定问题而设计的指令序列称为(   )。

A. 文档   B. 语言   C. 程序(√)   D. 系统

(85) 电子计算机的发展已经历了四代，这四代计算机的主要元器件分别是(   )。

A. 电子管、晶体管、集成电路、激光器件

B. 电子管、晶体管、小规模集成电路、大规模和超大规模集成电路(√)

C. 晶体管、集成电路、激光器件、光介质

D. 电子管、数码管、集成电路、激光器件

(86) 中文字符编码采用(   )。

A. 拼音码   B. 国标码(√)

C. ASCII 码   D. BCD 码

(87) 对于一台 16 位的计算机，它的 1 个字的长度是(   )。

A. 8 个二进制位   B. 16 个二进制位(√)

C. 32 个二进制位   D. 不定长

(88) 计算机中，机器数的正、负号用(   )表示。

A. "+" 和 "−"   B. "0" 和 "1"(√)

C. 专用的指示器   D. 不能表示

(89) 汉字的字模可用点阵来表示，存储点阵中的一个点占(   )。

A. 一个字节　　　　　　　　　　　B. 两个字节

C. 二进制中一位(√)　　　　　　　D. 一个字

(90)目前台式 PC 上最常用的 I/O 总线是(　　　)。

A. ISA　　　　　　　　　　　　　B. PCI(√)

C. EISA　　　　　　　　　　　　D. VL-BUS

(91)对于一台 16 位机,它的一个机器数能表示的最大有符号数是(　　　)。

A. 32767(√)　　　　　　　　　　B. 65536

C. 65535　　　　　　　　　　　　D. 不确定

(92)对于一台 16 位机,它的一个机器数能表示的最小有符号数是(　　　)。

A. -32767　　　　　　　　　　　B. -32768(√)

C. -65535　　　　　　　　　　　D. -65536

(93)对于一台 16 位机,它的一个机器数能表示的最大无符号数是(　　　)。

A. 32767　　　　　　　　　　　　B. 32768

C. 65535(√)　　　　　　　　　　D. 65536

(94)对于一台 16 位机,它的一个机器数能表示的最小无符号数是(　　　)。

A. -32767　　　　　　　　　　　B. -32768

C. -65536　　　　　　　　　　　D. 0(√)

(95)按用途可把计算机分为通用型计算机和(　　　)。

A. 台式计算机　　　　　　　　　B. 柜式计算机

C. 微型计算机　　　　　　　　　D. 专用型计算机(√)

(96)计算机按其信息的表示和处理方法不同,可分为(　　　)。

A. 模拟机和数字机(√)　　　　　B. 专用机和通用机

C. 大型机和小型机　　　　　　　D. 主机和终端

(97)1980 年,我国公布的《信息交换用汉字编码字符集　基本集》,即 GB 2312—1980 中,将汉字分为(　　　)。

A. 一级　　　　　　B. 二级(√)　　　　　C. 三级　　　　　　　D. 四级

(98)信息的最小单位是(　　　)。

A. 字　　　　　　　　　　　　　B. 字节

C. 位(√)　　　　　　　　　　　D. ASCII 码

(99)CAD 指的是计算机的(　　　)。

A. 辅助设计(√)　　　　　　　　B. 辅助制造

C. 辅助测试　　　　　　　　　　D. 辅助教学

(100)CAT 指的是计算机的(　　　)。

A. 辅助设计　　　　　　　　　　B. 辅助制造

C. 辅助测试(√)　　　　　　　　D. 辅助教学

(101)CAM 指的是计算机的(　　　)。

A. 辅助设计　　　　　　　　　　B. 辅助制造(√)

C. 辅助测试　　　　　　　　　　D. 辅助教学

(102)CAI 指的是计算机的(　　　)。

A. 辅助设计   B. 辅助制造

C. 辅助测试   D. 辅助教学(√)

(103)采用中小规模集成电路的计算机属于( )。

A. 第1代计算机   B. 第2代计算机

C. 第3代计算机(√)   D. 第4代计算机

(104)现代计算机应用最广泛的领域是( )。

A. 科学计算   B. 自动控制

C. 人工智能   D. 数据处理(√)

(105)全角字符与半角字符输出时的主要区别是( )。

A. 字号   B. 文字颜色   C. 宽度(√)   D. 高度

(106)下列叙述中,错误的一项是( )。

A. 计算机的合适工作温度为15~35℃

B. 计算机要求相对湿度不能超过80%,但对相对湿度的下限无要求(√)

C. 计算机应避免强磁场的干扰

D. 计算机使用过程中特别注意:不要随意突然断电关机

(107)办公室自动化(OA)是计算机的一大应用领域,按计算机应用分类,它属于( )。

A. 科学计算   B. 辅助设计

C. 实时控制   D. 数据处理(√)

(108)已知"装"字的拼音输入码是"zhuang",而"大"字的拼音输入码是"da",则存储它们的机内码分别需要的字节数是( )。

A. 6,2   B. 3,1   C. 2,2(√)   D. 3,2

(109)已知汉字"家"的区位码是2850,则其国标码是( )。

A. 4870D   B. 3C52H(√)   C. 9CB2H   D. A8D0H

(110)下列编码中,属于正确的汉字机内码的是( )。

A. 5EF6H   B. FB67H   C. A3B3H(√)   D. C97DH

(111)计算机技术中,下列不是度量存储器容量的单位是( )。

A. KB   B. MB   C. GHz(√)   D. GB

(112)下列英文缩写和中文名字的对照中,错误的是( )。

A. URL——统一资源定位器   B. ISP——因特网服务提供商

C. ISDN——综合业务数字网   D. ROM——随机存取存储器(√)

(113)下列说法中,正确的是( )。

A. 同一个汉字的输入码的长度随输入方法不同而不同(√)

B. 一个汉字的机内码与它的国标码是相同的,且均为2字节

C. 不同汉字的机内码的长度是不相同的

D. 同一个汉字用不同的输入法输入时,其机内码是不相同的

(114)已知汉字"中"的区位码是5448,则其国标码是( )。

A. 7468D   B. 3630H

C. 6862H   D. 5650H(√)

（115）在计算机系统中，BUS 的含义是（　　）。

A. 公共汽车　　　　　　　　B. 网络传输

C. 总线（√）　　　　　　　D. 主机

（116）十进制数 127 对应的八进制数是（　　）。

A. 157　　　　　B. 167　　　　　C. 177（√）　　　　　D. 207

（117）在计算机运行时，把程序和数据存放在内存中，这是 1946 年由（　　）所领导的研究小组正式提出并论证的。

A. 图灵　　　　　B. 布尔　　　　　C. 冯·诺依曼（√）　D. 爱因斯坦

（118）十六进制数 112 对应的八进制数是（　　）。

A. 352　　　　　B. 422（√）　　　C. 442　　　　　　D. 502

（119）对于一台 16 位机，它的一个字节的长度是（　　）。

A. 8 个二进制位（√）　　　　　　B. 16 个二进制位

C. 2 个二进制位　　　　　　　　D. 不定长

（120）八进制数 112 对应的十进制数是（　　）。

A. 98　　　　　B. 88　　　　　C. 74（√）　　　　　D. 56

（121）对于 R 进制的数，其每一位需要的数字符号个数为（　　）。

A. 10 个　　　　B. $R-1$ 个　　　C. R 个（√）　　　　D. $R+1$ 个

（122）十六进制数 30 对应的十进制数是（　　）。

A. 30　　　　　　　　　　　　B. 48（√）

C. 62　　　　　　　　　　　　D. 60

（123）在以下四个不同进制的数中，数值最小的数是（　　）。

A. 二进制数 01000101　　　　　B. 八进制数 101（√）

C. 十进制数 67　　　　　　　　D. 十六进制数 4B

2. 多选题

（1）与十进制数 95 相等的数包括（　　）。

A. 二进制数 01011001　　　　　B. 二进制数 01011111（√）

C. 八进制数 137（√）　　　　　D. 十六进制数 5f（√）

（2）计算机系统包含（　　）。

A. 计算机软件系统（√）　　　　B. 计算机硬件系统（√）

C. UPS　　　　　　　　　　　D. 光盘

（3）在计算机中，一个字节可表示（　　）。

A. 两位十六进制数（√）　　　　B. 一个 ASCII 码（√）

C. 256 种状态（√）　　　　　　D. 八位二进制数（√）

（4）计算机的特点有（　　）。

A. 计算速度快（√）　　　　　　B. 具有对信息的记忆能力（√）

C. 具有逻辑处理能力（√）　　　D. 高度自动化（√）

（5）计算机内不能被硬件直接处理的是（　　）。

A. 八进制数（√）　　　　　　　B. 十六进制数（√）

C. 字符（√）　　　　　　　　　D. 汉字（√）

(6)与二进制数 00110101 相等的数有( )。

A. 十进制数 55

B. 十进制数 53(√)

C. 八进制数 65(√)

D. 十六进制数 35(√)

(7)与二进制数 10000001 相等的数有( )。

A. 十进制数 129(√)

B. 十进制数 101

C. 八进制数 201(√)

D. 十六进制数 51

E. 十六进制数 81(√)

(8)在计算机中采用二进制的主要原因是( )。

A. 两个状态的系统容易实现、成本低(√)

B. 运算法则简单(√)

C. 十进制无法在计算机中实现

D. 可进行逻辑运算(√)

(9)以下关于 ASCII 码的论述中,正确的有( )。

A. ASCII 码中的字符全部都可以在屏幕上显示

B. ASCII 码基本字符集由 7 个二进制数码组成(√)

C. 用 ASCII 码可以表示汉字

D. ASCII 码基本字符集包括 128 个字符(√)

(10)一般认为,未来的计算机将朝( )的方向发展。

A. 巨型化(√)

B. 应用化

C. 微型化(√)

D. 网络化(√)

E. 智能化(√)

(11)微型计算机的运算器由( )组成。

A. 算术逻辑运算部件(ALU)(√)

B. 计算器

C. 累加器(√)

D. 通用寄存器(√)

(12)与十进制数 53 相等的数有( )。

A. 八进制数 55

B. 二进制数 00110101(√)

C. 八进制数 65(√)

D. 十六进制数 35(√)

(13)与十六进制数 59 相等的数有( )。

A. 二进制数 01011001(√)

B. 十进制数 81

C. 八进制数 131(√)

D. 八进制数 110

3. 判断题

(1)第三代计算机的主要元器件是晶体管。(×)

(2)对于给定的计算机,每次存放和处理的二进制数的位数是可以变化的。(×)

(3)按接收和处理信息的方式可以把计算机分为数字计算机、模拟计算机。(√)

(4)字长为 16 位的计算机,其机器数可表示的最大正数为 128。(×)

(5)在计算机内部,用"+"号表示正数。(×)

(6)第二代计算机的主存储器采用了磁芯存储器。(√)

(7)第一代计算机的主存储器采用了磁鼓。(√)

(8)计算机辅助设计是人工智能的应用领域之一。(×)

(9)CAT 指的是计算机辅助教学。(×)

(10)汇编语言和机器指令是一一对应的。(√)

(11)CAD 指的是计算机辅助测试。(×)

(12)计算机辅助测试是人工智能的应用领域之一。(×)

(13)1 个字节等于 7 个二进制位。(×)

(14)CAI 指的是计算机辅助设计。(×)

(15)ASCII 编码是用来表示汉字的。(×)

(16)CAM 指的是计算机辅助教学。(×)

(17)微型计算机属于数字模拟混合式计算机。(×)

(18)按用途把计算机分为通用型计算机和专用型计算机。(√)

(19)计算机软件分为基本软件和应用软件两大部分。(×)

(20)机器语言编写的程序能被计算机直接执行。(√)

(21)数字计算机只能处理数字。(√)

(22)计算机内部最小的信息单位是 1 个二进制位。(√)

(23)人工智能是指用计算机来模仿人的智能。(√)

(24)利用计算机进行自动控制,可以降低自动控制系统的成本,提高自动控制的准确性。(√)

(25)在计算机内部,它的所有信息全部是由高低电平的组合来表示的。(√)

(26)在计算机中使用八进制和十六进制来表示信息,是因为它们占用的内存容量比二进制小。(×)

(27)第三代计算机的核心元器件是中小规模集成电路。(√)

(28)计算机的字长是指计算机中存放一个汉字所需的二进制位数。(×)

(29)第四代计算机的核心元器件是大规模集成电路。(×)

(30)在计算机内部,一般机器数的最高位为 1 表示该数为负数。(√)

(31)第一代计算机的核心元器件是电子管。(√)

(32)对于给定的计算机,每次存放和处理的二进制数的位数是固定不变的。(√)

(33)每个 ASCII 编码的长度是 8 位二进制位,因为每个字节是 8 位。(×)

(34)模拟计算机能处理数字量。(×)

(35)按用途可把计算机分为数字计算机、模拟计算机、数字模拟混合式计算机。(×)

(36)按接收和处理信息的方式可把计算机分为通用型计算机和专用型计算机。(×)

(37)在我们使用计算机时,经常使用十进制数,因此计算机中采用十进制进行运算。(×)

(38)第三代计算机的主存储器采用的是半导体存储器。(√)

(39)第一代计算机的编程只能用机器语言。(√)

(40)没有计算机也能实现自动控制,只是实现较困难,成本高,准确性较低。(√)

(41)我们衡量文件的大小、信息量的多少都是以 Byte 为单位。(√)

(42)在第二代计算机上,可以采用高级语言进行编程。(√)

(43)在计算机内部,不能表示出正负数。(×)

(44)事务处理属于计算机数据处理的应用,这类应用的特点是数据输入/输出量大和

计算相对简单。(√)

(45)文字、表格、图形、声音、控制方法、决策思想等信息的处理都属于数值处理。(×)

(46)人工智能是研究如何利用计算机模仿人的智能，是在计算机与控制论上发展起来的边缘学科。(√)

(47)计算机对外界对象实施控制，必须将机内的数字量转换成可被使用的模拟量，这一过程称为"数/模"转换。(√)

(48)微型计算机的运算器由算术逻辑运算部件(ALU)、累加器和通用寄存器组成。(√)

(49)目前微型计算机可以配置不同的显示系统，在 CGA、EGA 和 VGA 标准中，显示性能最好的一种是 CGA。(×)

(50)系统总线按其传输信息的不同可分为数据总线、地址总线和控制总线 3 类。(√)

(51)声卡是连接主机和音频设备的通道，其位数越多，精度就越低。(×)

(52)在计数制中，每个数字符号所表示的数值等于该数字符号的值乘以一个与该数字符号所在位置有关的常数，这个常数叫作位权。(√)

(53)在计算机中用二进制表示指令和字符，用十进制表示数字。(×)

(54)计算机采用二进制的主要原因是十进制在计算机中无法实现。(×)

(55)ASCII 码的作用是把要处理的字符转换为二进制代码，以便计算机进行传输和处理。(√)

(56)计算机机内数据的运算可以采用二进制、八进制或十六进制形式。(×)

(57)程序是能够完成特定功能的一组指令序列。(√)

(58)十六进制数 1000 对应的十进制数是 3320。(×)

(59)数值计算属于计算机在科学计算方面的应用，这类应用的特点是计算量大和数值范围小。(×)

(60)为了表达方便，常在数字后加一个字母后缀作为不同进制的标识，习惯上，B 表示二进制、Q 表示十进制、H 表示十六进制。(×)

4. 填空题

(1)十六进制数 fe 对应的二进制数是_____，八进制数是_____。

(2)十进制数 100 对应的二进制数是_____，十六进制数是_____。

(3)只读存储器的英文单词缩写是_____。

(4)八进制的基数是_____，每一位数可取的最大值是_____。

(5)八进制数 155，对应的二进制数是_____，十进制数是_____。

(6)根据计算机发展阶段的划分，目前使用的计算机属于第_____代计算机。

(7)功能最强的计算机是巨型机，通常使用的规模最小的计算机是_____。

(8)二进制的加法和减法算式是按_____进行的。

(9)在微型计算机的汉字系统中，一个汉字机内码占_____个字节。

(10)计算机中的浮点数用阶码和尾数表示，尾数总是_____的数。

(11)微型计算机中，I/O 设备的含义是_____设备。

（12）_____是对计算机发布命令的"决策机构"。

（13）将原码表示的有符号二进制数 11001101 转换成十进制数是_____。

【参考答案】

填空题

（1）11111110，376　（2）1100100，64　（3）ROM　（4）8，7　（5）1101101，109
（6）4　（7）微机　（8）位　（9）2　（10）小于1　（11）输入/输出　（12）控制器　（13）-77

项目二
计算机软硬件基础

任务一　计算机系统组成

本任务涉及的知识点及考点：计算机系统组成，冯·诺依曼计算机体系结构，简介总线、系统总线、系统主板的概念和作用。

一、重点知识精讲

1.冯·诺依曼计算机体系结构的要点

(1)采用二进制数制。

(2)程序和数据都存放在存储器中，将程序指令作为数据进行处理。

(3)计算机的硬件应由控制器、运算器、存储器、输入设备和输出设备五部分组成。

2.计算机软件系统分类

计算机软件系统分为系统软件和应用软件。其中，系统软件包括操作系统、语言处理系统、数据库管理系统和服务性系统。

3.计算机语言的种类

计算机语言包括机器语言、汇编语言和高级语言。它们的特点如下。

(1)机器语言：二进制指令代码，不同计算机系统不能通用，同系列的CPU向后兼容；占用内存少、执行速度快、效率高，是计算机唯一能识别的语言，但不易调试、可读性差。

(2)汇编语言：把机器语言符号化，用助记符转化成机器语言。

(3)高级语言：接近于自然语言和数学表达式，用户容易理解，通用性强。

4.系统总线

(1)系统总线的分类：根据传输的信息和功能分为地址总线、数据总线和控制总线。

(2)各类系统总线的特点如下。

①地址总线(AB)：地址信息的传输是单向的，数量的多少决定了内存空间的大小；用于传送内存储单元的地址或I/O接口的地址信息。

② 数据总线(DB)：信息传送是双向的，其数量取决于 CPU 的字长；用于 CPU 与内存或者 I/O 接口之间的数据传递。

③ 控制总线(CB)：每根线是单向的，总体是双向的，数量取决于 CPU 字长；用于传送控制信号、时序信号和状态信息。

二、典型例题精解

1. 单选题

(1)下面 4 条常用术语的叙述中，有错误的是(　　)。

A. 光标是显示屏上指示位置的标志

B. 汇编语言是一种面向机器的低级程序设计语言，用汇编语言编写的程序计算机能直接执行

C. 总线是计算机系统中各部件之间传输信息的公共通路

D. 读写磁头是既能从磁表面存储器读出信息又能把信息写入磁表面存储器的装置

【答案】B

【解析】用汇编语言编写的程序称为汇编语言程序，汇编语言程序不能被机器直接识别和执行，必须由"汇编程序"(或汇编系统)翻译成机器语言程序才能运行。

(2)计算机系统由(　　)两大部分组成。

A. 系统软件和应用软件　　　　　　B. 主机和外部设备

C. 硬件系统和软件系统　　　　　　D. 输入设备和输出设备

【答案】C

【解析】硬件系统和软件系统是计算机系统的两大组成部分。输入设备和输出设备、主机和外部设备属于硬件系统。系统软件和应用软件属于软件系统。

(3)CPU 通过(　　)传输各种控制信号。

A. 地址总线　　　　　　　　　　　B. 数据总线

C. 控制总线　　　　　　　　　　　D. 系统总线

【答案】C

【解析】地址总线的作用为：CPU 通过它对外设接口进行寻址，也可以通过它对内存进行寻址。数据总线的作用为：通过它进行数据传输，表示一种并行处理的能力。控制总线的作用为 CPU 通过它传输各种控制信号。系统总线包括上述三种总线，具有相应的综合性功能。

2. 多选题

(1)计算机系统的主要性能指标包括(　　)。

A. 字长　　　　　　　　　　　　　B. 显示器大小

C. 内存容量　　　　　　　　　　　D. 主频

E. 操作系统性能

【答案】ACD

【解析】衡量计算机系统的性能指标主要有字长、主频和内存容量三个方面。

(2)计算机的硬件主要包括(　　　)。

A. 中央处理器 CPU　　　　　　　B. 存储器

C. 输入设备　　　　　　　　　　D. 输出设备

【答案】ABCD

【解析】计算机的硬件主要包括：中央处理器(CPU)、存储器、输入设备和输出设备。键盘和鼠标属于输入设备，显示器属于输出设备。

3. 填空题

能直接与 CPU 交换信息的存储器是_____。

【答案】内存储器

【解析】CPU 由运算器和控制器两部分组成，可以完成指令的解释与执行。计算机的存储器分为内存储器和外存储器。内存储器是计算机主机的一个组成部分，它与 CPU 直接进行信息交换，CPU 直接读取内存中的数据。

任务二　计算机硬件系统

本任务涉及的知识点及考点：微型计算机五大部件(运算器、控制器、存储器、输入/输出设备)的发展历史和基本功能，微型计算机的工作原理和工作过程，微型计算机主要性能指标简介。

一、重点知识精讲

(1)计算机硬件系统包括：控制器、运算器、存储器、输入设备和输出设备。其中，控制器和运算器组成中央处理器(CPU)；CPU 和内存储器构成主机；输入设备、输出设备和外存储器统称为计算机外部设备。

(2)内存储器和外存储器的特点：内存储器工作速度快、容量较小、价格较高；外存储器容量大，保存的程序和数据在断电后不会丢失。

二、典型例题精解

1. 单选题

如果要运行一个指定的程序，那么必须将这个程序装入到(　　　)中。

A. RAM　　　　　　　　　　　　B. ROM

C. 硬盘　　　　　　　　　　　　D. CD-ROM

【答案】A

【解析】在计算机中，运行了该程序就等于将该程序调入到内存中。

2. 多选题

下列存储器中，属于内存储器的是(　　　)。

A. ROM

B. RAM

C. Cache

D. 硬盘

【答案】ABC

【解析】硬盘属于外存储器，ROM、RAM、Cache 都属于内存储器。

3. 判断题

在微机系统中，对输入和输出设备进行管理的基本系统存放在 ROM 中。(　　)

【答案】√

【解析】存储器分为内存和外存，内存就是 CPU 能通过地址线直接寻址的存储器。内存又分为 RAM 和 ROM 两种。RAM 是可读可写的存储器，它用于存放经常变化的程序和数据；ROM 主要用来存放固定不变的控制计算机的系统程序和数据，如常驻内存的硬件监控程序、BIOS(基本输入输出系统)等。

4. 填空题

微机正在工作时电源突然中断供电，此时计算机_____中的信息全部丢失，并且恢复供电后也无法恢复这些信息。

【答案】RAM

【解析】RAM 是可读可写的存储器，它用于存放经常变化的程序和数据，只要一断电，RAM 中的程序和数据就丢失。

阶段知识检测(一)

1. 单选题

(1)关于微型计算机核心部件 CPU，下面说法错误的是(　　)。

A. CPU 是中央处理器的简称　　　　B. CPU 可以替代存储器(√)

C. PC 机的 CPU 也称为微处理器　　　D. CPU 是计算机的核心部件

(2)下列有关计算机程序的说法正确的是(　　)。

A. 程序在 CPU 中存储并执行

B. 程序在存储器中存储并执行

C. 程序在存储器中存储，在 CPU 中执行(√)

D. 以上说法均不对

(3)微型计算机中，常用的显示器均是(　　)显示器。

A. CBY　　　　　B. RYB　　　　　C. RGB(√)　　　　　D. RCY

(4)笔记本电脑的显示器一般为(　　)。

A. 数码管　　　　　　　　　　B. 阴极射线管

C. 液晶(√)　　　　　　　　　　D. 背投

(5)在微型计算机的性能指标中，内存的容量通常是指(　　)。

A. RAM 的容量(√)　　　　　　B. ROM 的容量

C. RAM 和 ROM 的容量之和　　　D. CD-ROM 的容量

(6) 我们通常所讲的计算机内存条有 SDRAM 和(   )两种。

A. ROM   B. FLASH   C. DDR(√)   D. Cache

(7) 在计算机中,优盘属于(   )存储器。

A. ROM   B. FLASH(√)   C. RAM   D. EPROM

(8) 微型计算机中的基本输入输出系统(BIOS)属于(   )。

A. 硬件   B. 软件(√)   C. 总线   D. 外部设备

(9) 微型计算机中的内存储器,通常采用(   )。

A. 光存储器   B. 磁表面存储器

C. 半导体存储器(√)   D. 磁芯存储器

(10) 在微型计算机内存储器中,其内容由生产厂家事先写好的是(   )存储器。

A. RAM   B. DRAM   C. ROM(√)   D. SRAM

(11) 在计算机中,数据库管理系统的英文缩写是(   )。

A. Data   B. DB   C. DBMS(√)   D. MIS

(12) 门禁系统使用的指纹识别系统应用的计算机技术是(   )。

A. 机器翻译   B. 自然语言理解

C. 过程控制   D. 模式识别(√)

(13) 计算机死机通常是指(   )。

A. CPU 不运行状态   B. 计算机在死循环状态(√)

C. CPU 损坏状态   D. 计算机不自检状态

(14) 目前,在微型计算机中,内存条通常采用的是(   )芯片。

A. PROM   B. EPROM   C. SRAM   D. DRAM(√)

(15) 在计算机术语中,将硬盘划分成若干个逻辑驱动器的操作叫作(   )。

A. 低级格式化   B. 高级格式化

C. 分区(√)   D. 修复

(16) 计算机运行的程序是事先存放在(   )中的。

A. CPU   B. 内存   C. 外存(√)   D. 缓存

(17) 在使用计算机时,如果发现计算机频繁地读写硬盘,下列最可能的原因是(   )。

A. 中央处理器的速度太慢   B. 硬盘的容量太小

C. 内存的容量太小(√)   D. 硬盘转速太低

(18) 目前许多数码产品中的 SD 卡属于(   )。

A. 磁存储器   B. 光存储器

C. 半导体存储器(√)   D. 纸质存储器

(19) 新硬盘在使用前要经过(   )操作。

A. 磁盘拷贝、硬盘分区   B. 硬盘分区、磁盘拷贝

C. 硬盘分区、高级格式化(√)   D. 低级格式化、高级格式化

(20) 当硬盘中的某些磁道损坏后,该硬盘(   )。

A. 不能再使用   B. 必须送原生产厂维修

C. 只能作为另一块硬盘的备份盘   D. 通过工具软件处理后,能继续使用(√)

(21)计算机显示器的刷新频率越高,则显示效果(　　)。

A.与刷新频率无关　　　　　　　　B.越好(√)

C.越差　　　　　　　　　　　　　D.越容易闪烁

(22)如果计算机主板上集成了显卡,则显卡存储容量是(　　)空间的一部分。

A.显卡本身　　　　　　　　　　　B.内存(√)

C.高速缓存　　　　　　　　　　　D.外存

(23)在个人电脑中配置的摄像头属于计算机的(　　)。

A.输入设备(√)　　　　　　　　　B.输出设备

C.存储设备　　　　　　　　　　　D.控制设备

(24)到目前为止,在计算机 USB 接口中传输速度最快的是(　　)。

A.USB1.0　　　　　　　　　　　　B.USB2.0

C.USB3.0(√)　　　　　　　　　　D.USB4.0

(25)CRT 指的是(　　)。

A.阴极射线管显示器(√)　　　　　B.液晶显示器

C.等离子显示器　　　　　　　　　D.液晶投影机

(26)(　　)可导致计算机无法正常启动。

A.显卡故障(√)　　　　　　　　　B.声卡故障

C.鼠标器故障　　　　　　　　　　D.光驱故障

(27)在个人电脑中,显示器必须在(　　)支持下才能正常运行。

A.USB 口　　　　B.显卡(√)　　　　C.采集卡　　　　D.声卡

(28)磁盘上的磁道是(　　)。

A.一组记录密度不同的同心圆(√)　B.一组记录密度相同的同心圆

C.一条阿基米德螺旋线　　　　　　D.两条阿基米德螺旋线

(29)用高级程序设计语言编写的程序称为(　　)。

A.源程序(√)　　　　　　　　　　B.应用程序

C.用户程序　　　　　　　　　　　D.实用程序

(30)将用高级程序语言编写的程序翻译成目标程序的程序称为(　　)。

A.连接程序　　　　　　　　　　　B.编辑程序

C.编译程序(√)　　　　　　　　　D.诊断维护程序

(31)微型计算机的主机由 CPU、(　　)构成。

A.RAM　　　　　　　　　　　　　B.RAM、ROM 和硬盘

C.RAM 和 ROM(√)　　　　　　　D.硬盘和显示器

(32)下列存储器中,属于外存储器的是(　　)。

A.ROM　　　　　B.RAM　　　　　C.Cache　　　　D.硬盘(√)

(33)计算机系统由(　　)两大部分组成。

A.系统软件和应用软件　　　　　　B.主机和外部设备

C.硬件系统和软件系统(√)　　　　D.输入设备和输出设备

(34)下列叙述中,错误的一项是(　　)。

A.计算机硬件主要包括主机、键盘、显示器、鼠标器和打印机五大部件(√)

B.计算机软件分为系统软件和应用软件两大类

C.CPU 主要由运算器和控制器组成

D.内存储器中存储当前正在执行的程序和处理的数据

(35)下列存储器中,属于内存储器的是(　　　)。

A.CD-ROM   B.ROM(√)

C.软盘   D.硬盘

(36)下列叙述中,错误的一项是(　　　)。

A.CPU 可以直接处理外存储器中的数据(√)

B.操作系统是计算机系统中最主要的系统软件

C.CPU 可以直接处理内部存储器中的数据

D.一个汉字的机内码与它的国标码相差 8080H

(37)编译程序的最终目标是(　　　)。

A.发现源程序中的语法错误

B.改正源程序中的语法错误

C.将源程序编译为目标程序(√)

D.将某一高级语言程序翻译成另一高级语言程序

(38)计算机之所以能按照人们的意志自动进行工作,主要是因为其采用了(　　　)。

A.二进制数制   B.高速电子元件

C.存储程序控制(√)   D.程序设计语言

(39)以 MIPS 为单位来衡量计算机的性能,它指的是计算机的(　　　)。

A.传输速率   B.存储器容量

C.字长   D.运算速度(√)

(40)在微型计算机系统中要运行某一程序时,如果所需内存容量不够,可以通过(　　　)的方法来解决。

A.增加内存容量(√)   B.增加硬盘容量

C.采用光盘   D.采用高密度软盘

(41)在外部设备中,扫描仪属于(　　　)。

A.输出设备   B.存储设备

C.输入设备(√)   D.特殊设备

(42)微型计算机的技术指标主要包括(　　　)。

A.所配备的系统软件的优劣

B.CPU 的主频和运算速度、字长、内存容量和存取速度(√)

C.显示器的分辨率、打印机的配置

D.硬盘容量的大小

(43)用 MHz 来衡量计算机的性能,它指的是计算机的(　　　)。

A.CPU 的时钟主频(√)   B.存储器容量

C.字长   D.运算速度

(44)计算机的硬件主要包括中央处理器(CPU)、存储器、输出设备和(　　　)。

A.键盘   B.鼠标器

C.输入设备(√)　　　　　　　　D.显示器

(45)计算机的存储单元中存储的内容(　　)。

A.只能是数据　　　　　　　　B.只能是字符

C.只能是指令　　　　　　　　D.可以是数据或指令(√)

(46)下列各组设备中,全都属于输入设备的一组是(　　)。

A.键盘、磁盘和打印机　　　　B.键盘、鼠标器和显示器

C.键盘、扫描仪和鼠标器(√)　D.硬盘、打印机和键盘

(47)下列存储器中,CPU能直接访问的是(　　)。

A.硬盘存储器　　　　　　　　B.CD-ROM

C.内存储器(√)　　　　　　　D.U盘存储器

(48)微型计算机的性能主要取决于(　　)。

A.CPU的性能(√)　　　　　　B.硬盘容量的大小

C.RAM的存取速度　　　　　　D.显示器的分辨率

(49)随机存取存储器中,有一种存储器需要周期性地补充电荷以保证所存储信息的正确,它称为(　　)。

A.静态RAM(SRAM)　　　　　B.动态RAM(DRAM)(√)

C.RAM　　　　　　　　　　　D.Cache

(50)对于微型计算机用户来说,为了防止计算机意外故障而丢失重要数据,对重要数据应定期进行备份。下列移动存储器中,目前最不常用的一种是(　　)。

A.光盘　　　　　　　　　　　B.USB移动硬盘

C.USB优盘　　　　　　　　　D.磁带(√)

(51)在微型计算机系统中,麦克风属于(　　)。

A.输入设备(√)　　　　　　　B.输出设备

C.放大设备　　　　　　　　　D.播放设备

(52)下面关于USB的叙述中,错误的是(　　)。

A.USB的中文名为"通用串行总线"

B.USB 3.0的数据传输率远远高于USB 2.0

C.USB具有热插拔与即插即用的功能

D.USB接口连接的外部设备(如移动硬盘、U盘等)必须另外供电(√)

(53)以下关于优盘的描述中,错误的是(　　)。

A.优盘有基本型、增强型和加密型三种

B.优盘的特点是重量轻、体积小

C.优盘多固定在机箱内,不便携带(√)

D.断电后,优盘还能保持存储的数据不丢失

(54)组成计算机硬件系统的基本部分是(　　)。

A.CPU、键盘和显示器　　　　B.主机和输入/输出设备(√)

C.CPU和输入/出设备　　　　D.CPU、硬盘、键盘和显示器

(55)下列叙述中,错误的是(　　)。

A.硬盘在主机箱内,它是主机的组成部分(√)

B. 硬盘是外部存储器之一

C. 硬盘的技术指标之一是转速

D. 硬盘与 CPU 之间不能直接交换数据

（56）把存储在硬盘上的程序传送到指定的内存区域中，这种操作称为（　　　）。

A. 输出　　　　　　　　B. 写盘　　　　　　　　C. 输入　　　　　　　　D. 读盘（√）

（57）为了提高软件开发效率，开发软件时应尽量采用（　　　）。

A. 汇编语言　　　　　　　　　　　　B. 机器语言

C. 指令系统　　　　　　　　　　　　D. 高级语言（√）

（58）当前流行的移动硬盘或优盘进行读/写时利用的计算机接口是（　　　）。

A. 串行接口　　　　　　　　　　　　B. 平行接口

C. USB（√）　　　　　　　　　　　　D. UBS

（59）下列度量单位中，用来度量计算机外部设备传输率的是（　　　）。

A. MB/s（√）　　　　B. MIPS　　　　C. GHz　　　　D. MB

（60）下列叙述中，错误的是（　　　）。

A. 内存储器 RAM 中主要存储当前正在运行的程序和数据

B. 高速缓冲存储器（Cache）一般采用 DRAM 构成（√）

C. 外部存储器（如硬盘）用来存储必须永久保存的程序和数据

D. 存储在 RAM 中的信息会因断电而全部丢失

（61）下列叙述中，正确的是（　　　）。

A. 高级程序设计语言的编译系统属于应用软件

B. 高速缓冲存储器（Cache）一般用 SRAM 来实现（√）

C. CPU 可以直接存取硬盘中的数据

D. 存储在 ROM 中的信息断电后会全部丢失

（62）下列存储器中，存取周期最短的是（　　　）。

A. 硬盘存储器　　　　　　　　　　　B. CD-ROM

C. DRAM　　　　　　　　　　　　　　D. SRAM（√）

（63）下列说法中，错误的是（　　　）。

A. 硬盘驱动器和盘片是密封在一起的，不能随意更换盘片

B. 硬盘可以是由多张盘片组成的盘片组

C. 硬盘的技术指标除容量外，另一个是转速

D. 硬盘安装在机箱内，属于主机的组成部分（√）

（64）能直接与 CPU 交换信息的存储器是（　　　）。

A. 硬盘存储器　　　　　　　　　　　B. CD-ROM

C. 内存储器（√）　　　　　　　　　　D. 软盘存储器

（65）Von Neumann（冯·诺依曼）型体系结构的计算机包含的五大部件是（　　　）。

A. 输入设备、运算器、控制器、存储器、输出设备（√）

B. 输入/输出设备、运算器、控制器、内/外存储器、电源设备

C. 输入设备、中央处理器、只读存储器、随机存储器、输出设备

D. 键盘、主机、显示器、磁盘机、打印机

(66)完整的计算机软件指的是(　　)。

A.程序、数据与相应的文档　　　　　B.系统软件与应用软件(√)

C.操作系统与应用软件　　　　　　　D.操作系统和办公软件

(67)组成微型计算机主机的部件是(　　)。

A.CPU、内存和硬盘　　　　　　　　B.CPU、内存、显示器和键盘

C.CPU 和内存(√)　　　　　　　　　D.CPU、内存、硬盘、显示器和键盘套

(68)假设某台式计算机内存储器的容量为 1 KB,其最后一个字节的地址是(　　)。

A.1023H　　　　　　　　　　　　　B.1024H

C.0400H　　　　　　　　　　　　　D.03FFH(√)

(69)下列设备组中,完全属于计算机输出设备的一组是(　　)。

A.喷墨打印机、显示器、键盘　　　　B.激光打印机、键盘、鼠标器

C.键盘、鼠标器、扫描仪　　　　　　D.打印机、绘图仪、显示器(√)

(70)把内存中的数据传送到计算机硬盘的操作称为(　　)。

A.显示　　　　　　　　　　　　　　B.写盘(√)

C.输入　　　　　　　　　　　　　　D.读盘

(71)ROM 中的信息是(　　)。

A.由计算机制造厂预先写入的(√)

B.在系统安装时写入的

C.根据用户的需求,由用户随时写入的

D.由程序临时存入的

(72)在计算机硬件技术指标中,度量存储器容量的基本单位是(　　)。

A.字节(Byte)(√)　　　　　　　　　B.二进位(Bit)

C.字(Word)　　　　　　　　　　　　D.半字

(73)计算机软件系统包括(　　)。

A.系统软件和应用软件(√)　　　　　B.编译系统和应用软件

C.数据库管理系统和数据库　　　　　D.程序和文档

(74)高级语言的编译程序属于(　　)。

A.专用软件　　　　　　　　　　　　B.应用软件

C.通用软件　　　　　　　　　　　　D.系统软件(√)

(75)RAM 具有(　　)的特点。

A.断电后,存储在其内的数据将全部丢失(√)

B.存储在其内的数据将永久保存

C.用户不能随机写入数据

D.存取速度慢

(76)下列各组软件中,全部属于应用软件的是(　　)。

A.程序语言处理程序、操作系统、数据库管理系统

B.文字处理程序、编辑程序、Unix 操作系统

C.财务处理软件、金融软件、WPS Office(√)

D.Word 2016、Photoshop、Windows 10

(77)下列叙述中,正确的一项是(   )。

A.用高级程序语言编写的程序称为源程序(√)

B.计算机能直接识别并执行用汇编语言编写的程序

C.机器语言编写的程序执行效率最低

D.不同型号的计算机具有相同的机器语言

(78)下列设备中,(   )不能作为计算机的输出设备。

A.打印机   B.显示器   C.绘图仪   D.键盘(√)

(79)用高级程序设计语言编写的程序称为源程序,它(   )。

A.只能在专门的机器上运行

B.无须编译或解释,可直接在机器上运行

C.不可读

D.具有可读性和可移植性(√)

(80)内存中有一小部分用来存储系统的基本信息,CPU对它们只读不写,这部分存储器的英文缩写是(   )。

A.RAM   B.Cache   C.ROM(√)   D.DOS

(81)下列有关总线的描述,不正确的是(   )。

A.总线分为内部总线和外部总线(√)   B.内部总线也称为片总线

C.总线的英文表示就是 bus   D.总线体现在硬件上就是计算机主板

(82)下列叙述中,正确的一项是(   )。

A.CPU 能直接读取硬盘上的数据

B.CPU 能直接与内存储器交换数据(√)

C.CPU 由存储器、运算器和控制器组成(   )

D.CPU 主要用来存储程序和数据

(83)以下属于高级语言的是(   )。

A.机器语言   B.C 语言(√)

C.汇编语言   D.以上都是

(84)微型计算机存储系统中,PROM 是(   )。

A.可读写存储器   B.动态随机存取存储器

C.只读存储器   D.可编程只读存储器(√)

(85)配置高速缓冲存储器(Cache)是为了解决(   )。

A.内存与辅助存储器之间速度不匹配问题

B.CPU 与辅助存储器之间速度不匹配问题

C.CPU 与内存储器之间速度不匹配问题(√)

D.主机与外设之间速度不匹配问题

(86)下列术语中,属于显示器性能指标的是(   )。

A.速度   B.可靠性

C.分辨率(√)   D.精度

(87)微型计算机中使用最普遍的字符编码是(   )。

A.EBCDIC 码   B.国标码

C. BCD 码
D. ASCII 码(√)

(88)一条计算机指令中规定其执行功能的部分称为(　　)。

A. 源地址码
B. 操作码(√)

C. 目标地址码
D. 数据码

(89)微型计算机中内存储器比外存储器(　　)。

A. 读写速度快(√)
B. 存储容量大

C. 运算速度慢
D. 以上三项都对

(90)计算机硬件能直接识别并执行的语言是(　　)。

A. 高级语言
B. 算法语言

C. 机器语言(√)
D. 符号语言

(91)控制器的功能是(　　)。

A. 指挥、协调计算机各部件工作(√)

B. 进行算术运算和逻辑运算

C. 存储数据和程序

D. 控制数据的输入和输出

(92)静态 RAM 的特点是(　　)。

A. 在不断电的条件下,信息在静态 RAM 中保持不变,不必定期刷新就能永久保存信息(√)

B. 在不断电的条件下,信息在静态 RAM 中不能永久无条件保持,必须定期刷新才不至于丢失信息

C. 在静态 RAM 中的信息只能读不能写

D. 在静态 RAM 中的信息断电后也不会丢失

(93)以下关于汇编语言的描述中,错误的是(　　)。

A. 汇编语言诞生于 20 世纪 50 年代初期

B. 汇编语言不再使用难以记忆的二进制代码

C. 汇编语言使用的是助记符号

D. 汇编语言是一种不再依赖于机器的语言(√)

(94)UPS 是指(　　)。

A. 大功率稳压电源
B. 不间断电源(√)

C. 用户处理系统
D. 联合处理系统

(95)在微型计算机的硬件设备中,有一种设备在程序设计中既可以当作输出设备,又可以当作输入设备,这种设备是(　　)。

A. 绘图仪
B. 扫描仪

C. 手写笔
D. 磁盘驱动器(√)

(96)下列叙述中,正确的是(　　)。

A. 计算机的体积越大,其功能越强

B. CD-ROM 的容量比硬盘的容量大

C. 存储器具有记忆功能,故其中的信息任何时候都不会丢失

D. CPU 是中央处理器的简称(√)

(97)下列叙述中,错误的是(   )。

A.把数据从内存传输到硬盘的操作称为写盘

B.WPS Office 2016属于系统软件(√)

C.把高级语言源程序转换为等价的机器语言目标程序的过程叫编译

D.计算机内部对数据的传输、存储和处理都使用二进制

(98)内存储器是计算机系统中的记忆设备,它主要用于(   )。

A.存放数据   B.存放程序

C.存放数据和程序(√)   D.存放地址

(99)下列打印机中,打印质量最好的是(   )。

A.针式打印机   B.点阵打印机

C.喷墨打印机   D.激光打印机(√)

(100)字长是CPU的主要性能指标之一,它表示(   )。

A.CPU一次能处理二进制数据的位数(√)

B.最长的十进制整数的位数

C.最大的有效数字位数

D.计算结果的有效数字长度

(101)计算机的系统总线是计算机各部件间传递信息的公共通道,它分为(   )。

A.数据总线和控制总线

B.地址总线和数据总线

C.数据总线、控制总线和地址总线(√)

D.地址总线和控制总线

(102)下列叙述中,正确的是(   )。

A.C++是高级程序设计语言的一种(√)

B.用C++程序设计语言编写的程序可以直接在机器上运行

C.当代最先进的计算机可以直接识别、执行任何语言编写的程序

D.机器语言和汇编语言是同一种语言的不同名称

(103)人工智能的应用领域之一是(   )。

A.专家系统(√)   B.计算机辅助设计

C.办公自动化   D.计算机网络

(104)计算机主机包含CPU和(   )。

A.运算器   B.存储器(√)   C.显示器   D.处理器

(105)没有(   )的计算机被称为"裸机"。

A.软件(√)   B.硬件

C.外围设备   D.CPU

(106)微型计算机与并行打印机连接时,信号线插头是插在(   )。

A.并行I/O插座上(√)   B.串行I/O插座上

C.扩展I/O插座上   D.二串一并I/O插座上

(107)对存储器按字节编址,若某存储器芯片共有10根地址线引脚,则该存储器芯片的存储容量为(   )。

A. 512 B　　　　B. 1 KB(√)　　　　C. 2 KB　　　　D. 4 KB

(108)在计算机系统中,数据线的宽度指的是(　　)。

A. 数据线的粗细程度　　　　　　　B. 数据线的传输速度

C. 数据线的条数(√)　　　　　　　D. 数据线的稳定性

(109)在微型计算机中,I/O 接口位于(　　)。

A. 主机箱和 I/O 设备之间　　　　　B. CPU 和 I/O 设备之间(√)

C. 主机和总线之间　　　　　　　　D. CPU 和主存储器之间

(110)市场上集成显卡的计算机,指的是(　　)。

A. 显卡是独立于主板之外的

B. 显卡是和显示器制造成一体的

C. 显卡是与主板制造在一起的,或者显卡是与 CPU 制造在一起的

D. 显卡是插在 USB 接口上的

(111)微型计算机的硬盘、内存及 CPU 的驱动电源是(　　)。

A. 220 V 交流电

B. 有些是交流电,有些是直流电

C. 直流电(√)

D. 有些是 220 V 交流电,有些是 110 V 交流电

(112)计算机系统的各硬件部件一般通过(　　)加以连接。

A. 适配器　　　　　　　　　　　B. 电缆

C. 中继器　　　　　　　　　　　D. 总线(√)

(113)目前市场上具有独立显卡的计算机指的是(　　)。

A. 显卡相对于存储器是独立的　　　B. 显卡相对于显示器是独立的

C. 显卡相对于 CPU 是独立的　　　D. 显卡相对于主板是独立的(√)

(114)计算机的外设与总线的连接关系是(　　)。

A. 一般都直接相连

B. 一般要经过接口相连(√)

C. 二者不必遵循统一标准

D. 总线与外设一般都是在生产时集成在一起的

(115)指令的解释是由计算机的(　　)来执行的

A. 控制器(√)　　　　　　　　　B. 存储器

C. 输入/输出部件　　　　　　　　D. 运算器

(116)计算机处理信息的基本工作过程可分为输入、(　　)与输出三个环节。

A. 存储　　　　　　　　　　　　B. 处理(√)

C. 控制　　　　　　　　　　　　D. 等待

(117)通常一条计算机指令用来(　　)。

A. 规定计算机完成一系列既定任务

B. 规定计算机执行一个基本操作(√)

C. 实现网上连通

D. 远程控制

(118)计算机外存的信息必须调入(　　　)中才能被处理

A. 内存(√)　　　　　　B. 软盘　　　　　　C. 硬盘　　　　　　D. U 盘

(119)微型计算机键盘上的【Backspace】键称为(　　　)。

A. 控制键　　　　　　　　　　　　B. 上档键

C. 退格键(√)　　　　　　　　　　D. 交替换档键

(120)在当今社会行业中,计算机软件设计属于(　　　)。

A. 手工业　　　　　　　　　　　　B. 制造业

C. 加工行业　　　　　　　　　　　D. IT 行业(√)

(121)在微型计算机中,文件一般存储在(　　　)。

A. 内存中　　　　　B. CPU 中　　　　　C. 外存中(√)　　　　D. CMOS 中

(122)对计算机软件正确的认识应该是(　　　)。

A. 计算机软件不需要维护

B. 计算机软件只要能复制得到就不必购买

C. 计算机软件复制受版权保护(√)

D. 计算机软件不必有备份

(123)以下关于机器语言的描述中,错误的是(　　　)。

A. 每种型号的计算机都有自己的指令系统,就是机器语言

B. 机器语言是唯一能被计算机识别的语言

C. 计算机语言可读性强,容易记忆(√)

D. 机器语言和其他语言相比,执行效率高

(124)冯·诺依曼的计算机模型主要是指计算机(　　　)。

A. 提供了人机交互的界面　　　　　B. 具有输入输出的设备

C. 能进行算术逻辑运算　　　　　　D. 可运行预先存储的程序(√)

(125)能将计算机运行结果以可见的方式向用户展示的部件是(　　　)。

A. 存储器　　　　　　　　　　　　B. 控制器

C. 输入设备　　　　　　　　　　　D. 输出设备(√)

(126)多媒体信息在计算机中的存储形式是(　　　)。

A. 二进制数字信息(√)　　　　　　B. 十进制数字信息

C. 文本信息　　　　　　　　　　　D. 模拟信号

(127)下列关于总线的说法,错误的是(　　　)。

A. 总线是系统部件之间传递信息的公共通道

B. 总线有许多标准,如:ISA、AGP 总线等

C. 内部总线分为数据总线、接口总线、控制总线(√)

D. 总线体现在硬件上就是计算机主板

(128)下面关于多媒体系统的描述中,不正确的是(　　　)。

A. 多媒体系统一般是一种多任务系统

B. 多媒体系统是对文字、图像、声音、活动图像及其资源进行管理的系统

C. 多媒体系统只能在微型计算机上运行(√)

D. 数字压缩是多媒体处理的关键技术

（129）CD-ROM 属于（　　）。

A. 大容量可读可写外部存储器

B. 大容量只读外部存储器（√）

C. 可直接与 CPU 交换数据的存储器

D. 只读内存储器

（130）度量计算机运算速度常用的单位是（　　）。

A. MIPS（√）　　　　　　　　　B. MHz

C. MB　　　　　　　　　　　　D. Mbps

（131）组成计算机指令的两部分是（　　）。

A. 数据和字符　　　　　　　　B. 操作码和地址码（√）

C. 运算符和运算数　　　　　　D. 运算符和运算结果

（132）在计算机中，每个存储单元都有一个连续的编号，此编号称为（　　）。

A. 地址（√）　　　　　　　　　B. 位置号

C. 门牌号　　　　　　　　　　D. 房号

（133）在下列设备中，（　　）不能作为微型计算机的输出设备。

A. 打印机　　　　　　　　　　B. 显示器

C. 鼠标器（√）　　　　　　　　D. 绘图仪

（134）汇编语言是一种（　　）程序设计语言。

A. 依赖于计算机的低级（√）　　B. 计算机能直接执行的

C. 独立于计算机的高级　　　　D. 面向问题的

（135）下列各类计算机程序语言中（　　）不是高级程序设计语言。

A. C++语言　　　　　　　　　B. Java 语言

C. Python 语言　　　　　　　　D. 汇编语言（√）

（136）下列软件，属于系统软件的是（　　）。

①字处理软件　②Linux　③Unix　④学籍管理系统　⑤Windows 10　⑥Office 2016

A. ①②③　　　　　　　　　　B. ②③⑤（√）

C. ①②③⑤　　　　　　　　　D. 全部都不是

（137）假设某台式计算机的内存储器容量为 128 MB，硬盘容量为 10 GB。硬盘的容量是内存容量的（　　）。

A. 40 倍　　　　B. 60 倍　　　　C. 80 倍（√）　　　D. 100 倍

（138）用高级程序设计语言编写的程序，要转换成等价的可执行程序，必须经过（　　）。

A. 汇编　　　　　　　　　　　B. 编辑

C. 解释　　　　　　　　　　　D. 编译和连接（√）

（139）微型计算机运算器的主要功能是进行（　　）。

A. 算术运算　　　　　　　　　B. 逻辑运算

C. 加法运算　　　　　　　　　D. 算术运算和逻辑运算（√）

（140）下列各存储器中，存取速度最快的是（　　）。

A. CD-ROM　　　　　　　　　B. 内存储器（√）

C. 软盘   D. 硬盘

(141) RAM 中存储的数据在断电后(　　)丢失。

A. 不会   B. 完全(√)

C. 部分   D. 不一定

(142)下列设备组中,完全属于外部设备的一组是(　　)。

A. CD-ROM 驱动器、CPU、键盘、显示器

B. 激光打印机、键盘、光盘驱动器、鼠标器(√)

C. 内存储器、光盘驱动器、扫描仪、显示器

D. 打印机、CPU、内存储器、硬盘

2. 多选题

(1)笔记本计算机的特点是(　　)。

A. 重量轻(√)   B. 体积小(√)

C. 体积大   D. 便于携带(√)

(2)对于中央处理器,叙述正确的有(　　)。

A. 是计算机系统中最核心的部件(√)

B. 是由运算器和控制器组成(√)

C. 具有计算能力(√)

D. 能执行指令(√)

(3)以下设备中,属于输出设备的是(　　)。

A. 显示器(√)   B. 鼠标器

C. 键盘   D. 绘图仪(√)

(4)计算机内存包括(　　)。

A. 只读存储器(√)   B. 硬盘

C. 随机存储器(√)   D. 优盘

(5)程序设计语言包括(　　)。

A. 机器语言(√)   B. 汇编语言(√)

C. 高级语言(√)   D. 数据库

(6)汉字的外码主要有(　　)。

A. 音码(√)   B. 形码(√)   C. 简码   D. 音形码(√)

(7)多媒体计算机通常应包含(　　)。

A. 音箱(√)   B. 声卡(√)

C. 打印机   D. 光驱(√)

(8)计算机系统的五大基本组成部件一般通过总线加以连接,通常用(　　)来表征它的性能。

A. 总线宽度(√)   B. 总线直径

C. 总线长度   D. 总线频率(√)

(9)计算机显示器按其所用的显示器件可以分为(　　)。

A. 阴极射线管(√)   B. 液晶显示器(√)

C. 负离子显示器   D. 等离子显示器(√)

（10）目前常用的鼠标器有（　　　）三种。

A. 激光式 　　　　　　　　　　　　B. 机械式（√）

C. 光电式（√） 　　　　　　　　　D. 光机械式（√）

（11）总线按连接的部件不同可以分为（　　　）。

A. 内部总线（√） 　　　　　　　　B. 数据总线

C. 系统总线（√） 　　　　　　　　D. 扩展总线（√）

（12）目前，常见的非击打式打印机有（　　　）。

A. 彩色打印机 　　　　　　　　　　B. 喷墨打印机（√）

C. 激光打印机（√） 　　　　　　　D. 黑白打印机

（13）下列属于微软公司的产品是（　　　）。

A. Windows 10（√） 　　　　　　　B. Access（√）

C. Java 　　　　　　　　　　　　　D. Excel（√）

（14）计算机硬件系统主要性能指标包括（　　　）。

A. 字长（√） 　　　　　　　　　　B. 显示器大小

C. 内存容量（√） 　　　　　　　　D. 主频（√）

（15）下列编程语言中属于高级语言的包括（　　　）。

A. C++（√）　　　B. Java（√）　　　C. C 语言（√）　　　D. 机器语言

（16）计算机辅助技术包括（　　　）。

A. CAD（√）　　　B. CAF　　　C. CAT（√）　　　D. CAM（√）

（17）以下设备中，属于输入设备的是（　　　）。

A. 显示器　　　B. 鼠标（√）　　　C. 键盘（√）　　　D. 手写板（√）

（18）断电后仍能保存信息的存储器是（　　　）。

A. 优盘（√） 　　　　　　　　　　B. RAM

C. ROM（√） 　　　　　　　　　　D. 硬盘（√）

（19）计算机主机通常包括（　　　）。

A. 运算器（√） 　　　　　　　　　B. 控制器（√）

C. 显示器 　　　　　　　　　　　　D. 存储器（√）

（20）计算机软件系统包含（　　　）。

A. 系统软件（√） 　　　　　　　　B. 应用软件（√）

C. UPS 系统 　　　　　　　　　　　D. 光盘系统

（21）CPU 能直接访问的存储器是（　　　）。

A. ROM（√）　　　B. RAM（√）　　　C. Cache（√）　　　D. 硬盘

（22）以下关于计算机程序设计语言的说法中，正确的是（　　　）。

A. 计算机只能直接执行机器语言程序（√）

B. 机器语言和汇编语言合称为低级语言（√）

C. 高级语言是高级计算机才能执行的语言

D. 计算机可以直接执行汇编语言程序

（23）汇编语言是一种（　　　）。

A. 低级语言（√） 　　　　　　　　B. 高级语言

C. 程序设计语言(√)　　　　　　D. 目标程序

(24)与内存相比,外存的主要优点是( )。

A. 存储容量大(√)　　　　　　B. 信息可长期保存(√)

C. 存储单位信息的价格便宜(√)　　D. 存取速度快

(25)系统总线按其传输信息的不同可分为( )三类。

A. 数据总线(√)　　　　　　B. 外部总线

C. 地址总线(√)　　　　　　D. 控制总线(√)

(26)微型计算机主机箱中装有( )。

A. 显示器接口(√)　　　　　　B. 磁盘驱动器(√)

C. CPU 及存储器(√)　　　　　　D. 主机电源(√)

(27)下列设备中,可作输入设备的有( )。

A. 显示器　　　　　　B. 鼠标(mouse)(√)

C. 键盘(√)　　　　　　D. 绘图仪

3. 判断题

(1)磁盘是计算机中一种重要的外部设备,没有磁盘,计算机就无法运行。( )

(2)计算机中的总线也就是传递数据用的数据线。( )

(3)机器语言是人类不能理解的计算机专用语言。( )

(4)多媒体计算机系统中图形处理器是其必备设备之一。(√)

(5)多媒体计算机中声卡是其必备设备之一。(√)

(6)在计算机内部,一般是利用机器数的最高位来表示符号。(√)

(7)每个汉字具有唯一的内码和外码。( )

(8)采用 ASCII 编码,最多能表示 128 个符号。(√)

(9)衡量计算机中 CPU 的性能指标主要有时钟频率和字长两个。(√)

(10)总线按连接的部件不同可以分为内部总线、外部总线和扩展总线 3 种。(√)

(11)仅由电子线路构成的计算机硬件设备是计算机裸机。(√)

(12)汇编语言是机器指令的纯符号表示。(√)

(13)冯·诺依曼计算机工作原理就是把程序输入到计算机存储起来,然后依次执行,简称为数据存储。( )

(14)在衡量计算机的主要性能指标中,速度指标一般通过主频和百万条指令每秒(MIPS)两个指标来加以评价的。(√)

(15)计算机性能指标中 MTBF 表示平均修复时间,计算机性能指标中 MTTR 表示平均无故障工作时间。( )

(16)BASIC 语言属于高级语言。(√)

(17)专家系统是人工智能的应用领域之一。(√)

(18)在计算机中,所谓多媒体信息就是指存储在磁盘、光盘和打印纸等多种不同媒体上的信息。( )

(19)计算机辅助制造是人工智能的应用领域之一。( )

(20)操作系统属于系统软件。(√)

(21)汇编语言编写的程序能被计算机直接执行。( )

(22)一般来说，计算机字长越长则计算机的性能越高。（√）

4.填空题

（1）计算机辅助制造的英文缩写是＿＿＿＿＿＿＿。（请填英文大写）

（2）计算机系统的结构分为＿＿＿＿＿＿部分。（填数字）

（3）访问一次内存储器所花的时间称为＿＿＿＿。

（4）1台16位机，它的1个字节能表示的无符号数的最大数是＿＿＿＿，最小的数是＿＿＿＿。

（5）随机读写存储器的英文单词缩写＿＿＿＿。

（6）在计算机中规定1个字节由＿＿＿＿个位构成。

（7）假定一个数在机器中占用8位，则−11的补码是＿＿＿＿。

（8）存储1个32×32点阵汉字，需要＿＿＿＿字节存储空间。

（9）在计算机的单位换算中，定义1 TB＝＿＿＿＿GB，1 GB＝＿＿＿＿MB，1 MB＝＿＿＿＿KB。

（10）二进制数1101100101000101对应的十六进制数是＿＿＿＿。

（11）在计算机中，西文字符最常用的编码是＿＿＿＿。

（12）汉字三要素为＿＿＿＿、＿＿＿＿、＿＿＿＿。

（13）存储器分为内存和＿＿＿＿。

（14）所谓内存，实际上就是半导体存储器，它们分为随机读写存储器和＿＿＿＿。

（15）十六进制的基数是＿＿＿＿，每一位数可取的最大值是＿＿＿＿（题中如有英文请用大写）。

（16）汉字输入方法可分为＿＿＿＿码、＿＿＿＿码、＿＿＿＿码和＿＿＿＿码四大类。

（17）微型计算机系统中，高级语言的源程序是通过＿＿＿＿系统建立起来的。

（18）在给出的扩展名为 AVI、BMP、GIF、JPG 和 WAV 等类型的文件中，扩展名为＿＿＿＿（请填英文大写）的文件为目前流行的声音文件。

（19）计算机的开机应该遵循先开＿＿＿＿，后开＿＿＿＿的原则。

（20）主频指计算机时钟信号的频率，通常以＿＿＿＿为单位。

（21）目前计算机语言可分为机器语言、汇编语言和＿＿＿＿三大类。

（22）显示器的分辨率用光点的行数和＿＿＿＿的乘积来表示。

（23）数据总线是＿＿＿＿总线。

（24）激光打印机打印分辨率可达300 dpi、600 dpi 甚至＿＿＿＿dpi。

（25）＿＿＿＿是识别信息存放位置的编号。

【参考答案】

填空题

（1）CAM　（2）2　（3）存储周期　（4）255，0　（5）RAM　（6）8　（7）11110101（8）128　（9）1024，1024，1024　（10）D945　（11）ASCII　（12）音，形，义　（13）外存

（14）只读存储器　（15）16，F　（16）数字，拼音，字形，音形　（17）编辑　（18）WAV
（19）外设，主机　（20）MHZ　（21）高级语言　（22）每行的光点数　（23）双向　（24）1200
（25）地址

任务三　计算机软件系统

本任务涉及的知识点及考点：计算机软件及软件系统的概念，包括操作系统的概念、发展历史和分类；操作系统的处理器管理、存储器管理、设备管理、文件管理和用户接口的基本功能；Windows、Linux 等主流操作系统的特点；Windows 系统的基本使用方法，图标操作、窗口操作、菜单操作、鼠标与键盘操作，资源管理、任务管理、文件管理，压缩与解压缩、下载等常用工具软件。

一、重点知识精讲

1. 操作系统的概念

操作系统是控制和管理计算机系统内的软、硬件资源，合理有效地组织计算机系统工作，为用户提供一个使用方便、可扩展的工作环境的软件系统。它是连接计算机和用户的接口，是人和计算机交流的窗口和平台。用户可以通过操作系统提供的命令和交互功能实现各种访问计算机的操作。

2. 操作系统的功能

从资源管理的角度，操作系统的主要功能包括处理器管理、存储器管理、设备管理、文件管理、作业管理及网络与通信管理等。

3. Windows、Linux 等主流操作系统的特点

Windows 操作系统是 Microsoft 公司研发的图形用户界面操作系统。从 1983 年至今已经发布了多个版本。主要特点：①直观、高效的面向用户的图形操作界面，易学易用；②操作界面统一、友好、美观；③丰富的设备支持和即插即用的性能；④多任务的操作环境。

Linux 操作系统是一个基于个人计算机平台的开放性操作系统。Linux 具有开源、多用户多任务支持、稳定性、可定制性、网络支持等特点，使其在不同领域得到广泛应用。

4. Windows 系统的管理

（1）管理磁盘。管理磁盘包括磁盘格式化、磁盘查错与碎片整理、磁盘信息查看等。

（2）使用控制面板。Windows 控制面板是 Windows 系统图形用户界面的一部分，用户可以通过开始菜单访问。它允许用户查看并更改基本的系统设置，例如添加或删除软件、控制用户帐户及更改辅助功能选项。

5. Windows 文件及其操作

（1）Windows 文件的概念。

①文件：计算机是以文件(file)的形式组织和存储数据的。文件是一组相关信息的集合，由文件名标识并加以区别。文件名包括主文件名和扩展名两部分，用"."分隔。主文件名是文件的主要标记，扩展名表示文件的类型。表 2-1 所示为各类型文件的扩展名及其含义。

表 2-1　文件的扩展名及其含义

文件类型	扩展名	含义
源程序	c、bas	程序设计语言的源程序文件
目标文件	obj	高级语言源程序编译后生成的目标文件
可执行程序	exe、com	计算机可直接执行的程序文件
文档文件	docx、xlsx	文档编辑软件(Word、Excel)创建的文件
图像文件	bmp、jpg、gif	不同的扩展名表示不同格式的图像文件
音频文件	mp3、wav、mid	不同的扩展名表示不同格式的音频文件
流媒体文件	wmv、rm	可通过 Internet 播放的流媒体文件，不需要下载整个文件即可播放
压缩文件	rar、zip	对 1 个或多个文件、文件夹进行存储空间压缩和打包生成的文件
网页文件	htm、asp	htm 表示用于网页显示的静态文件，asp 表示用于网页显示的动态文件

文件名中不能使用的符号：空格符、<、>、/、\、|、：、"、*、?（注意：以上字符都是在英文输入状态下输入的字符）。

因系统有特殊用途，用户不能使用的文件名有 AUX、COM1～COM4、CON、LPT1、LPT2、PRN、NUL 等。

②文件夹(目录)：为了便于管理，将相关文件分类存放在不同的目录中，这些目录称为文件夹。文件夹可以嵌套，即其中可以包括子文件夹。

③文件路径：文件在存储器中的确切位置称为路径，它包括驱动器号、文件夹及子文件夹，如"D：\music\古典名曲\高山流水. mp3"，其中"D："表示文件所在磁盘为 D 盘，"music\古典名曲\"表示文件夹及子文件夹，"高山流水"表示文件名，". mp3"表示文件类型。

④文件属性：文件的大小、访问权限等信息统称为文件属性。用鼠标右键单击文件夹或文件对象，在弹出的右键快捷菜单中选择"属性"菜单项，可以调出属性对话框。文件的属性包括：

◪只读。设置为只读的文件只能读，不能修改，删除时会有提示，有保护作用。

◪隐藏。具有隐藏属性的文件一般是不显示的。

◪存档。任何一个新创建或修改的文件都有存档属性。

提示：在 Windows 10 中，文件属性对话框中可以设置的文件属性只有"只读"和"隐藏",没有"存档"。

⑤文件名的通配符:通配符有两个:"?""＊",其中"?"用来表示任意一个字符,"＊"表示多个任意字符。通配符多用于文件搜索和查找。

(2)Windows文件的基本操作。

①新建文件:可以通过启动应用程序来新建文件,也可以使用鼠标右键快捷菜单新建文件。

②新建文件夹:在当前文件夹中创建新的文件夹有两种方法:a.使用"文件"下拉菜单;b.使用鼠标右键快捷菜单,如图2-1所示。

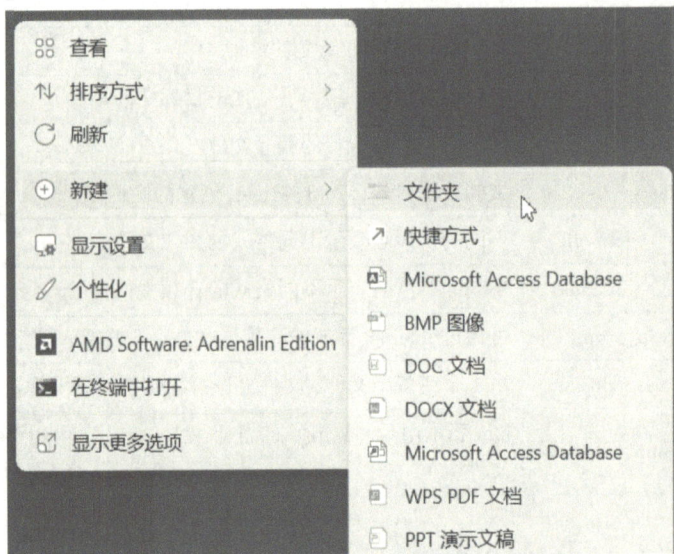

图2-1 使用鼠标右键快捷菜单新建文件夹

③文件/文件夹的选择:根据不同的需要,可分为全选、反向选择、单个文件、不连续多个文件、连续多个文件等选择。

④文件/文件夹的复制、剪切(移动)与粘贴。

⑤删除文件:如用户需要将文件/文件夹删除,系统提供了多种删除方式。为确保文件/文件夹被删除后还有可能找回,系统提供了将文件/文件夹放入回收站的删除方式。如果用户有需要,可以从回收站中恢复该文件/文件夹。

回收站中的文档也可进行彻底删除。为提高效率,系统还提供了直接彻底删除的操作,即在删除时按住【Shift】键即可。

⑥查找文件/文件夹:计算机具有强大的信息存储能力,要在海量信息中找到想要的文件/文件夹是一件费力的事情,当信息不完整时更加困难。Windows操作系统提供了强大的搜索功能,可以帮助我们快速完成文件的搜索。

⑦重命名与属性修改。

✍使用鼠标右键快捷菜单重命名文件/文件夹:如需要对文件/文件夹重命名,可用鼠标右键单击要重命名的文件/文件夹,在弹出的快捷菜单中选择"重命名"图标 🔄 或"重命名"菜单项,这时该文件/文件夹的名称反向显示,即可在名称框中进行修改或重命名。

✍修改文件/文件夹的属性:如需要对文件/文件夹的属性进行修改,可用鼠标右键单击要修改属性的文件/文件夹,在弹出的快捷菜单中选择"属性"菜单项,弹出相应的属性设置对话框,如图2-2所示,在该对话框中修改"只读""隐藏"复选框的选择状态即可。

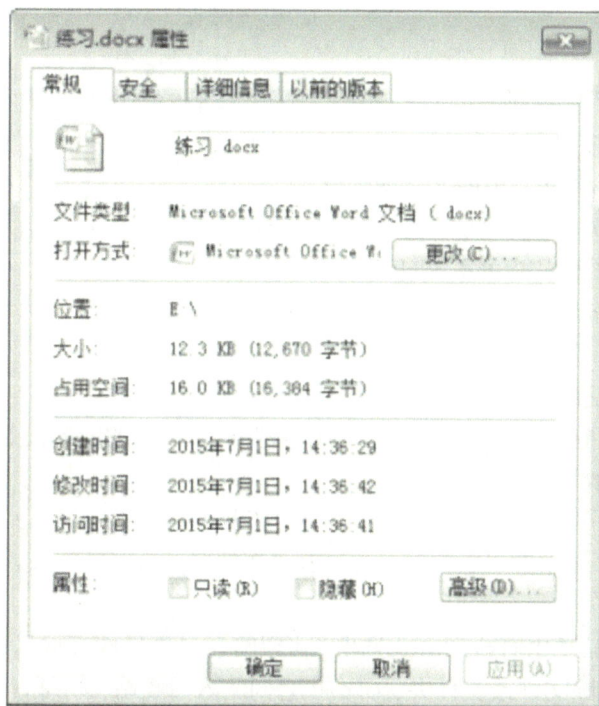

图2-2 属性设置对话框

✍使用菜单修改文件/文件夹:选中需要修改的文件/文件夹后,也可使用窗口中"文件"菜单中的"重命名"或"属性"命令来完成修改操作。

二、典型例题精解

1.单选题

(1)Windows 10 桌面中没有的是( )。

A.任务栏   B.开始按钮

C.时间指示   D.任务管理器

【答案】D

【解析】任务管理器需要使用【Ctrl】+【Alt】+【Delete】组合键才能调出。

(2)Windows 10 活动窗口的个数有( )。

A.1 个   B.2 个

C.5 个   D.根据用户需要设定

【答案】A

【解析】用户可以同时打开多个窗口,显示在最上面的窗口为当前活动窗口,当前活动窗口有且只有一个。

(3)对话框中一般没有的是(　　)。

A.“最小化”/“最大化”按钮　　　　　　B.标题栏

C.选项卡　　　　　　　　　　　　　　D.单选按钮

【答案】A

【解析】通常对话框界面固定,有“关闭”按钮,没有“最小化”“最大化”按钮。

(4)关于桌面图标的说法中,错误的是(　　)。

A.桌面图标包含图形、说明文字两部分

B.桌面图标可以由系统提供,也可以由用户自行设置

C.桌面图标的图形只能由系统自动定义

D.桌面图标可能是应用程序,也可能是桌面快捷方式

【答案】C

【解析】用户可以根据需要修改桌面图标的图形。

(5)在“计算机”窗口或“资源管理器”中,若要对窗口中的内容按照名称、类型、日期、大小排列,应该使用(　　)菜单。

A.“查看”　　　　　　　　　　　　　B.“工具”

C.“编辑”　　　　　　　　　　　　　D.“文件”

【答案】A

【解析】“查看”菜单中有排序方式选项,可以将窗口中的内容按名称、类型等排列。

(6)若需立即删除文件或文件夹,而不将它们放入回收站,则可行的操作是(　　)。

A.按【Delete】键

B.按【Shift】+【Delete】键

C.打开右键快捷菜单,选择“删除”命令

D.在“文件”菜单中选择“删除”命令

【答案】B

【解析】按住【Shift】键的删除操作可直接删除文件或文件夹,不会放入回收站。

(7)计算机操作系统不具备的功能是(　　)。

A.处理器管理　　　　　　　　　　　B.存储管理

C.网络与通信管理　　　　　　　　　D.数据库管理

【答案】D

【解析】数据库管理功能由数据库管理软件实现,如微软的 Access、SQL Server 等。

(8)以下操作系统中,代码公开的是(　　)。

A.红旗 Linux　　　　　　　　　　　B.Windows 10

C.Unix　　　　　　　　　　　　　　D.苹果 Mac OS

【答案】A

【解析】Linux 操作系统具有源代码开放的特点。

(9)Windows 提供的用户界面是(　　)。

A. 交互式的问答界面　　　　　　　B. 交互式的图形界面

C. 交互式的字符界面　　　　　　　D. 显示器界面

【答案】B

【解析】Windows 操作系统为用户提供了直观、易用的图形界面。

(10)在 Windows 环境下，用户操作计算机系统的基本工具是(　　)。

A. 键盘　　　　　　　　　　　　　B. 鼠标器

C. 键盘和鼠标器　　　　　　　　　D. 扫描仪

【答案】C

【解析】在 Windows 操作系统的图形界面中，用户主要通过鼠标器和键盘完成操作。

(11)在 Windows 的菜单中，有的菜单选项右端有一个向右的箭头，这表示该菜单项
(　　)。

A. 已被选中　　　　　　　　　　　B. 还有子菜单

C. 将弹出一个对话框　　　　　　　D. 是无效菜单项

【答案】B

【解析】向右的箭头表示还可以向右弹出子菜单。

(12)下列关于磁盘格式化的叙述中，正确的一项是(　　)。

A. 磁盘经过格式化后，就能在任何计算机系统上使用

B. 新磁盘不进行格式化照样可以使用，但进行格式化后磁盘的读写数据速度加快了

C. 新磁盘必须进行格式化后才能使用，对旧磁盘进行格式化将删除磁盘上原有的内容

D. 磁盘只能进行一次格式化

【答案】C

【解析】新磁盘必须经格式化后才可以使用，现在市场上出售的磁盘都是经过格式化
的，格式化会将磁盘中的所有数据删除。

(13)把一个文件设置为"隐藏"属性后，在"计算机"窗口或"资源管理器"中该文件一
般不显示。若想让该文件再显示出来，可进行的操作是(　　)。

A. 选择"文件"菜单中的"属性"命令

B. 选择"查看"菜单中的"选项"命令，在"选项"对话框的"查看"选项卡中进行适当的
设置

C. 选择"查看"菜单中的"刷新"命令

D. 通过"查看更多"图标 ⋯ 下的"属性"命令

【答案】D

【解析】Windows 10 中隐藏文件的查看可以通过"查看更多"图标 ⋯ 下的"属性"命令
进行设置。

(14)Windows 10 的"回收站"存放的只能是(　　)。

A. 所有外存储器上被删除的文件和文件夹

B. 优盘上被删除的文件和文件夹

C. 硬盘上被删除的文件和文件夹

D. 硬盘和优盘上被删除的文件和文件夹

【答案】C

【解析】只有硬盘上被删除文件和文件夹才能放入回收站。

(15)以下文件名称中错误的是( ),如果用户自定义为该名称,操作系统将报错。

A. A.EXE   B. A1. COM

C. A1: 23. DOC   D. A1A. pdf

【答案】C

【解析】文件名称中不能包含空格符、<、>、/、\、|、:、"、*、? 等符号。

(16)下列关于文件夹的使用,正确的是( )。

A. 文件夹既可以存放不同类型的文件,也可以存放子文件夹

B. 文件夹可以存放不同类型的文件,但不能存放子文件夹

C. 文件夹只能存放一种类型的文件,可以存放子文件夹

D. 文件夹可以存放不同类型的文件,但只能存放一定数量的子文件夹

【答案】A

【解析】文件夹中既可以存放文件,也可以存放子文件夹,文件的类型和数量、子文件夹的数量没有限制。

2. 多选题

(1)下列关于操作系统的描述中,正确的是( )。

A. 可以控制和管理计算机系统内的软、硬件资源

B. 可以合理有效地组织计算机系统工作

C. 为用户提供一个使用方便、可扩展的工作环境

D. 提供连接计算机和用户的接口

【答案】ABCD

【解析】操作系统不可能为用户提供所有软件。

(2)Windows 10 的特点有( )。

A. 功能强   B. 操作简单   C. 易学易用   D. 安全性高

【答案】ABCD

【解析】略。

(3)Windows 10 任务栏中包括以下部分( )。

A. 输入法指示器   B. 任务按钮区

C. "开始"按钮   D. 系统提示区

【答案】ABCD

【解析】任务栏包括"开始"按钮、任务按钮区、输入法指示器、系统提示区、"显示桌面"按钮。

(4)根据打印机连接位置,可分为( )。

A. 网络打印机   B. 本地打印机

C. 脱机打印机   D. 联机打印机

【答案】AB

【解析】打印机可连接在本机上,称为本地打印机,也可连接在网络上,通过网络共享,称为网络打印机。

（5）磁盘的信息包括（ ）。

A. 空间大小 B. 磁盘的名称（卷标）

C. 文件及文件夹 D. 文件系统

【答案】ABD

【解析】文件及文件夹是磁盘中的内容，不是磁盘本身的信息。

（6）常用的文件及文件夹复制的方法有（ ）。

A. 菜单 B. 鼠标右键快捷菜单

C. 快捷键 D. 鼠标拖拽

【答案】ABCD

【解析】略。

（7）可实现选中多个文件及文件夹的方法有（ ）。

A. 鼠标左键单击多个文件及文件夹

B. 鼠标右键单击多个文件及文件夹

C. 按下【Ctrl】键不放，再用鼠标左键单击多个文件或文件夹

D. 按下【Shift】键不放，鼠标左键单击起始文件或文件夹后，再单击结尾位置的文件或文件夹

【答案】CD

【解析】略。

（8）Windows 10 系统账户类型有（ ）。

A. 系统账户 B. 管理员账户

C. 标准用户 D. 来宾账户

【答案】BCD

【解析】Windows 10 提供了 4 种类型的用户账户：管理员账户、标准账户、来宾账户和 Microsoft 账户。

（9）Windows 10 中可以用于文件查找的信息有（ ）。

A. 完整或部分文件名 B. 文件类型

C. 文件大小或文件中的内容 D. 创建或修改时间

【答案】ABCD

【解析】略。

（10）文件的属性类型有（ ）。

A. 只读 B. 隐藏 C. 存档 D. 读取

【答案】ABC

【解析】只读、隐藏和存档是文件属性的三种类型，没有"读取"类型。

（11）文件在计算机中的路径包括的内容有（ ）。

A. 驱动器号 B. 文件夹

C. 子文件夹 D. 文件名

【答案】ABC

【解析】路径包括驱动器号、文件夹和子文件夹，它表示文件在存储设备中的确切位置。

3. 判断题

（1）Windows 10 只提供了图形界面，不能使用命令方式。（   ）

【答案】×

【解析】Windows 10 中仍然可以使用命令方式完成操作。例如，在"搜索"框中输入"CMD"，运行 CMD. exe 命令，即可进入命令提示符界面。

（2）窗口和对话框的界面没有区别，只是完成的功能不同。（   ）

【答案】×

【解析】窗口界面更复杂，通常程序窗口中的部分功能需要调用相应的对话框来完成。

（3）图标既可以放在桌面上，也可放在其他位置。（   ）

【答案】√

【解析】图标的位置相当灵活，可以由用户自行设置。

（4）桌面快捷方式删除后，对应的应用程序或数据也将被删除。（   ）

【答案】×

【解析】对快捷方式的删除、移动、重命名等操作不会对指向的项目造成任何影响。

（5）回收站和剪贴板都是在计算机内存中开辟的一块存储区域，关机后所存信息将消失。（   ）

【答案】×

【解析】回收站是硬盘的一块特殊区域。

（6）磁盘碎片对计算机主要性能没有影响，日常使用可以忽略。（   ）

【答案】×

【解析】磁盘碎片较多时可以显著影响计算机运行速度。

（7）文件名通配符可以用于文件命名。（   ）

【答案】×

【解析】通配符用于文件搜索，不能用于文件命名。

（8）设置为只读文件，用户不能再对其进行修改、删除。（   ）

【答案】×

【解析】设置为只读的文件只能读，不能修改，删除时会有提示，但仍然可以删除。

（9）同一磁盘中允许出现同名文件。（   ）

【答案】√

【解析】同一文件夹中不能出现同名文件，但同一磁盘的不同文件夹中可以出现。

三、上机实战精练

1. 按照下列步骤完成相关操作

（1）打开文件资源管理器，再打开 D 盘。

（2）使用两种不同方法建立两个文件夹，名为班级+姓名+1（如临床医学张三1）、班级+姓名+2。

（3）打开文件夹1，新建一个文本文件，名为练习文本 1. txt，再退回到 D 盘。

（4）打开文件夹2，新建一个文本文件，名为练习文本2.txt，修改其属性为只读、隐藏，再退回到D盘。

（5）搜索练习文本2.txt，再取消其只读、隐藏属性。

2. 按照下列要求进行文件/文件夹创建、改名等操作

（1）在D盘新建一个名为ks01的文件夹。在ks01文件夹下创建名为aa、bb的两个文件夹，在aa文件夹下再建一个名为cc的文件夹。

（2）在D：\ks01文件夹下创建名为ks01a、ks01b的两个文件夹，在ks01a文件夹下创建名为ks01s.txt的空文本文件。

（3）在D：\ks01文件夹下创建名为d1、d2的两个文件夹，然后在d2文件夹下创建名为d3的文件夹；在d3文件夹下创建名为dsk.txt的文本文件，文件内容为计算机考试。

（4）在硬盘上搜索notepad.exe文件，并同名复制到D：\ks01文件夹下。

（5）在硬盘上搜索calc.exe文件，将它复制到D：\ks01文件夹下，并重命名为abc.exe。

（6）在D：\ks01文件夹下创建名为sh、sk的两个文件夹；搜索calc.exe文件，将其复制到sk文件夹下。

（7）在D：\ks01文件夹下创建名为test.txt的文本文件，文件内容为磁盘压缩。

（8）在D：\ks01文件夹下创建名为ssa、ssb的两个文件夹，将ssa文件夹的属性设置为隐藏。

（9）在D：\ks01文件夹下创建名为ta、tb、tc的3个文件夹，删除D：\ks01文件夹下的tc文件夹。

（10）在D：\ks01文件夹下创建名为js1、js2的两个文件夹，在js2文件夹下创建名为js3的文件夹；将截屏画面保存在D：\ks01文件夹下，并将其命名为ssk.jpg，然后复制ssk.jpg到D：\ks01\js2文件夹下，并更名为tpd.bmp。

（11）将D：\ks01文件夹压缩成1个名为kk.rar的文件，再将该压缩文件更名为以"自己的名字_win10_01"为名称的压缩文件（例如，张三_win10_01.rar），并上传至服务器。

任务四　数字媒体技术基础

本任务涉及的知识点及考点：数字媒体和数字媒体技术的概念；数字媒体技术的发展趋势及应用；音频、视频和图像的数字化处理过程；通过移动终端进行声音、视频的录制、剪辑与发布等操作。

一、重点知识精讲

（1）多媒体系统由多媒体硬件系统、多媒体操作系统、多媒体创作工具和多媒体应用系统组成。

（2）常见的多媒体输入/输出设备：视频卡、扫描仪、数码相机和数码摄像机等。

二、典型例题精解

1. 单选题

DVD-ROM 属于( )。

A. 大容量可读可写外存储器

B. 大容量只读外部存储器

C. CPU 可直接存取的存储器

D. 只读内存储器

【答案】B

【解析】DVD 光盘存储密度高,一面光盘可以分为单层或双层存储信息。一张光盘有两面,最多可以有 4 层存储空间。所以,存储容量极大。

2. 多选题

多媒体信息包括( )。

A. 文字   B. 音频

C. 图形   D. 动画

E. 光盘

【答案】ABCD

【解析】计算机多媒体信息通常包括文字、图形、音频、视频、动画等。

3. 判断题

所谓多媒体是指各种信息的混合编码。( )

【答案】×

【解析】多媒体是指表示和传播信息的各种载体。

三、上机实战精练

按照下列要求完成相关操作。

(1)Windows 10 系统设置。

在 D 盘根目录下创建一个文件夹,文件夹的名字为 ks02,并按下述要求完成作业,将所有操作结果放在 ks02 文件夹下,操作完成后将 ks02 文件夹压缩为以"自己的名字_win10_02"为名称的压缩文件(例如,张三_win10_02.rar),再将压缩文件上传至服务器。

①将屏幕保护设置为"彩带",等待时间为 5 分钟,在恢复时显示登录界面。并将窗口画面保存为"屏幕保护"设置为.jpg。

②设置桌面背景为"风景"系列的 6 张图片,图片位置为"填充",更改图片时间间隔为 30 min,播放方式采用"无序播放",并将窗口画面保存为"桌面背景设置.jpg"。

③设置窗口颜色(窗口边框、"开始"菜单和任务栏的颜色)为"巧克力色",启用半透明效果,并将窗口画面保存为"窗口颜色设置.jpg"。

④设置 Windows 声音方案为"古怪",并将窗口画面保存为"声音方案设置.jpg"。

⑤设置 Windows 系统的数字格式：小数点为"．"，小数位数为"2"，数字分组符为"；"，数字分组为"123，456，789"，列表项分隔符为"；"，负号为"－"，负数格式为"－1.1"，度量单位用"公制"，显示起始的零为"－1.1"，并将窗口画面保存为"数字格式设置.jpg"。

⑥设置 Windows 系统的长时间样式为"HH：mm：ss"，上午符号为"上午"，下午符号为"下午"，并将窗口画面保存为"时间格式设置.jpg"。

⑦设置 Windows 系统的短日期格式为"yy/MM/dd"；长日期样式为"dd MMMM，yyyy"，并将窗口画面保存为"日期格式设置.jpg"。

⑧设置 Windows 系统货币符号为"＄"，货币正数格式为"＄1.1"，货币负数格式为"＄－1.1"，小数位数为 2 位，数字分组符号为"，"，数字分组为每组 3 个数字，并将窗口画面保存为"货币格式设置.jpg"。

⑨设置语言栏"悬浮"于桌面上，非活动时，以透明状态显示语言栏。设置切换到"微软拼音输入法"的快捷键为：左【Alt】+【Shift】+【0】。将窗口画面保存为"输入法设置.jpg"。

（2）小工具的使用。

二进制/八进制/十进制/十六进制转换

①在 D 盘新建一个 D：\ks03 文件夹。使用计算器，将二进制数 10001001011 转换为十进制数，并将包含转换结果的窗口画面保存到 ks03 文件夹中，文件命名为 D1.png。

②将十六进制数 ABCDE 转换为十进制数的结果保存到记事本中，并保存到 ks03 文件夹中，文件名为 D2.txt。

③将十进制数 7777 转换为二进制数的结果保存到 Word 文档中，并保存到 ks03 文件夹中，文件名为 D3.docx。

④将十六进制数 FFF 转换为二进制数，并将包含转换结果的窗口画面以 256 色位图格式保存在 ks03 文件夹中，文件名为 D4.bmp。

⑤将二进制数 1101001010101111 转换为十六进制数，并将包含转换结果的窗口画面以 jpg 格式保存在 ks03 文件夹下，文件名为 D5.jpg。

⑥将八进制 227 转换为十六进制数的结果保存到附中件的写字板中，并保存到 ks03 文件夹中，文件名为 D6.rtf。

⑦将 D：\ks03 压缩成一个名为 kk.rar 的文件，再将该压缩文件更名为以"自己的名字_win10_03"为名称的压缩文件（例如，张三_win10_03.rar），并上传至服务器。

参考操作步骤

1. Windows 10 系统设置

（1）操作步骤。

步骤 1：单击"开始"按钮，在"开始"菜单中选择"控制面板"→"外观和个性化"→"更改主题"，弹出个性化设置窗口。

步骤 2：在个性化设置窗口中单击右下角的"屏幕保护程序"按钮，弹出"屏幕保护程序设置"对话框。

步骤 3：在"屏幕保护程序设置"对话框的"屏幕保护程序"下拉列表框中选择"彩带"选项，在"等待"文本框中设置等待时间为 5 分钟。勾选"恢复时显示登录屏幕"复选框。

步骤4：按键盘上的【PrintScreen】键截屏，并将截屏画面保存到剪贴板中。

步骤5：打开"画图"程序，按【Ctrl】+【V】快捷键将剪贴板中保存的画面粘贴到画图窗口中。

步骤6：按【Ctrl】+【S】快捷键，在弹出的"保存为"对话框中选择保存位置为 D：\ks02 文件夹，并将文件名设置为"屏幕保护设置.jpg"，然后单击【保存】按钮，保存图形文件。

步骤7：单击"屏幕保护程序设置"对话框中的"确定"按钮，关闭对话框。

(2)操作步骤。

步骤1：在桌面空白位置单击鼠标右键，在弹出的快捷菜单中选择"个性化"命令，弹出个性化设置窗口。

步骤2：单击个性化设置窗口左下角的"桌面背景"按钮，选中列出的 6 张图片，在"图片位置"下拉列表框中选择"填充"选项，在"更改图片时间间隔"下拉列表框中选择"30 分钟"选项，勾选"无序播放"复选框。

步骤3：参照(1)中的操作，保存窗口画面为"桌面背景设置.jpg"。

(3)操作步骤。

步骤1：在桌面空白位置单击鼠标右键，在弹出的快捷菜单中选择"个性化"命令，弹出个性化设置窗口。

步骤2：单击个性化设置窗口下部的"窗口颜色"按钮，弹出"窗口颜色和外观"窗口，选中"巧克力色"按钮，勾选"启用透明效果"复选框。

步骤3：参照(1)中的操作，保存窗口画面为"窗口颜色设置.jpg"。

(4)操作步骤。

步骤1：在桌面空白处单击鼠标右键，在弹出的快捷菜单中选择"个性化"命令，弹出个性化设置窗口。

步骤2：单击个性化设置窗口下部的"声音"按钮，弹出"声音"对话框，在"声音方案"下拉列表框中选择"古怪"选项。

步骤3：参照(1)中的操作，保存窗口画面为"声音方案设置.jpg"。

(5)操作步骤。

步骤1：单击"开始"按钮，在"开始"菜单中选择"控制面板"→"时钟、语言和区域"，在弹出的窗口中选择"区域和语言"项，弹出"区域和语言"对话框。

步骤2：在"区域和语言"对话框的"格式"选项卡中单击"其他设置"按钮，弹出"自定义格式"对话框。

步骤3：在"自定义格式"对话框的"数字"选项卡中按题目要求分别完成设置。

步骤4：参照(1)中的操作，保存窗口画面为"数字格式设置.jpg"。

(6)参考(5)中的相关操作。

(7)参考(5)中的相关操作。注意：在"区域和语言"对话框的"格式"选项卡的"格式"下拉列表框中选择"英语(美国)"选项时，在"自定义格式"对话框的"日期"选项卡中方可设置长日期样式为"dd MMMM，yyyy"。

(8)参考题(5)中的相关操作。注意：在设置货币格式前，在"区域和语言"对话框的"格式"选项卡的"格式"下拉列表框中选择"英语(美国)"选项。

(9)操作步骤。

步骤1：单击"开始"按钮，在"开始"菜单中选择"控制面板"→"时钟、语言和区域"，在弹出的窗口中选择"区域和语言"项，弹出"区域和语言"对话框。

步骤2：在"区域和语言"对话框的"键盘和语言"选项卡中单击"更改键盘"按钮，弹出"文本服务和输入语言"对话框。

步骤3：在"文本服务和输入语言"对话框的"语言栏"选项卡中，选中"悬浮于桌面上"单选钮，勾选"非活动时，以透明状态显示语言栏"复选框。

步骤4：在"文本服务和输入语言"对话框的"高级键设置"选项卡中，选中"切换到中文(简体，中国)-微软拼音输入法"选项，然后单击"更改按键顺序"按钮，弹出"更改按键顺序"对话框。

步骤5：在"更改按键顺序"对话框中勾选"启用按键顺序"复选框，然后在下拉列表中设置快捷键为左【Alt】+【Shift】+【0】。

步骤6：参照(1)中的操作，保存窗口画面为"输入法设置.jpg"。

2. 小工具的使用

(1)操作步骤。

步骤1：在D盘中创建文件夹ks03。

步骤2：单击"开始"按钮，在"开始"菜单中选择"所有程序"→"附件"→"计算器"，打开计算器窗口。

步骤3：在计算器窗口中选择"查看"→"程序员"菜单，然后选中"二进制"单选钮，输入题中要进行转换的二进制数，再选中"十进制"单选按钮，二进制数被转换为十进制数。

步骤4：参照步骤2中的相关操作，保存窗口画面为"D1.png"。

(2)操作步骤：参照将二进制数转换为十进制数的方法将题中的十六进制数转换为十进制数，然后在"附件"中打开"记事本"程序，将转换结果粘贴到记事本窗口中，最后以D2.txt为文件名保存文档到指定文件夹中。

(3)操作步骤：参照将二进制数转换为十进制数的方法将题中的十进制数转换为二进制数，然后打开Word程序，将转换结果粘贴到Word文档中，最后以D3.docx为文件名保存文档到指定文件夹中。

(4)操作步骤：参照将二进制数转换为十进制数的方法将题中的十六进制数转换为二进制数，然后参照步骤2中的相关操作保存窗口画面为"D4.bmp"。

(5)略。

(6)略。

(7)略。

阶段知识检测(二)

1. 单选题

(1)操作系统的多任务是指(   )。

A. 可以由多个人使用 　　　　　　 B. 可以同时运行多个程序(√)

C. 可以同时连接多个设备 　　　　 D. 可以同时装入多个文件

(2)在 Windows 10 中,不能运行已经安装的应用程序的选项是(   )。

A. 利用开始菜单中的"运行"命令

B. 单击"开始"按钮,利用"所有程序"选项,单击欲运行的程序选项

C. 双击该软件在"桌面"上的程序快捷图标

D. 在资源管理器中,选择该应用程序名,然后按空格键(√)

(3)在 Windows 10 操作系统中,将打开的窗口拖动到屏幕顶端,窗口会(   )。

A. 关闭 　　　　　　　　　　　　 B. 消失

C. 最大化(√) 　　　　　　　　　 D. 最小化

(4)在 Windows 10 操作系统中,显示桌面的快捷键是(   )。

A.【Win】+【D】(√) 　　　　　　 B.【Win】+【P】

C.【Win】+【Tab】 　　　　　　　 D.【Alt】+【Tab】

(5)在 Windows 10 操作系统中,打开外接显示设置窗口的快捷键是(   )。

A.【Win】+【D】 　　　　　　　　 B.【Win】+【P】(√)

C.【Win】+【Tab】 　　　　　　　 D.【Alt】+【Tab】

(6)安装 Windows 10 操作系统时,系统磁盘分区必须为(   )格式才能安装。

A. FAT 　　　　　　　　　　　　　 B. FAT16

C. FAT32 　　　　　　　　　　　　 D. NTFS(√)

(7)文件的类型可以根据(   )来识别。

A. 文件的大小 　　　　　　　　　 B. 文件的用途

C. 文件的扩展名(√) 　　　　　　 D. 文件的存放位置

(8)在下列软件中,属于计算机操作系统的是(   )。

A. PowerPoint 2010 　　　　　　　 B. Excel 2016

C. Word 2021 　　　　　　　　　　 D. Windows 10(√)

(9)为了保证 Windows 10 安装后能正常使用,采用的安装方法是(   )。

A. 升级安装 　　　　　　　　　　 B. 卸载安装

C. 覆盖安装 　　　　　　　　　　 D. 全新安装(√)

(10)在 Windows 10 操作系统中,下列不能重命名文件的是(   )。

A. 选定文件后按 F4(√)

B. 选定文件后再单击文件名一次

C. 鼠标右键单击文件,在弹出的右键菜单中选择"重命名"命令

D. 用"资源管理器"→"文件"下拉菜单中的"重命名"命令

(11)下列关于 Windows 菜单的说法中，不正确的是(　　)。

A.命令前有"."选项，表明该选项已经选中

B.当鼠标指向带有向右黑色靠边三角形符号的菜单选项时，弹出一个子菜单

C.带省略号(…)的菜单选项执行后会打开一个对话框

D.用灰色字符显示的菜单选项表示对应的程序已被破坏(√)

(12)切换窗口可以通过任务栏的按钮切换，也可按(　　)键和按【Win】+【Tab】键来切换。

A.【Ctrl】+【Tab】　　　　　　　　　B.【Alt】+【Tab】(√)

C.【Shift】+【Tab】　　　　　　　　　D.【Ctrl】+【Shift】

(13)安装程序时通常默认安装在(　　)中的"Program Files"文件夹中。

A.C 盘(√)　　　　B.D 盘　　　　　C.E 盘　　　　　　D.F 盘

(14)在"更改账户"窗口中不可进行的操作是(　　)。

A.更改账户名称　　　　　　　　　　B.创建或修改密码

C.更改图片　　　　　　　　　　　　D.创建新用户(√)

(15)在 Windows 10 操作系统中，下列选项中不是常用的菜单类型的是(　　)。

A.子菜单　　　　　　　　　　　　　B.下拉菜单

C.列表框(√)　　　　　　　　　　　D.快捷菜单

(16)在 Windows 10 操作系统中，窗口的组成部分中不包含(　　)。

A.标题栏、地址栏、状态栏　　　　　B.搜索栏、工具栏

C.导航窗格、窗口工作区　　　　　　D.任务栏(√)

(17)选定要移动的文件或文件夹，按(　　)键剪切到剪贴板中，在目标文件夹窗口中按【Ctrl】+【V】键进行粘贴，即可实现文件或文件夹的移动。

A.【Ctrl】+【A】　　　　　　　　　　B.【Ctrl】+【C】

C.【Ctrl】+【X】(√)　　　　　　　　D.【Ctrl】+【S】

(18)安装本地打印机必须具备的条件是(　　)。

A.网络　　　　　　　　　　　　　　B.共享的打印机

C.打印机驱动程序(√)　　　　　　　D.支持离线打印

(19)不属于 Windows 10 控制面板中图标的查看方式是(　　)。

A.小图标　　　　　　　　　　　　　B.大图标

C.类别　　　　　　　　　　　　　　D.缩略图(√)

(20)在 Windows 10 操作系统中，来宾账户可完成的操作是(　　)。

A.有限访问计算机资源(√)　　　　　B.更改账户权限

C.删除其他账户密码　　　　　　　　D.安装 Windows 10 兼容的软件

(21)在 Windows 10 操作系统中，要关闭一个活动的应用程序窗口，可以用快捷键(　　)。

A.【Ctrl】+【Esc】　　　　　　　　　B.【Ctrl】+【F4】

C.【Alt】+【Esc】　　　　　　　　　D.【Alt】+【F4】(√)

(22)在 Windows 10 操作系统中，下列关于图标的叙述中，错误的是(　　)。

A.图标只能代表某个应用程序(√)

B.图标既可以代表程序又可以代表文档

C.图标可以表示被组合在一起的多个程序

D.图标可以表示仍然在运行但窗口被最小化的程序

(23)文件的路径是用来描述(　　　)。

A.文件存在哪个磁盘上 B.文件在磁盘的目录位置(√)

C.程序的执行步骤 D.用户操作步骤

(24)下列哪一个操作系统不是微软公司开发的操作系统(　　　)。

A. Windows Server 2003 B. Windows10

C. Linux(√) D. Vista

(25)下列关于操作系统的说法中,正确的是(　　　)。

A.硬件接口 B.把源程序翻译成机器语言程序

C.实现编码转换 D.控制和管理系统软、硬件资源(√)

(26)在 Windows 10 操作系统中,不能实现的是(　　　)。

A. CPU 超频(√) B.处理器管理

C.存储管理 D.文件管理

(27)在 Windows 操作系统中,资源管理器的主要作用是(　　　)。

A.用于管理磁盘文件(√) B.管理硬件资源

C.编辑图形和文字 D.查找文件

(28)如果在操作中不小心误删除了桌面上某应用程序的快捷方式图标,那么(　　　)。

A.该应用程序也被放到回收站

B.该应用程序也被彻底删除

C.该应用程序将不能运行

D.可以重建该应用程序的快捷图标(√)

(29)以下关于文件删除操作的说法,错误的是(　　　)。

A.不能用鼠标拖放文件到回收站的方式删除文件(√)

B. U 盘上的文件删除时不放到回收站

C.用快捷键【Shift】+【Delete】删除的文件不放到回收站

D.回收站中的文件,可以用"还原"恢复

(30)文件的扩展名可以区别文件的(　　　)。

A.建立时间 B.大小 C.类型(√) D.属性

(31)文本文件的扩展名是(　　　)。

A. doc B. exe C. txt(√) D. bmp

(32)在 Windows 10 操作系统中,各应用程序之间的信息交换是通过(　　　)完成的。

A.剪贴板(√) B.记事本

C.画图 D.写字板

(33)在 Windows 10 操作系统中,若在某个窗口中进行了多次"剪切"操作,关闭该窗口后,剪贴板中的内容为(　　　)。

A.第一次剪切的内容 B.最后一次剪切的内容(√)

C.所有剪切的内容 D.空白

(34)在 Windows 10 中，更改文件名的操作是(　　)。

A.用鼠标右键双击文件名，键入新文件名后按回车键

B.用鼠标右键单击文件名，然后选择"重命名"命令，键入新文件名后按回车键(√)

C.用鼠标单击文件名，然后选择"重命名"命令，键入新文件名后按回车键

D.用鼠标双击文件名，然后选择"重命名"命令，键入新文件名后按回车键

(35)在 Windows 10 中，利用"搜索"窗口，不能用于文件搜索的选项是(　　)。

A.文件属性(√) 　　　　　　　　 B.文件有关日期

C.文件名称和位置 　　　　　　　 D.文件大小

(36)在 Windows 中，若在某一文档中连续进行了多次剪切操作，当关闭该文档后，"剪贴板"中存放的是(　　)。

A.空白 　　　　　　　　　　　　 B.所有剪切过的内容

C.最后一次剪切的内容(√) 　　　 D.第一次剪切的内容

(37)在 Windows 10 的"资源管理器"左部窗口中，若显示的文件夹图标前带有加号(+)，意味着该文件夹(　　)。

A.含有下级文件夹(√) 　　　　　 B.仅含有文件

C.是空文件夹 　　　　　　　　　 D.不含下级文件夹

(38)如果鼠标器突然失灵，则可用组合键(　　)来结束一个正在运行的应用程序(任务)。

A.【Alt】+【F4】(√) 　　　　　　 B.【Ctrl】+【F4】

C.【Shift】+【F4】 　　　　　　　 D.【Alt】+【Shift】+【F4】

(39)下列文件名中，(　　)是非法的 Windows 10 文件名。

A.Thisismyfile 　　　　　　　　 B.这是我的文件

C. ＊＊myfile＊＊(√) 　　　　　 D. student. dbf

(40)在 Windows 10 中，有些文件的内容比较多，即使窗口最大化，也无法在屏幕上完全显示出来，此时可利用窗口(　　)来阅读文件内容。

A.窗口边框 　　　　　　　　　　 B.控制菜单

C.滚动条(√) 　　　　　　　　　 D.最大化按钮

(41)在 Windows 10 中，利用打印机管理器，可以查看打印队列中文档的有关信息，其中文档的时间和日期是指(　　)。

A.文档建立时间和日期

B.文档最初修改的时间和日期

C.文档最后修改的时间和日期

D.文档传送到打印机管理器的时间和日期(√)

(42)用拼音或五笔字型输入法输入单个汉字时，使用的字母键(　　)。

A.必须是大写 　　　　　　　　　 B.必须是小写(√)

C.大写或小写 　　　　　　　　　 D.大写或小写混合使用

(43)在 Windows 10 操作环境下，欲将整个活动窗口的内容全部拷贝到剪贴板中，应使用(　　)键。

A.【PrintScreen】 　　　　　　　 B.【Alt】+【PrintScreen】(√)

C.【Ctrl】+【Space】 D.【Alt】+【F4】

(44)关于功能键，下列描述中不正确的是(   )。

A.按一个功能键，可以完成非常复杂的功能

B.在不同的应用程序中，同一个功能键可能会有不同的作用

C.功能键的具体功能与应用环境有关

D.功能键的功能是一直不变的(√)

(45)在 Windows 10 中，选定一个文件，单击鼠标右键，在弹出的快捷菜单中包括(   )。

A."刷新" B."复制"(√)

C."粘贴" D."插入"

(46)Windows 中"磁盘碎片整理程序"的主要作用是(   )

A.修复损坏的磁盘 B.修复损坏的磁盘碎片

C.提高文件访问速度(√) D.扩大磁盘空间

(47)当已选定文件后，下列操作中不能删除该文件的是(   )。

A.在键盘上按【Delete】键

B.用鼠标右键单击该文件，打开快捷菜单，然后选择"删除"命令

C.在"文件"菜单中选择"删除"命令

D.用鼠标左键双击该文件(√)

(48)在 Windows 10 中，查找文件或文件夹时，文件或文件夹名中常常用到一个符号"＊"，它表示(   )。

A.任意一个字符 B.任意一串字符(√)

C.任意八个字符 D.任意三个字符

(49)Windows 10 提供了长文件命名方法，一个文件名的长度最多可达到(   )个字符。

A.128 B.256

C.8 D.255(√)

2.多选题

(1)使用 Windows 10 的备份功能所创建的系统镜像可以保存在(   )上。

A.内存 B.硬盘(√)

C.光盘(√) D.网络(√)

(2)在 Windows 10 操作系统中，属于默认库的有(   )。

A.文档(√) B.音乐(√)

C.图片(√) D.视频(√)

(3)下列属于 Windows 10 控制面板中的设置项目的是(   )。

A.Windows Update(√) B.备份和还原(√)

C.恢复(√) D.网络和共享中心(√)

(4)在 Windows 10 中可以完成窗口切换的方法是(   )。

A.【Alt】+【Tab】(√)

B.【Win】+【Tab】

C.单击要切换窗口的任何可见部位(√)

D.单击任务栏上要切换的应用程序按钮(√)

(5)在 Windows 10 中,窗口最大化的方法是(   )。

A.按最大化按钮(√)   B.按还原按钮

C.双击标题栏(√)   D.拖拽窗口到屏幕顶端(√)

(6)当 Windows 10 系统崩溃后,可以通过(   )来恢复。

A.更新驱动

B.使用之前创建的系统镜像(√)

C.使用安装光盘重新安装(√)

D.卸载程序

(7)以下网络位置中,可以在 Windows 10 里进行设置的是(   )。

A.家庭网络(√)   B.小区网络

C.工作网络(√)   D.公共网络(√)

(8)在 Windows 10 中,个性化设置包括(   )。

A."主题"(√)   B."桌面背景"(√)

C."窗口颜色"(√)   D."声音"(√)

(9)以下操作中,删除后回收站中没有的是(   )。

A.删除 U 盘中的文件(√)

B.删除硬盘文件时,按键盘的【Ctrl】键

C.删除硬盘文件时,按键盘的【Alt】键

D.删除硬盘文件时,按键盘的【Shift】键(√)

3.判断题

(1)进入 Windows 10 操作系统后,默认使用的是中文输入法。(   )

(2)语言栏一般是浮动在桌面上的,它用于切换系统所用的语言和输入法。(√)

(3)在连续两次按下鼠标左键的过程中,可以移动鼠标。(   )

(4)安装安全防护软件有助于保护计算机不受病毒侵害。(√)

(5)正版 Windows 10 操作系统不需要激活即可使用。(   )

(6)在 Windows 10 中默认库被删除了就无法恢复。(   )

(7)利用汉字的字形特征进行编码的输入法具有简单、易学及会拼音即会汉字输入的特点。(   )

(8)"库"模式的菜单栏默认是显示的。(√)

(9)电脑中几乎所有的程序都可以在"开始"菜单中执行。(√)

(10)网络打印机不需要安装就可以在网络中使用。(   )

(11)Windows 10 中的不同类型用户有不同的资源访问权限。(√)

(12)资源管理器只能管理硬件,不能管理软件。(   )

(13)若要选中或取消选中某个复选框,只需单击该复选框即可。(√)

(14)保存文件或文件夹是管理文件时的基本操作之一,也是非常重要的操作。(√)

(15)所有软件在卸载后都会要求重启电脑以彻底删除该软件的安装文件。(   )

4. 填空题

(1)在 Windows 10 操作系统中,【Ctrl】+【C】是_____命令的快捷键。

(2)在 Windows 10 操作系统中,【Ctrl】+【X】是_____命令的快捷键。

(3)在 Windows 10 操作系统中,【Ctrl】+【V】是_____命令的快捷键。

(4)Windows 10 有四个默认库,分别是视频、图片、_____和音乐。

(5)Windows 10 中默认的中英文输入法切换操作是_____键+_____键。

(6)Windows 10 中默认的全角和半角字符切换操作是_____键+_____键。

(7)Windows 10 中文件查找使用的通配符是_____和_____。

(8)通配符_____可以代替任意多个任意字符,_____可以代替 1 个任意字符。

(9)资源管理器中单击左窗格带有_____的文件夹,可以展开此文件夹,单击带有_____的文件夹,可以收起此文件夹。

(10)资源管理器中,要选择某文件夹下多个不连续文件,可按住_____键,再单击需要选择的文件。要选择多个连续文件,可先单击起始文件图标,再按住_____键,单击最后一个文件图标。

【参考答案】

填空题

(1)复制 (2)剪切 (3)粘贴 (4)文档 (5)【Ctrl】,【Space】 (6)【Shift】,【Space】 (7)*,? (8)*,? (9)+,− (10)【Ctrl】,【Shift】

项目三
办公自动化

任务一　文字处理软件

　　本任务涉及的知识点及考点：文字处理软件的基本概念和基本功能，包括文档的创建、打开、保存、关闭等基本操作；文本的录入、选定、插入与删除、复制与移动、查找与替换等基本编辑技术；字体格式设置、文本效果修饰、段落格式设置、文档页面设置、文档背景设置和文档分栏等基本排版功能；表格的创建、修改，表格的修饰，表格中数据的输入与编辑，数据的排序和计算；图片的插入，图形的建立和编辑，文本框、艺术字、SmartArt 图形的使用；目录制作与邮件合并功能；文档的共享、保护和打印功能。

一、重点知识精讲

1. 文本框

　　文本框是 Word 中一个很有用的工具，它是一个相对独立的区域，在出版物的排版过程中，常用它来实现内容的跨页连接排版。通过文本框，在页面上可方便地实现内容的嵌套排版、横竖排版。

2. 样式

　　样式是一系列格式的集合。除系统预设样式外，用户还可根据需要自定义样式。通过样式的使用，可以规范文档的层次及统一格式。样式特别适用于编写有层次结构的长文章，如书籍、报告、科技论文等。

3. 题注

　　题注就是给图片、表格、图表、公式等项目添加的名称和编号。使用题注功能可以保证长文档中图片、表格或图表等项目能够按顺序自动编号。如果移动、插入或删除带题注的项目时，Word 可以自动更新题注的编号。

4. 脚注和尾注

　　脚注一般在页面底部，而尾注一般在节的结尾或文档结尾。尾注由两个关联的部分组成,包括注释引用标记和其对应的注释文本。用户可让 Word 自动为引用标记编号或创建自定义的引用标记。在 Word 文档中,对于自动编号的尾注,当移动、删除被标注的对象,或插入新的尾注时,Word 将对尾注的注释文本和引用标记重新编号。

二、典型例题精解

1. 单选题

(1)在计算机软件系统中,文字处理软件 Word 2016 属于(　　)软件。

A. 工具　　　　　　B. 用户　　　　　　C. 系统　　　　　　D. 应用

【答案】D

【解析】Word 是用于文字处理的应用软件。

(2)在 Word 中,要实现文档的上下翻页,应使用(　　)键。

A.【Home】/【End】　　　　　　　　B.【Enter】/【Backspace】

C.【Ctrl】/【Alt】　　　　　　　　D.【PgUp】/【PgDn】

【答案】D

【解析】【PgUp】/【PgDn】键实现上下翻页并移动光标的效果。

(3)在 Word 中,要实现插入/改写两种输入状态的切换,可使用(　　)键。

A.【Insert】　　　　B.【Shift】　　　　C.【Caps Lock】　　　D.【Esc】

【答案】A

【解析】【Insert】键可实现插入/改写两种输入状态的切换。

(4)如果想关闭 Word,可在程序窗口中单击"文件"选项卡,然后选择(　　)命令。

A."打印"　　　　　B."退出"　　　　　C."保存"　　　　　　D."关闭"

【答案】B

【解析】"退出"命令用于结束文档编辑并退出 Word 程序。

(5)在 Word 中,为了防止意外造成文档内容的丢失,可以设置(　　)让 Word 每隔一定的时间自动保存内容。

A. 更新　　　　　　　　　　　　B. 保存位置

C. 文档类型　　　　　　　　　　D. 保存自动恢复信息

【答案】D

【解析】在"Word 选项"对话框的"保存"选项卡中,可以设置 Word 程序每隔一定的时间就自动保存能恢复信息的文档内容。

(6)若文档内容有变化,关闭 Word 时将弹出提示保存的对话框,若单击"保存"按钮,将(　　)。

A. 关闭对话框,返回编辑窗口

B. 不保存文档,关闭对话框并退出 Word 程序

C. 保存文档,关闭对话框并退出 Word 程序

D. 不关闭对话框,返回编辑窗口

【答案】C

【解析】这是防止 Word 文档内容丢失的一种机制,要熟悉其应用。

(7)在 Word 中，删除插入点左边的字符，应击(　　)键。

A.【Insert】　　　　B.【Delete】　　　　C.【Backspace】　　　　D.【Tab】

【答案】C

【解析】【Backspace】为退格键，用于删除光标左侧的字符。

2. 多选题

(1)安装 Office 2016 的最低条件是(　　)。

A. 500 MHz 处理器　　　　　　　　B. 256 MB 内存

C. 3 GB 硬盘　　　　　　　　　　　D. 1024×576 显示分辨率

E. Windows 操作系统 7

【答案】CDE

【解析】安装 Office 2016 的最低条件包括：处理器为 1 GHz 或更快的 x86 或 x64 位处理器，且须采用 SSE2 指令集；内存要求为 1 GB RAM(32 位)或 2 GB RAM(64 位)；硬盘空间需要 3.0 GB 可用空间；在显示器方面，图形硬件加速需要 DirectX10 显卡和 1024×576 分辨率；操作系统方面，至少支持 Windows 7。

(2)Word 2016 文档可保存为的文档类型包括(　　)。

A. Word 文档(＊.docx)　　　　　　B. Word 97－2003 文档(＊.doc)

C. PDF 文档(＊.pdf)　　　　　　　D. 网页文档(＊.htm,＊.html)

【答案】ABCD

【解析】Word 可将编辑内容保存为不同类型的文档，此功能可实现文档类型的转换。

(3)同一个 Word 文档，可以(　　)。

A. 通过"新建窗口"，多窗口编辑同一个 Word 文档

B. 通过"拆分"将文档窗口划分为多个窗格进行编辑

C. 通过"并排查看"，可实现同一文档或不同文档间的多窗口对照编辑

D. 通过网页浏览器进行查看和编辑。

【答案】ABC

【解析】这是 3 种多窗口(窗格)对照编辑文档的方式。

(4)在 Word 文档中，下列(　　)操作能够移动插入点。

A. 箭头键　　　　　　　　　　　　B.【Home】/【End】键

C.【PgUp】/【PgDn】键　　　　　　D.【Ctrl】+【Home】或【Ctrl】+【End】键

【答案】ABCD

【解析】箭头键可上、下、左、右移动插入点；【Home】/【End】键可将插入点移至行首/行尾；【PgUp】/【PgDn】键可移动插入点到前一页/后一页；【Ctrl】+【Home】或【Ctrl】+【End】键可将插入点移到文首/文尾。另外，【Tab】键可将插入点移到下一个制表位，鼠标单击可将插入点移到文中任何位置。

(5)要复制选定的文本，可通过(　　)方式实现。

A. 按住【Ctrl】键，将被选文本拖到文中其他位置

B. 先按【Ctrl】+【C】键，再按【Ctrl】+【V】键，可将选中的内容粘贴到目标位置

C. 单击"开始"功能区中的"复制"按钮，再单击其中的"粘贴"按钮，可实现内容的复制

D. 按【Ctr】+【X】键，再按【Ctrl】+【V】键，可实现内容的复制

【答案】ABC

【解析】按【Ctrl】+【X】键剪切文本，再按【Ctrl】+【V】键实现移动文本。

(6)Word 2016 中可搜索(　　　)。

A.文本　　　　　　　　B.图形　　　　　　　　C.表格　　　　　　　　D.公式

【答案】ABCD

【解析】特殊格式是指段落标记、制表符、分栏符等。除此以外，在 Word 中还可查找带的特定格式的文本。

(7)Word 可以为保存的文档设置(　　　)密码。

A.复制　　　　　　　　B.打开　　　　　　　　C.删除　　　　　　　　D.修改

【答案】BD

【解析】打开密码让使用者必须输入正确的密码才能打开文档，修改密码是打开后若要修改并保存原文档所需的密码。

(8)退出 Word 程序的方式有(　　　)。

A. 单击 Word 程序窗口右上角的按钮

B. 双击 Word 程序窗口左上角的 W 图标

C. 选择"文件"选项卡中的"退出"命令

D. 按【Alt】+【F4】组合键

【答案】ABCD

【解析】这是退出 Word 应用程序的 4 种方法。

3. 填空题

(1)Word"文件"选项卡中的"关闭"命令用于关闭_____，"退出"命令用于退出_____。

【答案】文档窗口，Word 程序窗口

【解析】略。

(2)Word 新建文档的自动命名方式为_____加数字编号。例如，创建保存的第 1 个空白 Word 文档的名字为_____。

【答案】文档，文档 1.docx

【解析】Word 2016 默认的文档扩展名为.docx。

4. 判断题

(1)删除相邻两段之间的段落结束符，可合并相邻两段为一段。(　　　)

【答案】√

【解析】段落结束符是分段的标志，也是一段的结束。

(2)若要将一段分为两段，可将插入点置于需断开的位置，然后按回车键。(　　　)

【答案】√

【解析】按回车键，将产生回车符，即段落结束符，从而实现分段。

(3)Word 中的撤销与恢复操作，只能进行 1 步。(　　　)

【答案】×

【解析】在 Word 中可执行多步撤销与恢复操作。

（4）在 Word 中只能进行文本的查找与替换。（　　）

【答案】×

【解析】在 Word 中不仅能进行文本的查找与替换，还能进行特殊符号、格式等的查找与替换。

（5）Word 2016 通过保存为不同类型的文档，可实现文档类型的转换。（　　）

【答案】√

【解析】Word 支持多种文档类型的打开、编辑与保存。

（6）在 Word 中，创建新的空白文档默认打开页面视图，输入文本为宋体、五号字。（　　）

【答案】√

【解析】这是 Word 程序启动后的初始状态。

（7）Word 2016 中的"保存"与"另存为"功能是一样的。（　　）

【答案】×

【解析】选择"保存"命令时，新文档（未保存过）将弹出"另存为"对话框，老文档（存储介质上已有的）则保存其新内容；若要换名保存为一个新文档，则应选择"另存为"命令。

（8）Word 2016 的快速访问工具栏与功能区都是可以自定义设置的。（　　）

【答案】√

【解析】Word 的界面是可以根据需要自定义的，包括快速访问工具栏与功能区。

三、上机实战精练

（1）按下列要求进行操作。

①启动 Word 2016，新建空白 Word 文档。

②在空白文档中输入如图 3-1 所示的内容。

摘要： 为探讨数字经济对城市碳排放影响的空间效应，基于 2011—2017 年 286 个城市面板数据综合测度数字经济发展水平，运用空间杜宾模型及空间 DID 模型分析数字经济发展对城市碳排放的影响。主要得到以下结论：

(1)数字经济发展存在明显的空间异质性，发展格局从"多点式"零星分布向"组团式"聚集形态转变，但各城市发展层级差距仍未改善，长三角成为重要的数字经济高水平集聚区。

(2)数字经济发展对碳排放的作用在不同经济圈层内有所差异，空间外溢具有边界效应，在 1100 km 处外溢达到峰值。

(3)数字产业发展、数字创新能力及数字普惠金融是数字经济影响城市碳排放效应发挥的重要因素。

图 3-1　要输入文档中的内容

③从"文件"选项卡中选择"保存"命令，在弹出的"另存为"对话框中单击"工具"按钮，在弹出的下拉列表中选择"常规选项"项，在弹出的"常规选项"对话框中分别输入打开文件的密码 123，修改文件的密码 dzvtc，如图 3-2 所示，最后以"3-1.docx"为文件名保存文件。

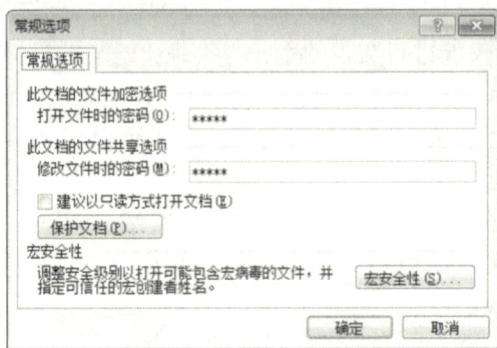

图 3-2　设置文档密码

④打开"另存为"对话框,选择保存类型为 PDF(*.pdf),将该文档保存为"3-1.pdf"(即将 Word 文档转换为 PDF 文档)。

【答案】略。

(2)打开上题的 3-1.docx,利用查找与替换功能删除文档中的空行。

【答案】具体操作为:按【Ctrl】+【H】键打开"查找和替换"对话框,在"替换"选项卡的"查找内容"栏输入^p^p,在"替换为"栏输入^p,如图 3-3 所示,然后单击"全部替换"按钮,即可删除一部分空行,反复进行此操作,可删除所有空行,得到如图 3-4 所示的段落。

图 3-3　设置查找与替换内容

摘要:为探讨数字经济对城市碳排放影响的空间效应,基于 2011—2017 年 286 个城市面板数据综合测度数字经济发展水平,运用空间杜宾模型及空间 DID 模型分析数字经济发展对城市碳排放的影响。主要得到以下结论:(1)数字经济发展存在明显的空间异质性,发展格局从"多点式"零星分布向"组团式"聚集形态转变,但各城市发展层级差距仍未改善,长三角成为重要的数字经济高水平集聚区。(2)数字经济发展对碳排放的作用在不同经济圈层内有所差异,空间外溢具有边界效应,在1100 km处外溢达到峰值。R(3)数字产业发展、数字创新能力及数字普惠金融是数字经济影响城市碳排放效应发挥的重要因素。

图 3-4　删除空行后的文本

提示:空行是 1 个段落结束符(回车符),删除 1 个空行,实际上是将连续的两个段落结束符替换为 1 个段落结束符,若有多个连续的空行,需多次使用替换功能。

(3)输入图 3-5 中的文本,并将文中的"*"全部替换为注册商标标记"©"。

2024 十大新能源汽车品牌排行榜

2024 十大新能源汽车品牌排行榜是 CN10 排榜技术研究部门和 CNPP 品牌数据研究部门

重磅推出的新能源汽车十大名牌,它们为:Tesla 特斯拉*、比亚迪 BYD*、理想汽车*、AITO*、

蔚来 NIO*、极氪 ZEEKR*、小鹏汽车 XPENG*、BMW 宝马*、埃安 AION*、零跑汽车*。

图 3-5　替换前的文本

【答案】查找和替换操作方法为:按【Ctrl】+【H】键打开"查找和替换"对话框,在"替换"选项卡的"查找内容"栏中输入"＊",在"替换为"栏中将"ⓒ"粘贴进去,如图 3-6 所示,单击"全部替换"按钮即可。

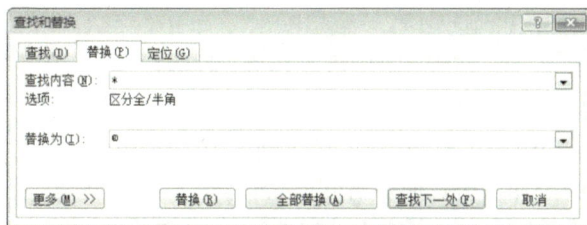

图 3-6　设置查找与替换内容

(4)录入图 3-7 中的文本,并设置如图 3-7 所示的文字格式效果。

图 3-7　文字格式的综合应用

【答案】文字格式设置的操作步骤如下。

步骤 1:设置字体。选中第一句话,从"开始"功能区的"字体"组中选择"仿宋"字体;选中第二句话,设置字体为"黑体";选中第三句话,设置字体为"楷体";选中第 4 句话,设置字体为"宋体"。

步骤 2:设置斜体。选中第一行的"场地"两字,单击"字体"组中的"倾斜"按钮,将其设为斜体字。

步骤 3:设置下划线。选中第一个"研究人员",单击"字体"组右下角的按钮,打开"字体"对话框,在该对话框的"着重号"下拉列表框中选择"着重号",然后单击"确定"按

钮。选中"确定位置",再单击"字体"组中"下划线"按钮右侧的三角按钮,在弹出的下拉列表中选择波浪线。

步骤4:设置删除线。选中"这些",然后单击"字体"组中的"删除线"按钮,为其设置删除线;选中最后一个"大脑",然后打开"字体"对话框,在该对话框中勾选"双删除线"复选框,为其设置双删除线。

步骤5:设置字号。全选所有文字,将字号设置为"四号",选中段首的"在"字,将其字号设为"二号"。

步骤6:设置带圈字符。在段首输入"i",选中"i",单击"字体"组中的"带圈字符"按钮,在弹出的"带圈字符"对话框中选择三角形圈号,选中"缩小文字"样式,如图3-8所示,单击"确定"按钮。

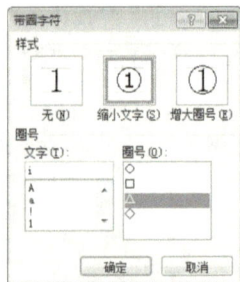

步骤7:设置汉字拼音。选中第一个"电极",单击"字体"组中的"拼音指南"按钮,在弹出的"拼音指南"对话框中单击"确定"按钮,为其添加拼音。

步骤8:设置字符边框。选中第一个"活动",单击"字体"组中的"字符边框"按钮,为其加上边框。

图3-8 选择圈号

步骤9:设置字符底纹。选中"锁定老鼠",单击"字体"组中的"字符底纹"按钮,为其添加默认底纹。

步骤10:设置文本效果。选中第二个"细胞",单击"字体"组中的"文本效果"按钮,在弹出的下拉列表中任选一种文字效果,设置其文本效果。

步骤11:设置文字颜色。选中"睡眠",单击"字体"组中的"字体颜色"按钮,设置文字颜色为红色。

步骤12:设置上下标。选中"监视",单击"字体"组中的"上标"按钮,将其设置为上标文字;选中第四个"老鼠",单击"字体"组中的"下标"按钮,将其设置为下标文字。

步骤13:设置文字位置。选中"获",然后打开"字体"对话框,在该对话框"高级"选项卡中的"位置"下拉列表框中选择"提升"项,并在其右侧的"磅值"文本框中设置"16磅",如图3-9所示,单击"确定"按钮确认;用同样的方法将"获"字两边的文字提升适当的磅值,可得到如图3-7中所示的相应效果。

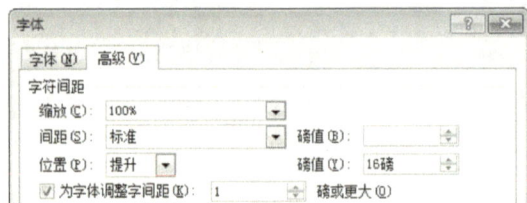

图3-9 提升文字位置

步骤14:设置字符缩放。选中"在一起",在"字体"对话框的"高级"选项卡中的"缩放"下拉列表框中设置字符缩放为200%;选中"位置",设置其字符缩放为50%。

步骤15:设置字符间距。选中"形成一段与这个位置",在"字体"对话框的"高级"选项卡中的"间距"下拉列表框中选择"加宽"项,并在其右侧的"磅值"文本框中设置字符间距为5磅,单击"确定"按钮确认。

步骤16:以不同颜色突出显示文本。选中"科学家",单击"字体"组中的"以不同颜色突出显示文本"按钮,设置为黄色突出显示文字。

(5)录入图 3-10 中的文本,设置段落首行缩进 2 个字符,行间距为 1.5 倍行距,第 2 段的段前和段后间距为 0.5 行,7 个参数行前加上项目符号。完成后的结果如图 3-10 所示。

XIAOMI·SU7,小米汽车旗下的纯电动轿车,定位"C 级高性能生态科技轿车"。2021 年 3 月,小米官宣造车;2024 年 3 月 28 日,小米集团召开 XIAOMI·SU7 上市发布会,同年 4 月 3 日,XIAOMI·SU7 正式交付。

XIAOMI·SU7 的主要参数:

◇·轴····距:3000 mm

◇·车型尺寸:4997/1963/1440 mm

◇·行李箱容积:517 L(前备箱 105 L)

◇·标准座位数:5 个

◇·最高时速:265 km/h

◇·加速时间:2.78 s

◇·驱动方式:双电机全轮驱动

图 3-10　设置段落格式的效果

【答案】设置段落格式的操作步骤如下。

步骤 1:全选所有内容,单击"开始"功能区中"段落"组右下角的按钮,打开"段落"对话框。在该对话框中的"特殊格式"下拉列表框中选择"首行缩进"项,并将磅值设为"2 字符"。在"行距"下拉列表框中选择"1.5 倍行距",如图 3-11 所示,单击"确定"按钮。

步骤 2:将插入点置于第 2 段,打开"段落"对话框,在"缩进和间距"选项卡中的"段前"与"段后"文本框中将段前和段后间距设置为"0.5 行"。

步骤 3:选中 7 个参数行,单击"段落"组中"项目符号"按钮右侧的三角按钮,在弹出的下拉列表中选择符号,如图 3-12 所示。

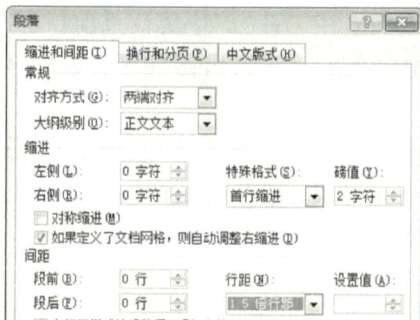

图 3-11　设置首行缩进和行间距　　　　**图 3-12　选择项目符号**

(6)录入图 3-13 中的文本,设置如图 3-14 所示的分栏排版及水印效果。

图 3-13　原文档

图 3-14　分栏及水印效果

【答案】设置分栏及水印效果的操作步骤如下。

步骤 1:将插入点置于"【诗意】"后,在"页面布局"功能区的"页面设置"组中单击"分隔符"按钮,在弹出的下拉列表中选择"连续"型分节符;在"在沧海中勇往直前!"后插入"连续"型分节符,在"【简析】"后插入"连续"型分节符,将全文分成四节,如图 3-15 所示。

步骤 2:将插入点置于第二节中,在"页面布局"功能区的"页面设置"组中单击"分栏"按钮,在弹出的下拉列表中选择"两栏"项,将该节内容排成左右等宽的两栏,再选中最后一节中的内容(不包含段落结束符),将所选内容分成等宽的两栏,然后将"【诗意】""【简析】"文字居中,如图 3-16 所示。

步骤 3:选择"页面布局"功能区中"页面背景"组中的"水印"按钮,在弹出的下拉列表中选择"严禁复印 1"选项,即可得到最终效果。

行路难

唐·李白

金樽清酒斗十千，玉盘珍馐直万钱。

停杯投箸不能食，拔剑四顾心茫然。

欲渡黄河冰塞川，将登太行雪满山。

闲来垂钓坐溪上，忽复乘舟梦日边。

行路难，行路难，多歧路，今安在。

长风破浪会有时，直挂云帆济沧海。

【诗意】————————分节符(连续)

金杯里装的名酒，每斗要价十千；玉盘中盛的精美肴菜，收费万钱。胸中郁闷呵，我停杯投箸吃不下；拔剑环顾四周，我心里委实茫然。想渡黄河，冰雪堵塞了这条大川；要登太行，莽莽的风雪早已封山。象吕尚垂钓磻溪，闲待东山再起；又象伊尹做梦，他乘船经过日边。世上行路呵多么艰难，多么艰难；眼前歧路这么多，我该向何处去？相信总有一天，能乘长风破万里浪；高高挂起云帆，在沧海中勇往直前！————————分节符(连续)

【简析】————————分节符(连续)

《行路难》多写世道艰难，表达离情别意。李白《行路难》共三首，葛塘退士辑选其一。以"行路难"比喻世道险阻，抒写了诗人在政治道路上遭遇艰难时，产生的不可抑制的激愤情绪，但他并未因此而放弃远大的政治理想，仍盼着总有一天会施展自己的抱负，表现了他对人生前途乐观豪迈的气概，充满了积极浪漫主义的情调。诗开头写"金樽美酒""玉盘珍馐"，给人一个欢乐的宴会场面。接着写"停杯投箸""拔剑四顾"，又向读者展现了作者感情波涛的冲击。中间四句，既感叹"冰塞川""雪满山"，又恍然神游千载之上，看到了吕尚、伊尹忽然得到重用。"行路难"四个短句，又表现了进退两难和继续追求的心理。最后两句，写自己理想总有一天能够实现。全诗在高度傍徨与大量感叹之后，以"长风破浪会有时"忽开异境，并且坚信美好前景，终会到来。

图 3-15　插入分节符

行路难

唐·李白

金樽清酒斗十千，玉盘珍馐直万钱。

停杯投箸不能食，拔剑四顾心茫然。

欲渡黄河冰塞川，将登太行雪满山。

闲来垂钓坐溪上，忽复乘舟梦日边。

行路难，行路难，多歧路，今安在。

长风破浪会有时，直挂云帆济沧海。

【诗意】————分节符(连续)

金杯里装的名酒，每斗要价十千；玉盘中盛的精美肴菜，收费万钱。胸中郁闷呵，我停杯投箸吃不下；拔剑环顾四周，我心里委实茫然。想渡黄河，冰雪堵塞了这条大川；要登太行，莽莽的风雪早已封山。象吕尚垂钓磻溪，闲待东山再起；又象伊尹做梦，他乘船经过日边。世上行路呵多么艰难，多么艰难；眼前歧路这么多，我该向何处去？相信总有一天，能乘长风破万里浪；高高挂起云帆，在沧海中勇往直前！————分节符(连续)

【简析】————分节符(连续)

《行路难》多写世道艰难，表达离情别意。李白《行路难》共三首，葛塘退士辑选其一。以"行路难"比喻世道险阻，抒写了诗人在政治道路上遭遇艰难时，产生的不可抑制的激愤情绪，但他并未因此而放弃远大的政治理想，仍盼着总有一天会施展自己的抱负，表现了他对人生前途乐观豪迈的气概，充满了积极浪漫主义的情调。诗开头写"金樽美酒""玉盘珍馐"，给人一个欢乐的宴会场面。接着写"停杯投箸""拔剑四顾"，又向读者展现了作者感情波涛的冲击。中间四句，既感叹"冰塞川""雪满山"，又恍然神游千载之上，看到了吕尚、伊尹忽然得到重用。"行路难"四个短句，又表现了进退两难和继续追求的心理。最后两句，写自己理想总有一天能够实现。全诗在高度傍徨与大量感叹之后，以"长风破浪会有时"忽开异境，并且坚信美好前景，终会到来。————分节符(连续)

图 3-16　分栏效果

（7）制作如图 3-17 所示的成绩统计表。

姓名	语文	数学	英语	物理	化学	总分	平均分	名次
赵六顺	90	84	82.5	95	88	439.5	87.9	1
王五星	83.5	71	78.5	81.5	72	386.5	77.3	2
张三丰	76	66.5	80	73	90	385.5	77.1	3
李四民	58	92	60	80	85.5	375.5	75.1	4
刘七花	70	60	65	91.5	76.5	363	72.6	5

图 3-17　成绩统计表

【答案】操作步骤如下。

步骤 1：插入一个 6 行 9 列的表格，并输入如图 3-18 所示的内容。

提示：表格中每一单元格都被唯一标识和引用，从左向右，各列分别用字母 A、B、C、D…标识，从上到下，各行分别用数字 1、2、3…标识。例如，G2 指的是第 2 行第 7 列的单元格。

姓名	语文	数学	英语	物理	化学	总分	平均分	名次
李四民	58	92	60	80	85.5			
刘七花	70	60	65	91.5	76.5			
王五星	83.5	71	78.5	81.5	72			
张三丰	76	66.5	80	73	90			
赵六顺	90	84	82.5	95	88			

图 3-18   插入表格并在表格中输入内容

步骤 2：将插入点置于 G2 单元格，单击"表格工具 布局"选项卡中"数据"组中的"公式"按钮，在弹出的"公式"对话框的"公式"文本框中输入"=SUM(LEFT)"，单击"确定"按钮，即可算出李四民的总分。以此方法计算出其他几个人的总分。

步骤 3：将插入点置于 H2 单元格，在"公式"对话框的"公式"文本框中输入"=G2/5"，单击"确定"按钮，即可算出李四民的平均分，依此方法算出其他几个人的平均分。

步骤 4：将插入点置于表格中，单击"表格工具 布局"选项卡中"数据"组中的"排序"按钮，在弹出的"排序"对话框中选择主关键字为"总分"、排序方式为"降序"，选中"有标题行"单选钮，如图 3-19 所示，单击"确定"按钮，即将表格数据行按"总分"从高到低进行排列。

步骤 5：在表格的"名次"列中输入名次值。

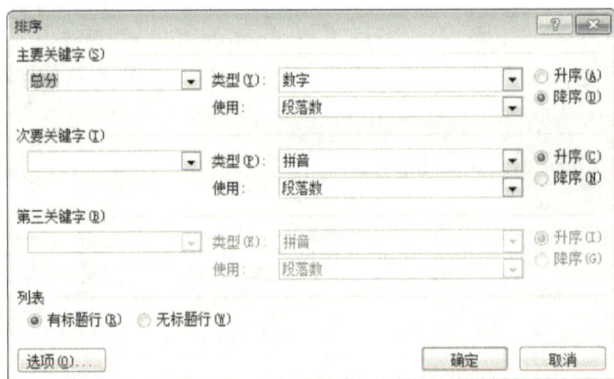

图 3-19   选择排序关键字及排序方式

步骤 6：选中整个表格，单击"表格工具 布局"选项卡中"对齐方式"组中的"水平居中"按钮，让单元格内容居于单元格正中。

步骤 7：右击选中的表格，在弹出的快捷菜单中选择"边框和底纹..."菜单项，弹出"边框和底纹"对话框，在该对话框的"边框"选项卡中设置表格外框为双实线，内部交叉线为单实线，如图 3-20 所示。

步骤 8：选择表格第一行，设置其底纹为橙色并加粗文字，得到最终的效果，如图 3-17 所示。

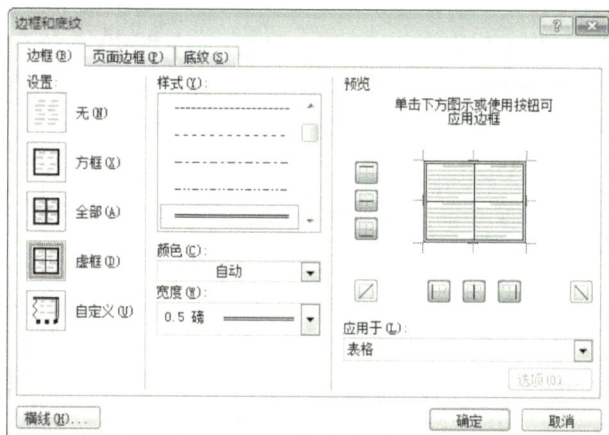

图 3-20　设置表格的边框

(8)科技论文中的表格，一般要求是三线表，下面以制作如图 3-21 所示的三线表为例，介绍一种制作三线表的方法。

材料类别	基质类型	基质组成
多晶	氟化物	SrF_2，CaF_2，$NaYF_4$，$NaLuF_4$，$NaGdF_4$，$NaYbF_4$
	氧化物	Gd_2O_3，Lu_2O_3，Y_2O_3
	氟氧化物	Gd_4O_3F6，Y_6O_5F8
单晶	铌酸盐	$LiNbO_3$

图 3-21　要制作的三线表

【答案】操作步骤如下。

步骤 1：插入一个 5 行 3 列的表格，在其中输入内容，并将单元格内容左对齐，如图 3-22 所示。

材料类别	基质类型	基质组成
多晶	氟化物	SrF_2，CaF_2，$NaYF_4$，$NaLuF_4$，$NaGdF_4$，$NaYbF_4$
	氧化物	Gd_2O_3，Lu_2O_3，Y_2O_3
	氟氧化物	$Gd_4O_3F_6$，$Y_6O_5F_8$
单晶	铌酸盐	$LiNbO_3$

图 3-22　插入表格并输入内容

步骤 2：将插入点置于表格中，单击"表格工具 设计"选项卡中的"绘图边框"组中的"擦除"按钮，然后擦除表格中第 3～5 条横线，得到如图 3-23 所示的表格。

材料类别	基质类型	基质组成
多晶	氟化物	SrF_2，CaF_2，$NaYF_4$，$NaLuF_4$，$NaGdF_4$，$NaYbF_4$
	氧化物	Gd_2O_3，Lu_2O_3，Y_2O_3
	氟氧化物	$Gd_4O_3F_6$，$Y_6O_5F_8$
单晶	铌酸盐	$LiNbO_3$

图 3-23　擦除表格横线

步骤 3：将插入点置于表格中，单击"表格工具 设计"选项卡中的"绘图边框"组中右下角的按钮，调出"边框和底纹"对话框，依次单击右侧"预览"区中的 3 个竖线按钮，清除表格中的竖线，如图 3-24 所示。

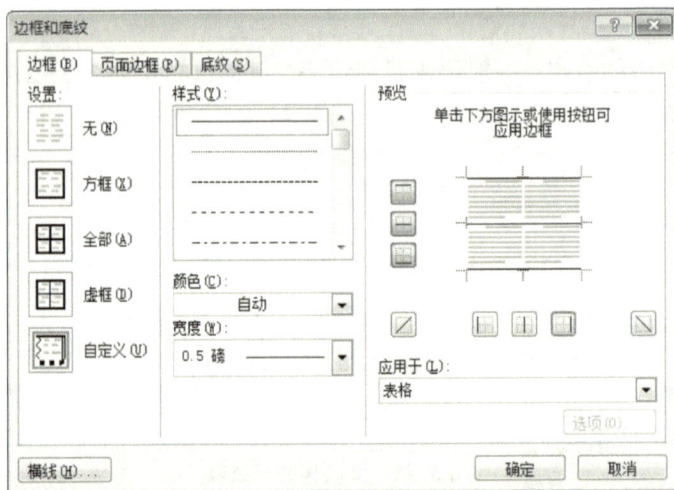

图 3-24　清除表格中的竖线

步骤 4：得到如图 3-25 所示的表格。

材料类别	基质类型	基质组成
多晶	氟化物	SrF_2，CaF_2，$NaYF_4$，$NaLuF_4$，$NaGdF_4$，$NaYbF_4$
	氧化物	Gd_2O_3，Lu_2O_3，Y_2O_3
	氟氧化物	$Gd_4O_3F_6$，$Y_6O_5F_8$
单晶	铌酸盐	$LiNbO_3$

图 3-25　清除竖线后的表格

步骤 5：将单元格内容居中对齐，得到最终的三线表样式，如图 3-21 所示。

(9)录入图 3-26 中的文本，在文档中插入图像并设置其环绕方式，效果如图 3-26 所示。

随着信息化时代的到来，人们的生活、学习、工作已经离不开信息技术，电脑、网络、移动通讯、电子银行、数字电视……面对如此迅速变化的社会，我们的学生在踏入社会后，将需要具有能够适应信息化社会的知识、技能、意识和能力，基础教育阶段的中小学信息科技课程，就是为了满足学生的这些需要而设立的。信息、科技课程是从计算机课程改革而来的，中小学原有的计算机课程是以向学生传授计算机的各种操作技能为目的的，随着计算机的普及率越来越高，家庭拥有计算机的比例逐年提高，计算机软、硬件的更新越来越快，计算机的各种操作日趋简单，而各学科学习中应用计算机的机会也越来越多，因此，靠有限的计算机课程来进行计算机技能的传授，已经显得没有必要且满足不了人们的需求。

图 3-26　图文混排效果

【答案】操作步骤如下。

步骤 1：新建文档，在其中输入如图 3-25 所示的文字，并设置好标题、正文的格式。

步骤 2：插入图片（自选并设置适当的尺寸），右击该图片，在弹出的快捷菜单中选择"自动换行"→"四周型环绕"菜单项，然后将图片拖到正文的右上角，如图 3-26 所示。

（10）在文档中插入剪贴画，效果如图 3-27 所示。

随着信息化时代的到来，人们的生活、学习、工作已经离不开信息技术，电脑、网络、移动通讯、电子银行、数字电视……，面对如此迅速变化的社会，我们的学生在踏入社会后，将需要具有能够适应信息化社会的知识、技能、意识和能力，基础教育阶段的中小学信息科技课程，就是为了满足学生的这些需要而设立的。信息、科技课程是从计算机课程改革而来的，中小学原有的计算机课程是以向学生传授计算机的各种操作技能为目的的，随着计算机的普及率越来越高，家庭拥有计算机的比例逐年提高，计算机软、硬件的更新越来越快，计算机的各种操作日趋简单，而各学科学习中应用计算机的机会也越来越多，因此，靠有限的计算机课程来进行计算机技能的传授，已经显得没有必要且满足不了人们的需求。

图 3-27　图文混排效果

【答案】操作步骤如下。

步骤 1：新建文档，在其中输入如图 3-27 所示的文字，设置好文字的格式及行距。

步骤 2：单击"插入"功能区中"插图"组中的"剪贴画"按钮，在窗口界面右侧弹出的"剪贴画"面板的"搜索文字"文本框中输入"科技"，单击"搜索"按钮，在找出的剪贴画中单击 computers 剪贴画，将该剪贴画插入到文档中。

步骤 3：右击剪贴画，在弹出的快捷菜单中选择"自动换行"→"紧密型环绕"菜单项，然后将此剪贴画拖到正文中间。

（11）插入艺术字，制作如图 3-28 所示的双色标题文字。

科技改变世界

在水钟、沙钟以后，人们发明了机械钟。从古老的挂钟到精巧的快摆手表，都有一个摆。摆只有不停地走动，挂钟才能显示时间。摆是谁发明的？世界上第一个用摆的振动来计时的钟是怎样制造出来的？

图 3-28　双色文字效果

【答案】操作步骤如下。

步骤 1：新建文档，输入如图 3-28 所示的段落文字，设置其格式。

步骤 2：插入"科技改变世界"的艺术字，修改其颜色为纯黑色。

步骤 3：将此艺术字复制 1 个，修改其颜色为纯红色，然后将这两个艺术字对齐。

步骤 4：往上拖动红色艺术字下方中间的控制点到该艺术字一半的高度，如图 3-29 所示，即得到双色文字。

科技改变世界

在水钟、沙钟以后，人们发明了机械钟。从古老的挂钟到精巧的快摆手表，都有一个摆。摆只有不停地走动，挂钟才能显示时间。摆是谁发明的？世界上第一个用摆的振动来计时的钟是怎样制造出来的？

图 3-29　调节艺术字属性

（12）制作如图 3-30 所示的几何题。

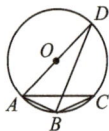

1. 如图，△ABC内接于⊙O，$BA=BC$，∠$ACB=25°$，AD为⊙O的直径，则∠DAC的度数是（　　）。

A. 25°　　B. 30°　　C. 40°　　D. 50°

图 3-30　几何题

【答案】操作步骤如下。

步骤 1：输入题干和选项（其中的三角形、圆、角、度数符号可通过输入法软键盘输入，也可以使用 Word 中的插入符号功能输入）。

步骤 2：单击"插入"功能区中"插图"组中的"形状"按钮。在弹出的下拉列表中选择"椭圆"工具。按住【Shift】键，在页面上按住鼠标左键拖动绘制一个正圆，然后利用"绘图工具 格式"选项卡中"形状样式"组中的"形状填充"和"形状轮廓"命令取消填充，并设置轮廓线为黑色实线、线宽为 0.25 磅。

步骤 3：绘制一个宽、高均为 0.09 厘米的正圆，取消其轮廓，设置其填充为黑色，将此小圆作为一个圆点,置于大圆正中心(提示,选中圆点及大圆,通过上下居中和左右居中对齐可实现)。

步骤4:单击"形状"按钮,在弹出的下拉列表中选择"直线"工具,绘制几条直线,移动调整几条直线的位置(提示,按【Ctrl】+箭头键可以微调图形的位置),形成如图3-30所示的连接形式。

步骤5:插入文本框,取消文本框的边框线,设置文本框的内部边距为0,在其中输入字母"A",并将其拖到适当的顶点位置。

步骤6:将上一步绘制的文本框复制3个,分别修改其内容为"B""C""D",并将它们拖到适当的顶点位置。

步骤7:选中所有的图形对象及文本框,选择"绘图工具 格式"功能区中"排列"组中的"组合"按钮,在弹出的下拉列表中选择"组合"命令,将它们组合成一个整体,就可以随处拖动了。

(13)利用文本框排出如图3-31所示的标题效果。

《再别康桥》是现代诗人徐志摩脍炙人口的诗篇,是新月派诗歌的代表作品。全诗以离　别康桥时感情起伏为线索,抒发了诗人对康桥依依惜别　之情。本诗语言轻盈柔和,形式精巧圆熟,诗人用虚实　相间的手法,描绘了一幅幅流动的画面,构成了一处处　美妙的意境,细致入微地将诗人对康桥的爱恋,对往昔　的怀念,对眼前生活无可奈何的离愁,表现得真挚、浓郁、隽永。此诗是徐志摩诗作中的绝唱。

图3-31　文本框应用效果

【答案】操作步骤如下。

步骤1:新建文档,输入正文内容,设置好正文格式。

步骤2:单击"插入"功能区中"文本"组中的"文本框"按钮,在弹出的下拉列表中选择"绘制竖排文本框"命令,按住鼠标左键拖动绘制竖排文本框,然后在文本框中输入"再别康桥"。

步骤3:设置文本框中文字的字体、字号、文本框背景底纹,取消文本框的边框,设置文本框的内部边距。

步骤4:设置文本框的文字环绕方式为"四周型环绕",然后将此文本框拖到段落文字的中间位置即可。

(14)通过文本框的链接功能编排如图3-32所示的期刊版面效果。

【答案】操作步骤如下。

步骤1:在第1页中插入第一个文本框,在其中输入如图3-33所示的内容,然后取消该文本框的边框。

步骤2:在第10页的一行ﾍ分隔符后插入第二个文本框(保持第二个文本框内容为空,即不在第二个文本框中输入任何内容)。

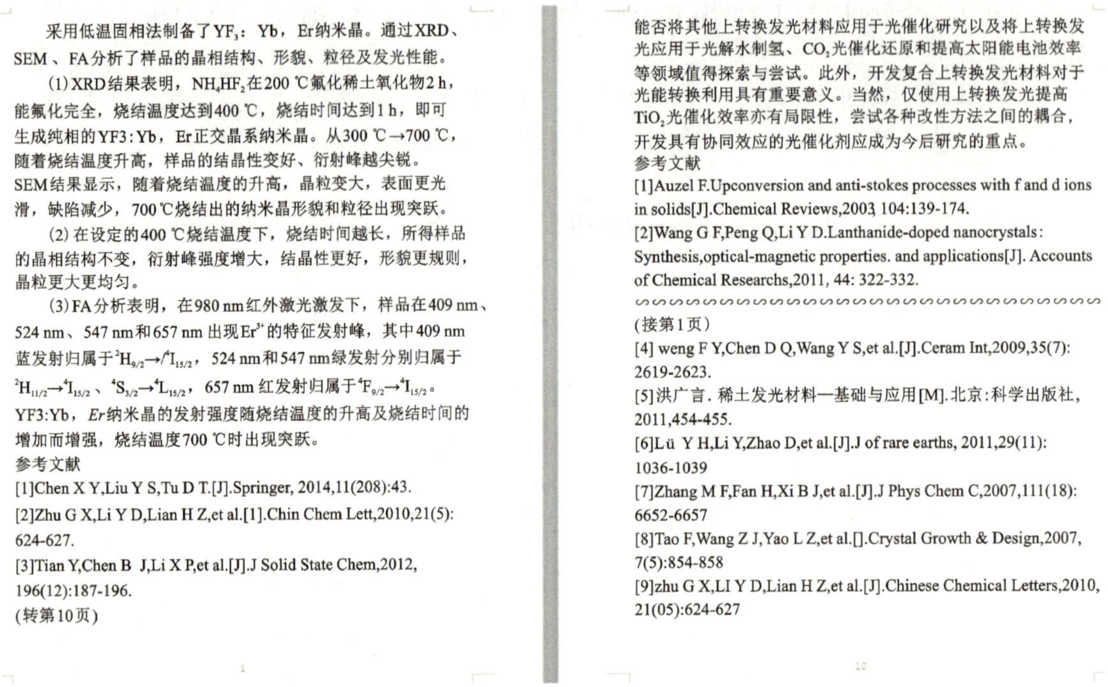

采用低温固相法制备了 YF_3：Yb，Er纳米晶。通过XRD、SEM、FA分析了样品的晶相结构、形貌、粒径及发光性能。

（1）XRD结果表明，NH_4HF_2在200 ℃氟化稀土氧化物2 h，能氟化完全，烧结温度达到400 ℃，烧结时间达到1 h，即可生成纯相的YF3：Yb，Er正交晶系纳米晶。从300 ℃→700 ℃，随着烧结温度升高，样品的结晶性变好、衍射峰越尖锐。SEM结果显示，随着烧结温度的升高，晶粒变大，表面更光滑，缺陷减少，700 ℃烧结出的纳米晶形貌和粒径出现突跃。

（2）在设定的400 ℃烧结温度下，烧结时间越长，所得样品的晶相结构不变，衍射峰强度增大，结晶性更好，形貌更规则，晶粒更大更均匀。

（3）FA分析表明，在980 nm红外激光激发下，样品在409 nm、524 nm、547 nm和657 nm出现Er^{3+}的特征发射峰，其中409 nm蓝发射归属于$^2H_{9/2}\rightarrow{}^4I_{15/2}$，524 nm和547 nm绿发射分别归属于$^2H_{11/2}\rightarrow{}^4I_{15/2}$、$^4S_{3/2}\rightarrow{}^4I_{15/2}$，657 nm红发射归属于$^4F_{9/2}\rightarrow{}^4I_{15/2}$。YF3:Yb，Er纳米晶的发射强度随烧结温度的升高及烧结时间的增加而增强，烧结温度700 ℃时出现突跃。

参考文献
[1]Chen X Y,Liu Y S,Tu D T.[J].Springer, 2014,11(208):43.
[2]Zhu G X,Li Y D,Lian H Z,et al.[1].Chin Chem Lett,2010,21(5):624-627.
[3]Tian Y,Chen B J,Li X P,et al.[J].J Solid State Chem,2012,196(12):187-196.

（转第10页）

能否将其他上转换发光材料应用于光催化研究以及将上转换发光应用于光解水制氢、CO_2光催化还原和提高太阳能电池效率等领域值得探索与尝试。此外，开发复合上转换发光材料对于光能转换利用具有重要意义。当然，仅使用上转换发光提高TiO_2光催化效率亦有局限性，尝试各种改性方法之间的耦合，开发具有协同效应的光催化剂应成为今后研究的重点。

参考文献
[1]Auzel F.Upconversion and anti-stokes processes with f and d ions in solids[J].Chemical Reviews,2003,104:139-174.
[2]Wang G F,Peng Q,Li Y D.Lanthanide-doped nanocrystals：Synthesis,optical-magnetic properties. and applications[J]. Accounts of Chemical Researchs,2011, 44: 322-332.

（接第1页）

[4] weng F Y,Chen D Q,Wang Y S,et al.[J].Ceram Int,2009,35(7):2619-2623.
[5]洪广言. 稀土发光材料—基础与应用[M].北京：科学出版社，2011,454-455.
[6]Lü Y H,Li Y,Zhao D,et al.[J].J of rare earths, 2011,29(11):1036-1039
[7]Zhang M F,Fan H,Xi B J,et al.[J].J Phys Chem C,2007,111(18):6652-6657
[8]Tao F,Wang Z J,Yao L Z,et al.[].Crystal Growth & Design,2007,7(5):854-858
[9]zhu G X,LI Y D,Lian H Z,et al.[J].Chinese Chemical Letters,2010,21(05):624-627

图 3-32 文本框链接效果

参考文献

[1]Chen X Y, Liu Y S, Tu D T.[J]. Springer, 2014, 11（208）:43.

[2]Zhu G X, Li Y D, Lian H Z, et al.[J].Chin Chem Lett, 2010. 21(5):624-627.

[3]Tian Y, Chen B J, Li X P, et al.[J].J Solid State Chem, 2012, 196(12):187-196.

[4] Weng F Y, Chen D Q, Wang Y S, et al.[J].Ceram Int, 2009, 35（7）:2619-2623.

[5]洪广言. 稀土发光材料—基础与应用[M].北京：科学出版社, 2011, 454-455.

[6]Lü Y H, Li Y, Zhao D, et al.[J].J of rare earths, 2011, 29（11）:1036-1039

[7]Zhang M F, Fan H, Xi B J, et al.[J].J Phys Chem C, 2007 11（18）:6652-6657

[8]Tao F, Wang Z J, Yao L Z, et al.[J].Crystal Growth & Design, 2007, 7（5）:854-858

[9]Zhu G X, LI Y D, Lian H Z, et al.[J].Chinese Chemical Letters, 2010, 21（05）:624-627

图 3-33 要输入到文本框中的内容

步骤3：将插入点置于第一个文本框中，单击"绘图工具 格式"功能区"文本"组中的"创建链接"按钮，然后将鼠标指针指向第二个文本框，当鼠标指针变为" "形状时单击，可将第一个文本框内容链接到第二个文本框中。此时，调整第一个文本框的高度，第一个文本框中盛不下的内容会自动显示在与之链接的第二个文本框中。

步骤4：将光标置于第一个文本框中第三条参考文献的段落结束符处，按两次【Enter】键插入两行空行，在这两行空行中依次分别输入"（转第10页）""（接第一页）"，然后拖动第一个文本框的底边，调整该文本框的高度，使文本框中显示的内容如图3-32所示。

步骤5：取消第二个文本框的边框。

（15）运用样式提取如图 3-34 所示的目录。

图 3-34 目录效果

【答案】操作步骤如下。

步骤 1：新建文档，在第一页后插入分页符，在第二页中输入如图 3-34 所示的章、节、小节标题。

步骤 2：单击"开始"功能区中"样式"组右下角的按钮，弹出"样式"面板。

步骤 3：单击"样式"面板左下角的"新建样式"按钮，在弹出的对话框中创建新的章标题样式，如图 3-35 所示，然后依次创建节标题样式、小节标题样式。

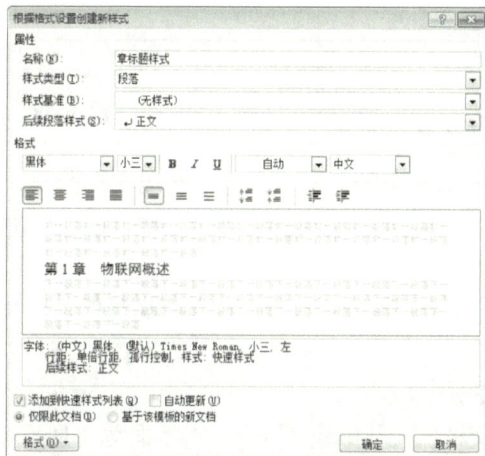

图 3-35 创建章标题样式

步骤 4：将插入点置于各级标题，分别单击"样式"面板中创建的"章标题样式""节标题样式""小节标题样式"，为各级标题应用相应的样式。

步骤 5：将插入点置于第一页，输入"目录"两字，设置好格式，并按回车键另起一段。

步骤 6：单击"引用"功能区中"目录"组中的"目录"按钮，在弹出的下拉列表中选择"插入目录"命令，在弹出的"目录"对话框中单击"选项"按钮，在弹出的"目录选项"对话框中将"章标题样式""节标题样式""小节标题样式"的目录级别分别修改为1、2、3，并清除其他样式的目录级别，如图3-36所示。

步骤7 依次单击对话框中的"确定"按钮，即可生成如图3-34所示的目录。

提示：运用样式提取目录的一个优势在于，如果提取目录的各级标题有变化，或者其所在页码有变化，可直接更新目录域，而无须手工修改目录。

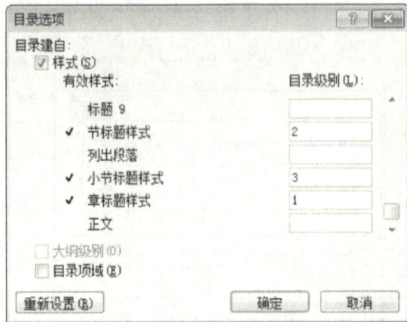

图3-36 设置基于样式的目录级别

(16)插入如图3-37所示的题注。

【答案】操作步骤如下。

步骤1：将插入点置于要插入题注的位置，单击"引用"功能区中"题注"组中的"插入题注"按钮，弹出"题注"对话框。

步骤2：单击"题注"对话框中的"新建标签"按钮，弹出"新建标签"对话框，在"新建标签"对话框的"标签"文本框中输入所需的标签名，在此我们输入"图3-"，如图3-38所示，单击"确定"按钮返回"题注"对话框。

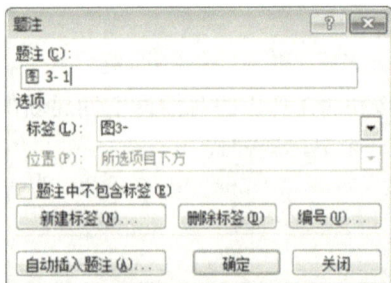

图3-37 题注效果

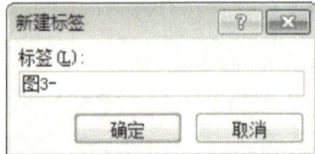

图3-38 "新建标签"对话框

步骤3：单击"题注"对话框中的"确定"按钮，在插入点处插入题注自动编号"图3-1"，此时输入题注中的其他内容将题注补充完整，然后设置题注的格式(如题注所在的段落居中对齐、字体加粗等)即可。

(17)新建一个文档，在文档中输入文字"本文档是受保护的文档"，并进行相关设置对文档进行保护

【答案】操作步骤如下。

步骤1：新建Word文档，在其中输入一行文字"本文档是受保护的文档"。

步骤2：在"文件"选项卡中单击"信息"项下的"保护文档"按钮，弹出如图3-39所示的下拉列表。

步骤3：在该下拉列表中选择"标记为最终状态"命令，设置并保存文档后，返回文档编辑界面，将看到状态栏上的"标记为最终状态"图标，以及如图3-40所示的提示信息。若需要编辑文档，可单击"仍然编辑"按钮取消保护状态。

步骤4：若选择"用密码进行加密"命令，以后要打开此文档，必须输入正确的密码。若要取消其打开密码，可重复设置一次密码为空即可。

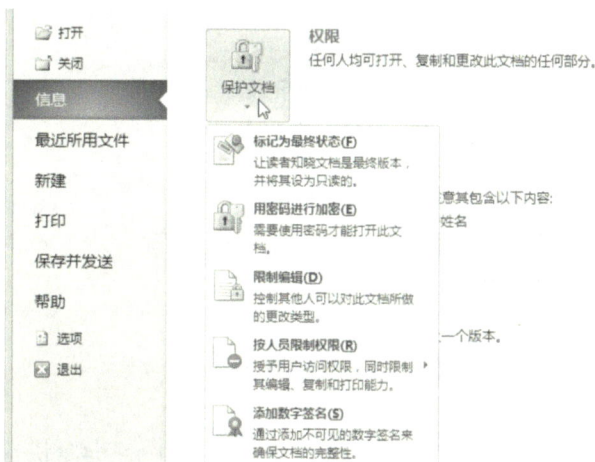

图 3-39　多种保护文档的方法

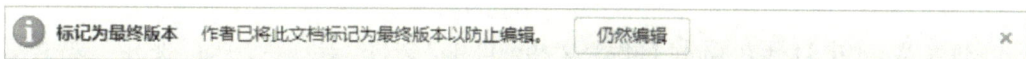

图 3-40　标记为最终版本的提示

步骤 5：若选择"限制编辑"命令，弹出"限制格式和编辑"面板，如图 3-41 所示。可限制用户的编辑类型为修订、批注、填写窗体；可针对特定用户设置可编辑的权限；若选择"启动强制保护"，所选区域会添加灰色底纹，用户只能在所选区域内进行编辑，其他区域不可编辑。

步骤 6：若选择"添加数字签名"命令，可以采用第三方数字签名添加文档的数字标识，也可以创建自己的数字标识，在如图 3-42 所示的对话框中输入自建的数字标识信息，数字标识随文档一起保存，若文档被篡改，数字签名将失效，以此来判断文档是否被篡改过。添加了数字签名的文档，其状态栏会显示此文档包含签名的图标。

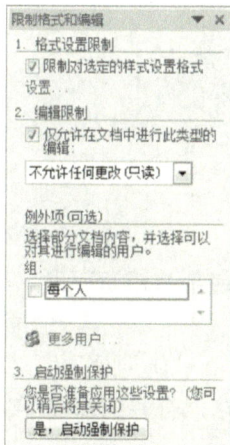

图 3-41　设置限制编辑

图 3-42　创建数字签名

阶段知识检测(一)

1. 单选题

(1)在 Word 中,以下哪些操作可以选定文本?(   )。

A. 将鼠标指针放在目标处,双击鼠标右键

B. 【Ctrl】键+左右箭头键

C. 将鼠标指针放在目标处,按住鼠标左键拖动(√)

D. 【Alt】键+左右箭头键

(2)在 Word 中,用户可以通过(   )功能区中的"目录"命令快速方便地制作文档的目录。

A. 插入   B. 页面布局

C. 邮件   D. 引用(√)

(3)在 Word 中打开并编辑了 5 个文档,单击"文件"选项卡中的"保存"按钮,则(   )。

A. 保存当前文档,当前文档仍处于编辑状态(√)

B. 保存并关闭当前文档

C. 关闭除当前文档外的其他 4 个文档

D. 保存并关闭所有打开的文档

(4)在 Word 中打开一个有 190 页的文档文件,能快速准确地定位到第 108 页的操作是(   )。

A. 利用【PageUp】键或【PageDown】键及上、下方向键,定位到第 108 页

B. 拖动直滚动条中的滚动块快速移动文档,定位到第 108 页

C. 点击垂直滚动条中的上、下按钮快速移动文档,定位到第 108 页

D. 在"开始"功能区的"编辑"组中选择"转到..."命令,在打开的对话框中输入页号"108",单击"确定"按钮(√)

(5)在 Word 中无法实现的操作是(   )。

A. 在页眉中插入分隔符

B. 在页眉中插入剪贴画(√)

C. 建立奇偶页内容不同的页眉

D. 在页眉中插入日期

(6)在编辑 Word 文档时,我们常希望在每页的顶部或底部显示页码及一些其他信息,这些信息若打印在文件每页的顶部,就称之为(   )。

A. 页眉(√)   B. 分页   C. 页脚   D. 页码

(7)在一张 Word 表格中,在对同一列中三个连续单元格做合并的前提下,再拆分此大单元格,则行数可选择的数字为(   )。

A. 以上都不对   B. 1、2 和 3

C. 2 和 3   D. 1 和 3(√)

（8）在以下功能中，属于 Word 所具有的功能的是（　　）。

A. 表格处理　　　　　　　　　　B. 绘制图形

C. 自动更正　　　　　　　　　　D. 以上三项均是（√）

（9）在用 Word 编辑文档时，在文档左侧边缘三击鼠标左键可以（　　）。

A. 选定光标处的当前单词　　　　B. 选定文档全部内容（√）

C. 选定光标处的当前段落　　　　D. 选定光标处的当前句子

（10）在 Word 中编辑文本时，编辑区显示的"网格线"在打印时（　　）出现在纸上。

A. 不会（√）　　　　　　　　　　B. 全部

C. 一部分　　　　　　　　　　　D. 大部分

（11）Word 的文档以文件形式存放于磁盘中，其文件的默认扩展名为（　　）。

A. txt　　　　　　　　　　　　　B. exe

C. docx（√）　　　　　　　　　　D. sys

（12）将 Word 文档转换成纯文本文件时，一般会使用"（　　）"命令项。

A. 新建　　　　　　　　　　　　B. 保存

C. 全部保存　　　　　　　　　　D. 另存为（√）

（13）在 Word 中，要复制选定的文档内容，可按住（　　）键，再用鼠标拖动至指定位置。

A.【Ctrl】（√）　　　　　　　　　B.【Shift】

C.【Alt】　　　　　　　　　　　D.【Insert】

（14）在 Word 中，在选定文档内容后，再单击"开始"功能区中的"复制"按钮，是将选定的内容复制到（　　）。

A. 指定位置　　　　　　　　　　B. 另一个文档中

C. 剪贴板（√）　　　　　　　　　D. 磁盘

（15）删除一个段落标记后，前、后两段将合并成一段，关于段落格式的编排，下列说法正确的是（　　）。

A. 后一段格式未定　　　　　　　B. 前一段将采用后一段的格式

C. 后一段将采用前一段的格式　　D. 没有变化（√）

（16）在 Word 编辑状态下，利用（　　）可快速直接调整文档的左右边界。

A. 格式栏　　　　　　　　　　　B. 功能区

C. 菜单　　　　　　　　　　　　D. 标尺（√）

（17）"按原文件名保存"的快捷键是（　　）。

A.【Ctrl】+【A】　　　　　　　　B.【Ctrl】+【X】

C.【Ctrl】+【C】　　　　　　　　D.【Ctrl】+【S】（√）

（18）选择纸张大小，可以在（　　）功能区中进行设置。

A. 开始　　　　　　　　　　　　B. 插入

C. 页面布局（√）　　　　　　　　D. 引用

（19）在 Word 中，可使用（　　）功能区中的"页眉和页脚"命令建立页眉和页脚。

A. 开始　　　　　　　　　　　　B. 插入（√）

C. 视图　　　　　　　　　　　　D. 文件

(20)Word 具有分栏功能,下列关于分栏的说法中正确的是(　　)。

A. 最多可以分 4 栏　　　　　　　　B. 各栏的宽度必须相同

C. 各栏的宽度可以不同(√)　　　　D. 各栏之间的间距是固定的

(21)在 Word 文档中插入图形,下列方法中(　　)是不正确的。

A. 直接利用绘图工具绘制图形

B. 选择"文件"选项卡中的"打开"命令,再选择某个图形文件名(√)

C. 选择"插入"选项卡中的"图片"命令,再选择某个图形文件名

D. 利用剪贴板将其他应用程序中的图形粘贴到所需文档中

(22)目前在打印预览状态,若要打印文件(　　)。

A. 只能在打印预览状态下打印

B. 在打印预览状态下不能打印

C. 在打印预览状态下可以直接打印(√)

D. 必须退出打印预览状态后才可以打印

(23)完成"修订"操作必须通过(　　)功能区进行。

A. 开始　　　　　B. 插入　　　　　C. 视图　　　　　D. 审阅(√)

(24)在 Word 的编辑状态下,被编辑文档中的文字大小有"四号""五号""16 磅""18 磅"四种,下列关于字号大小的比较中,正确的是(　　)。

A. "四号"大于"五号"(√)　　　　B. "四号"小于"五号"

C. "16"磅大于"18"磅　　　　　　D. 字的大小一样,字体不同

(25)在 Word 编辑状态下,能设定文档行间距命令的功能区是(　　)。

A. 开始(√)　　　　　　　　　　　B. 插入

C. 页面布局　　　　　　　　　　　D. 引用

(26)在 Word 编辑状态下,若选定文字块中包含多种字号,在"开始"功能区中"字体"组的"字号"框将显示(　　)。

A. 块首字符的字号　　　　　　　　B. 块尾字符的字号

C. 空白(√)　　　　　　　　　　　D. 块中最大的字号

(27)在利用 Word 的"查找"命令查找字符串 com 时,要使字符串 computer 不被查到,应勾选"(　　)"复选框。

A. 区分大小写　　　　　　　　　　B. 区分全/半角

C. 模式匹配　　　　　　　　　　　D. 全字匹配(√)

(28)下列有关 Word 格式刷的叙述中,(　　)是正确的。

A. 格式刷只能复制字体格式

B. 格式刷可用于复制纯文本的内容

C. 格式刷只能复制段落格式

D. 格式刷同时复制字体和段落格式(√)

(29)在 Word 文档中,如果要删除文档中一部分选定的文字的格式设置,可按(　　)组合键。

A.【Ctrl】+【Shift】+【Z】(√)　　　　B.【Ctrl】+【Shift】

C.【Ctrl】+【Alt】+【Del】　　　　　　D.【Ctrl】+【F6】

（30）在 Word 中，段落格式化的设置不包括（　　）。

A. 首行缩进　　　　　　　　　B. 字体大小(√)

C. 行间距　　　　　　　　　　D. 居中对齐

（31）在 Word 中，如果光标在表格中某行的最后一个单元格的外框线后，按【Enter】键后，（　　）。

A. 光标所在列加宽　　　　　　B. 对表格不起作用

C. 在光标所在行下方增加一行(√)　D. 光标所在行加高

（32）在 Word 中，执行"粘贴"命令后（　　）。

A. 被选定的内容移到插入点处

B. 剪贴板中的某一项内容移动到插入点

C. 被选定的内容移到剪贴板

D. 剪贴板中的某一项内容复制到插入点(√)

（33）在 Word 中，字体格式化的设置不包括（　　）。

A. 行间距(√)　　　　　　　　B. 字体的大小

C. 字体和字形　　　　　　　　D. 文字颜色

（34）在 Word 编辑状态下，按【Ctrl】+【Enter】键的作用是插入（　　）。

A. 段落标记　　　　　　　　　B. 分页符(√)

C. 格式　　　　　　　　　　　D. 工具

（35）在 Word 编辑状态下，对已经输入的文字设置首字下沉，需要使用的功能区是（　　）功能区。

A. 开始　　　　　　　　　　　B. 视图

C. 插入(√)　　　　　　　　　D. 引用

（36）在 Word 编辑状态下，要进行查找和替换，应打开的功能区是（　　）。

A. 开始(√)　　　　　　　　　B. 插入

C. 审阅　　　　　　　　　　　D. 视图

（37）Word 可自动生成参考文献书目列表，在添加参考文献的"源"主列表时，"源"不可能直接来自（　　）。

A. 网络中各知名网站　　　　　B. 网上邻居的用户共享(√)

C. 电脑中的其他文档　　　　　D. 自己录入

（38）Word 文档的编辑限制包括（　　）。

A. 格式设置限制　　　　　　　B. 编辑限制

C. 权限保护　　　　　　　　　D. 以上都是(√)

（39）Word 中的手动换行符是通过（　　）产生的。

A. 插入分页符　　　　　　　　B. 插入分节符

C. 键入 ENTER　　　　　　　D. 按【Shift】+【Enter】键(√)

（40）关于 Word 的页码设置，以下表述错误的是（　　）。

A. 页码可以被插入到页眉页脚区域

B. 页码可以被插入到左右页边距(√)

C. 如果希望首页和其他页页码不同必须设置"首页不同"

D. 可以自定义页码并添加到构建基块管理器中的页码库中

(41)关于大纲级别和内置样式的对应关系,以下说法正确的是(　　)。

A. 如果文字套用内置样式"正文",则一定在大纲视图中显示为"正文文本"

B. 如果文字在大纲视图中显示为"正文文本",则一定对应样式为"正文"

C. 如果文字的大纲级别为1级,则被套用的样式为"标题1"

D. 以上说法都不正确(√)

(42)关于导航窗格,以下表述错误的是(　　)。

A. 能够浏览文档中的标题

B. 能够浏览文档中的各个页面(√)

C. 能够浏览文档中的关键文字和词

D. 能够浏览文档中的脚注、尾注、题注等

(43)关于样式、样式库和样式集,以下表述正确的是(　　)。

A. 快速样式库中显示的是用户最为常用的样式(√)

B. 用户无法自行添加样式到快速样式库

C. 多个样式库组成了样式集

D. 样式集中的样式存储在模板中

(44)如果Word文档中有一段文字不允许别人修改,可以通过(　　)完成。

A. 格式设置限制　　　　　　　　B. 编辑限制(√)

C. 设置文件修改密码　　　　　　D. 以上都是

(45)在Word中,对先前已做过有限次编辑操作,以下说法中,(　　)是正确的。

A. 不能对已做的操作进行撤销

B. 能对已做的操作进行撤销,但不能恢复撤销后的操作

C. 能对已做的操作进行撤销,也能恢复撤销后的操作(√)

D. 不能对已做的操作进行多次撤销

(46)下列视图方式中,可以显示出页眉、页脚的是(　　)。

A. 阅读版式视图　　　　　　　　B. 大纲视图

C. Web版式视图　　　　　　　　D. 页面视图(√)

(47)在Word文档中,要输入复杂的数学公式,可执行(　　)命令。

A. "插入"功能区中的"编号"　　B. "插入"功能区中的"符号"

C. "插入"功能区中的"表格"　　D. "插入"功能区中的"公式"(√)

(48)在Word的编辑状态下,连续进行了两次"插入"操作,当单击两次"撤销"按钮后(　　)。

A. 两次插入的内容都不被撤销　　B. 将两次插入的内容全部撤销(√)

C. 将第1次插入的内容撤销　　　D. 将第2次插入的内容撤销

(49)在Word的(　　)视图方式下,可以显示分页效果。

A. 阅读版式　　　　　　　　　　B. 大纲

C. 页面(√)　　　　　　　　　　D. Web版式

(50)下面有关Word表格功能的说法中,不正确的是(　　)。

A. 可以通过表格工具将表格转换成文本

B. 表格的单元格中可以插入表格

C. 表格中可以插入图片

D. 不能设置表格的边框线（√）

(51) 在 Word 中，可以通过（　　）功能区中的"翻译"命令将文档内容翻译成其他语言。

A. 开始   B. 页面布局

C. 引用   D. 审阅（√）

(52) 给每位家长发送一份《期末成绩通知单》，用（　　）命令最简便。

A. 复制   B. 信封

C. 标签   D. 邮件合并（√）

(53) 在 Word 中，可以通过"（　　）"功能区对所选内容添加批注。

A. 插入   B. 页面布局

C. 引用   D. 审阅（√）

(54) Word 给选定的段落、单元格、图文框添加的背景称为（　　）。

A. 图文框   B. 底纹（√）

C. 表格   D. 边框

(55) 在 Word 中，如果要在文档中加入 1 幅图片，可单击（　　）功能区中"插图"组中的"图片"按钮。

A. 编辑   B. 视图

C. 插入（√）   D. 工具

(56) 在 Word 中，如果要在文档中插入符号，可单击"插入"选项卡中的（　　）按钮。

A. 表格   B. 插图

C. 页眉和页脚   D. 符号（√）

(57) 执行（　　）命令，可以将 Word 表格中的某个单元格变成两个单元格。

A. 删除单元格   B. 绘制表格

C. 拆分单元格（√）   D. 合并单元格

(58) 以下操作中，不能关闭 Word 的是（　　）。

A. 双击标题栏左边的"W"按钮

B. 单击标题栏右边的"关闭"按钮

C. 选择"文件"选项卡中的"关闭"命令（√）

D. 选择文件选项卡中的"退出"命令

(59) Word 中文版应在（　　）环境下使用。

A. DOS   B. WPS

C. UCDOS   D. Windows（√）

(60) Word 中（　　）视图模式的显示效果与打印预览基本相同。

A. 普通   B. 大纲

C. 页面（√）   D. 主控文档

(61) 打开 Word 文档一般是指（　　）。

A. 把文档的内容从磁盘调入内存，并显示出来（√）

B. 把文档的内容从内存中读入,并显示出来

C. 显示并打印出指定文档的内容

D. 为指定文件开设一个新的空的文档窗口

(62)将 Word 文档的连续两段合并成一段,可使用( )键。

A.【Ctrl】
B.【Delete】(√)

C.【Enter】
D.【Esc】

(63)将文档中的一部分文本移动到别处,先要进行的操作是( )。

A. 粘贴
B. 复制

C. 选择(√)
D. 剪切

(64)在 Word 表格计算中,公式"=SUM(A1,C4)"的含义是( )。

A. 1 行 1 列至 3 行 4 列 12 个单元格相加

B. 1 行 1 列至 1 行 4 列相加

C. 1 行 1 列与 3 行 4 列相加

D. 1 行 1 列与 4 行 3 列相加(√)

(65)在 Word 的编辑状态下打开了"w1.docx"文档,若要将经过编辑后的文档以"w2.docx"为名存盘,应当执行"文件"选项卡中的( )命令。

A. 保存
B. 另存为 HTML

C. 另存为(√)
D. 版本

(66)如果要将某个新建样式应用到文档中,以下哪种方法无法完成样式的应用( )。

A. 使用快速样式库或"样式"任务窗格直接应用

B. 使用查找与替换功能替换样式(√)

C. 使用格式刷复制样式

D. 使用【Ctrl】+【W】快捷键重复应用样式

(67)若文档被分为多个节,并在"页面设置"对话框的"版式"选项卡中将页眉和页脚设置为奇偶页不同,则以下关于页眉和页脚的说法正确的是( )。

A. 文档中所有奇偶页的页眉必然都不相同

B. 文档中所有奇偶页的页眉可以都不相同

C. 每个节中奇数页页眉和偶数页页眉必然不相同

D. 每个节的奇数页页眉和偶数页页眉可以不相同(√)

(68)通过设置内置标题样式,以下哪个功能无法实现( )。

A. 自动生成题注编号
B. 自动生成脚注编号

C. 自动显示文档结构(√)
D. 自动生成目录

(69)以下( )是可被包含在文档模板中的元素。

①样式　②快捷键　③页面设置信息　④宏方案项　⑤工具栏

A.①②④⑤
B.①②③④

C.①③④⑤
D.①②③④⑤(√)

(70)以下哪一个功能区不是 Word 的标准功能区( )。

A. 审阅
B. 图表工具(√)

C. 开发工具 D. 加载项

(71)在 Word 新建段落样式时，可以设置字体、段落、编号等多项样式属性，以下不属于样式属性的是( )。

A. 制表位 B. 语言

C. 文本框(√) D. 快捷键

(72)在 Word 中建立索引，首先通过"标记索引项"功能在被索引内容旁插入域代码形式的索引项，随后再根据索引项所在的页码生成索引。与索引类似，以下哪种目录，不是通过标记引用项所在位置生成目录( )。

A. 目录 B. 书目(√)

C. 图表目录 D. 引文目录

(73)在书籍、杂志的排版中，为了将页边距根据页面的内侧、外侧进行设置，可将页面设置为( )。

A. 对称页边距(√) B. 拼页

C. 书籍折页 D. 反向书籍折页

(74)在同一个页面中，如果希望页面上半部分为一栏，后半部分为两栏，应插入的分隔符号为( )。

A. 分页符 B. 分栏符

C. 分节符(连续)(√) D. 分节符(奇数页)

(75)Office 提供的对文件的保护包括( )。

A. 防打开 B. 防修改

C. 防丢失 D. 以上都是(√)

(76)防止文件丢失的方法有( )。

A. 自动备份 B. 自动保存

C. 另存一份 D. 以上都是(√)

(77)关于模板，以下表述正确的是( )。

A. 新建的空白文档基于 normal. dotx 模板(√)

B. 构建基块各个库存放在 Built-In Building Blocks 模板中

C. 可以使用微博模板将文档发送到微博中。

D. 工作组模板可以用于存放某个工作小组的用户模板

(78)宏可以实现的功能不包括( )。

A. 自动执行一串操作或重复操作 B. 自动执行杀毒操作(√)

C. 创建定制的命令 D. 创建自定义的按钮和插件

(79)下列对象中，不可以设置链接的是( )。

A. 文本上 B. 背景上(√)

C. 图形上 D. 剪贴画上

(80)在 Word 中，若需为当前正在编辑的文档设置保护措施，可通过执行"( )"选项卡中的"信息"→"保护文档"命令实现。

A. 文件(√) B. 审阅 C. 插入 D. 页面布局

(81)在 Word 的编辑状态下，进行字体设置操作后，按新设置的字体显示的文字是

( )。

A. 插入点所在段落中的文字　　　B. 文档中被选择的文字(√)

C. 插入点所在行中的文字　　　　D. 文档的全部文字

(82)关于 Word 中的多文档窗口操作,以下叙述中错误的是( )。

A. Word 的文档窗口可以拆分为两个文档窗口

B. 多个文档编辑工作结束后,不能一个一个地存盘或关闭文档窗口(√)

C. Word 允许同时打开多个文档进行编辑,每个文档有一个文档窗口

D. 多文档窗口间的内容可以进行剪切、粘贴和复制等操作

(83)在 Word 环境中,不用打开文件对话框就能直接打开最近使用过的文档的方法是( )。

A. 选择"文件"→"打开"命令

B. 选择"文件"→"最近所用文件"命令(√)

C. 使用快捷键

D. 选项"视图"→"切换窗口"命令

(84)下列四项关于 Word 功能的描述中,不正确的一项是( )。

A. 要将表格内容转换成文本内容,可使用"表格工具 布局"选项卡中的"转换为文本"命令

B. 要添加水印效果,可使用"页面布局"功能区中的"水印"命令

C. 要转换简体/繁体汉字,可使用"审阅"功能区"中文简繁转换"组

D. 设置行间距,可使用"开始"功能区中的"字体"组(√)

(85)在 Word 的编辑状态下,要在文档中添加符号"①""【""◎"等,应该使用( )选项卡。

A. 文件　　　　　B. 引用　　　　　C. 开始　　　　　D. 插入(√)

(86)将光标移动至行末的快捷键是( )。

A.【Home】　　　　　　　　　　B.【PgUp】

C.【PgDn】　　　　　　　　　　D.【End】(√)

(87)文字处理软件的基本功能之一是( )。

A. 对文字字符进行编辑(√)

B. 识别手写出来的文字,把它们转换成文本文件

C. 识别印刷出来的文字,把它们转换成文本文件

D. 根据用户的语音产生相应的文字字符

(88)在 Word 中,如果在输入的文字或标点下面出现红色波浪线,表示( ),可用"审阅"选项卡中的"拼写和语法"来检查。

A. 拼写和语法错误(√)　　　　　B. 句法错误

C. 系统错误　　　　　　　　　　D. 其他错误

(89)在 Word 中,可以通过( )功能区对不同版本的文档进行比较和合并。

A. 页面布局　　　　　　　　　　B. 引用

C. 审阅(√)　　　　　　　　　　D. 视图

(90)在 Word 中,要将整个文档中的某个英文单词全部改为大写字母拼写,其他英语

单词保持不变，最高效的操作是(　　)。

A.执行"编辑"组的"替换"命令，在其对话框中进行相应的设置(√)

B.利用"开始"功能区，在字体对话框中进行相应的设置。

C.在"开始"功能区→"字体"组→"更改大小写"按钮列表中设置。

D."文件"选项卡→Word选项中设置

(91)在Word中，对于一段分散对齐的文字，若只选其中的几个字符，然后用鼠标左键单击右对齐按钮，则(　　)。

A.整个文档变成右对齐格式

B.整个段落变成右对齐格式(√)

C.整个行变成右对齐格式

D.仅选中的文字变成右对齐格式

(92)在Word中，新建1个Word文档，文档第1行的内容是"信息技术(IT)"。若保存时采用默认文件名，则该文档的文件名是(　　)。

A.doc1.docx   B.文档1.docx

C.信息技术.docx(√)   D.信息技术(IT).docx

(93)在Word中，不选择文本直接进行分栏操作，显示分栏效果的是(　　)。

A.文档中的全部段落(√)   B.插入点所在的行

C.插入点所在的段落   D.无分栏效果

2.多选题

(1)在Word中，文档的视图方式包括(　　)。

A.页面视图(√)   B.阅读版式视图(√)

C.Web版式视图(√)   D.大纲视图(√)

(2)在Word中，插入图片后，可以通过出现的"图片工具"功能区对图片进行(　　)操作来对图片进行美化设置。

A.删除背景(√)   B.艺术效果(√)

C.图片样式(√)   D.裁剪(√)

(3)在Word的标尺栏上可以实现的功能包括(　　)。

A.设置制表位(√)   B.改变段落的缩进(√)

C.改变左右页边框(√)   D.改变表格列宽(√)

(4)下列叙述中正确的有(　　)。

A.在汉字系统中，我国国标汉字一律是按拼音顺序排列的

B.Word编辑状态下，要把两个相邻的段落文字合并为一段，应进行的操作是将插入点移到前一段的段尾，按【Delete】键(√)

C.在Word中，一次只能定义唯一一个连续的文本块

D.在用Word编辑文本时，若要删除文本区中某段文本的内容，可先选取该段文本，再按【Delete】键(√)

(5)在Word中，使用"审阅"功能区中的"翻译"命令可以进行(　　)操作。

A.翻译文档(√)   B.翻译所选文字(√)

C.翻译屏幕提示(√)   D.翻译批注

(6)在 Word 中插入艺术字后,通过"绘图工具"功能区可以进行(　　)操作。

A. 删除背景　　　　　　　　　　B. 艺术字样式(√)

C. 文本(√)　　　　　　　　　　D. 排列(√)

(7)在 Word 文档中,可以插入(　　)。

A. 图片(√)　　　　　　　　　　B. 剪贴画(√)

C. 形状(√)　　　　　　　　　　D. 屏幕截图(√)

(8)在 Word 中,对于选定的文字能进行设置的有(　　)。

A. 加删除线(√)　　　　　　　　B. 加下画线(√)

C. 加着重号(√)　　　　　　　　D. 字符间距(√)

(9)在 Word 中,插入表格后,通过出现的"表格工具 设计""表格工具 布局"功能区可以进行(　　)操作。

A. 设置表格样式(√)　　　　　　B. 设置边框和底纹(√)

C. 删除和插入行、列(√)　　　　D. 设置表格内容的对齐方式(√)

(10)在"开始"功能区的"字体"组中可以对文本进行(　　)操作设置。

A. 字体(√)　　　　　　　　　　B. 字号(√)

C. 清除格式(√)　　　　　　　　D. 样式

(11)下列关于 Word 页眉和页脚的叙述,正确的是(　　)。

A. 不能同时编辑页眉、页脚与正文中的内容(√)

B. 页眉和页脚中不能插入"自动图文集"

C. 可以使偶数页与奇数页具有不同的页眉和页脚(√)

D. 用户设定的页眉和页脚只有在页面视图或打印预览中才能看到(√)

(12)在 Word 中能将文档保存成扩展名为(　　)的文件。

A. docx(√)　　　　B. txt(√)　　　　C. dot(√)　　　　D. wps(√)

(13)在 Word 中,下面关于页眉、页脚的几种说法,正确的是(　　)。

A. 页眉和页脚是打印在文档每页顶部和底部的描述性内容(√)

B. 页眉和页脚的内容是专门设置的(√)

C. 页眉和页脚可以是页码、日期、简单的文字、文档的总题目等(√)

D. 页眉和页脚不能是图片

3. 判断题

(1)Word 在文字段落样式的基础上新增了图片样式,可自定义图片样式并添加到图片样式库中。(　　)

(2)Word 不但提供了对文档的编辑保护,还可以设置对节分隔的区域内容进行编辑限制和保护。(　　)

(3)按 1 次【Tab】键就右移 1 个制表位,按 1 次【Delete】键左移 1 个制表位。(　　)

(4)插入 1 个分栏符能够将页面分为两栏。(√)

(5)打印时,在 Word 中插入的批注将与文档内容一起被打印出来,无法隐藏。(　　)

(6)分页符、分节符等编辑标记只能在草稿视图中查看。(　　)

(7)拒绝修订的功能等同于撤销操作。(　　)

（8）Word 为用户提供了许多中文、英文模板，一般存放于 Office 系统的 template 文件夹中，模板文件的扩展名为. dotx。（√）

（9）在 Word 中，不但能插入封面、脚注，而且可以制作文档目录。（√）

（10）在 Word 中，"文档视图"方式和"显示比例"除可在"视图"等功能区中设置外，还可以在状态栏右下角进行快速设置。（√）

（11）在 Word 中，通过"屏幕截图"功能，不但可以插入未最小化到任务栏的可视化窗口图片，还可以通过屏幕剪辑插入屏幕任何部分的图片。（√）

（12）在审阅时，对于文档中的所有修订标记只能全部接受或全部拒绝。（　　）

（13）宏是一段程序代码，可以用任何一种高级语言编写宏代码。（　　）

（14）如果文本从其他应用程序引入后，由于颜色对比的原因难以阅读，最好改变背景的颜色。（　　）

（15）通过打印设置中的"打印标记"选项，可以设置文档中的修订标记是否被打印出来。（√）

（16）图片被裁剪后，被裁剪的部分仍作为图片文件的一部分被保存在文档中。（√）

（17）在 Office 的所有组件中，用来编辑宏代码的"开发工具"选项卡并不在功能区，需要特别设置。（√）

（18）在保存 Word 文件时，可以设置打开或修改文件的密码。（√）

（19）在页面设置过程中，若下边距为 2 cm，页脚区为 0.5 cm，则版心底部距离页面底部的实际距离为 2.5 cm。（　　）

（20）在页面设置过程中，若左边距为 3 cm，装订线为 0.5 cm，则版心左边距离页面左边沿的实际距离为 3.5 cm。（√）

（21）在"最近使用的文档"中，可以把常用文档进行固定而不被后续文档替换。（√）

（22）在 Word 中可以插入表格，而且可以对表格进行绘制、擦除、合并和拆分单元格、插入和删除行、列等操作。（√）

（23）在 Word 中，只要插入的表格选取了一种表格样式，就不能更改表格样式和进行表格的修改。（　　）

（24）在 Word 中，不但可以给文本选取各种样式，而且可以更改样式。（√）

（25）在 Word 中，提供了单倍、多倍、固定值、最小值行距等行间距选择。（√）

（26）在 Word 中，可以插入页眉和页脚，但不能在页眉、页脚中插入日期和时间。（　　）

（27）在 Word 中，能打开 ∗. dos 扩展名格式的文档，并可以进行格式转换和保存。（　　）

（28）在 Word 中，通过"文件"选项卡中的"打印"选项同样可以进行文档的页面设置。（√）

（29）在 Word 中，插入的艺术字只能选择文本的外观样式，不能进行艺术字颜色、效果等其他设置。（　　）

（30）在 Word 中，不但能插入内置公式，而且可以插入新公式并可通过"公式工具"功能区进行公式编辑。（√）

（31）双击页面左侧的选择区，可选定鼠标指针指向的一段内容。（√）

(32)三击页面左侧的选择区,可选定全文。(√)

(33)在 Word 中,表格底纹设置只能设置整个表格底纹,不能对单个单元格进行底纹设置。( )

(34)"自定义功能区"和"自定义快速工具栏"中其他工具的添加,可以通过"文件"→"选项"→"Word 选项"进行添加设置。(√)

(35)dotx 格式为启用宏的模板格式,而 dotm 格式无法启用宏。( )

(36)Word 的"屏幕截图"功能可以将任何最小化后收藏到任务栏的程序的屏幕视图插入到文档中。(√)

(37)可以通过插入域代码的方法在文档中插入页码,具体方法为:先输入花括号"{",再输入"page",最后输入花括号"}"即可。选中域代码后按下【Shift】+【F9】,即可显示为当前页的页码。( )

(38)如果删除了某个分节符,其前面的文字将合并到后面的节中,并且采用后面的格式设置。( )

(39)如果要在更新域时保留原格式,只要将域代码中" \ * MERGEFORMAT"删除即可。(√)

(40)如需对某个样式进行修改,可单击"插入"功能区中的"更改样式"按钮。( )

(41)如需使用导航窗格对文档进行标题导航,必须预先为标题文字设定大纲级别。(√)

(42)数字签名必须以字母、数字或者汉字开头,不能有空格,可以用下划线字符来分隔文字。( )

(43)位于每节或者文档结尾,用于对文档某些特定字符、专有名词或术语进行注解的注释,就是脚注。( )

(44)文档右侧的批注框只用于显示批注。(√)

(45)样式的优先级可以在新建样式时自行设置。(√)

(46)域就像一段程序代码,文档中显示的内容是域代码运行的结果。(√)

(47)在"根据格式设置创建新样式"对话框中可以新建表格样式,但表格样式在"样式"任务窗格中不显示。(√)

4.填空题

(1)在 Word 中,要将整篇文档的内容全部选中,可以使用的快捷键是_____。

(2)在"插入"功能区的"符号"组中,可以插入_____、符号和编号等。

(3)在 Word 中,想对文档进行字数统计,可以通过_____功能区来实现。

(4)在 Word 中,给图片或图像插入题注可以通过_____功能区中的命令来实现。

(5)在 Word 中,选定文本后,会显示出_____,可以对字体进行快速设置。

(6)在 Word 的邮件合并中,除需要主文档外,还需要已制作好的_____支持。

(7)在 Word 中插入了表格后,会出现_____选项卡,对表格进行设计和布局的操作。

(8)在 Word 中,进行各种文本、图形、公式、批注等查找可以通过_____来实现。

(9)按_____组合键,即可将 Word 的功能区显示/隐藏起来。

(10)在 Word 中,若只需复制文本的内容,不复制文本的格式,则需要选择"开始"功能区中的_____命令。

（11）在 Word 中，给文字加下画线，应先选定这部分文字，然后单击"开始"功能区"字体"组中的_____按钮。

（12）在 Word 中，若仅将文本中各处出现的"计算机"全部改成斜体"计算机"，则最简单的方法是使用_____操作。

（13）在 Word 中，不缩进段落的第 1 行，而缩进其余的行，是指_____。

（14）在 Word 中，最接近打印机输出结果的视图称为_____。

（15）Word 有 5 种文字对齐方式，它们是左对齐、右对齐、居中、分散对齐和_____。

【参考答案】

填空题

（1）【Ctrl】+【A】　（2）公式　（3）审阅　（4）引用　（5）浮动工具栏　（6）数据源
（7）表格工具　（8）导航　（9）【Ctrl】+【F1】　（10）选择性粘贴　（11）下划线
（12）查找替换　（13）悬挂缩进　（14）页面视图　（15）两端对齐

5. 操作题

（1）按要求制作如图 3-43 所示的文档，并将其保存为 Word1.docx。

①新建文档，录入如图 3-44 所示的文字，将文字转换成繁体字，四号，宋体，并竖排版。

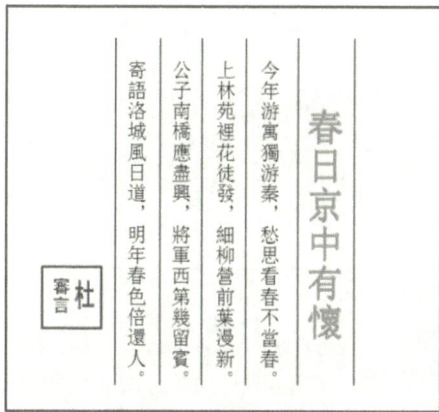

图 3-43　文档版式效果

图 3-44　要输入的文字

②为文字添加竖排的文本框，将文本框中的文字水平居中对齐，设置文本框的填充底纹为"羊皮纸"，边框线宽为 1.5 磅，边框颜色为深红色。将文字的标题设置为艺术字样式：一号宋体字，文字颜色为蓝色，阴影效果（阴影为外部阴影，阴影向右偏移，阴影颜色为深红色）。

③文字间用宽度为 1 磅的深红色竖线分割。

④为作者杜审言制作如图 3-43 所示的印章。

提示：印章可使用竖排的文本框制作，细长的"杜"字可通过字体的"缩放"功能实现。

（2）制作如图 3-45 所示的课程表。

课程\星期　　午别及节次		星期一	星期二	星期三	星期四	星期五
上午	1-2	语文	数学	英语	物理	化学
	3-4	政治	生物	历史	地理	美术
下午	5-6	体育	音乐	信息技术	语文	数学
	7-8	英语	物理	化学	政治	生物
晚上	9-10	历史	地理	美术	体育	音乐

图 3-45　课程表

（3）制作如图 3-46 所示的表格。

姓名	张三	性别	女	民族	满族	
政治面貌	中共党员	籍贯	辽宁盘锦	出生日期	1998.4.10	照片
学历	研究生	学位	博士	Email	sgwe@163.com	
毕业院校	清华大学材料科学与工程学院			专业	材料科学与工程	
通信地址	清华大学材料学院逸夫技术科学楼 305 室（100086）					
自我评价	低调做人，高调做事，求实创新，勇于攀登					
受过的奖励	荣获 2018 年清华大学"三好学生"称号 荣获教育部科技创新人才称号 2024 年被评为优秀博士					
个人简历	2004.9—2010.7 在北京师范大学附小读小学并毕业 2010.9—2013.7 在北京师范大学附中读初中并毕业 2013.9—2016.7 在北京师范大学附中读高中并毕业 2016.9—2020.7 在清华大学材料学院读本科并毕业 2020.9—2023.7 在清华大学材料学院读研究生（硕士）并毕业 2023.9—2024.7 在清华大学材料学院读研究生（博士）并毕业					
求职意向	外资企业或大型国企做研发 高校做教师 政府机关做公务员 研究机构做科研					

图 3-46　简历表

(4)制作类似书籍封面的 Word 页面(如图 3-47 所示,背景图可自选)。

图 3-47　书籍封面

任务二　电子表格软件

本任务涉及的知识点及考点:电子表格软件的基本概念和基本功能,包括工作簿和工作表的创建、打开、隐藏、保存和关闭;数据输入和编辑,工作表和单元格的选定、插入与删除、复制与移动,工作表的重命名和工作表窗口的拆分和冻结等功能;数据输入的技巧,如快速输入特殊数据、使用自定义序列填充单元格、快速填充和导入数据;工作表的格式化,包括设置单元格格式、设置列宽和行高、设置条件格式、使用样式、自动套用格式等功能;单元格绝对地址、相对地址和混合地址的概念,单元格的正确引用;工作表中公式的输入和复制,常用函数的使用,如 ABS、SUM、SUMIF、AVERAGE、COUNT、COUNTIF、VLOOKUP、IF、MAX、MIN、RANK、YEAR、MONTH、DAY、MID、LEFT、RIGHT、MOD 等;图表的分类,图表的建立、编辑和美化;数据清单的概念,数据清单的建立,数据清单内容的排序、筛选、分类汇总;工作表共享、保护和打印功能。

一、重点知识精讲

1. 在 Excel 中输入和编辑工作簿数据

(1)输入数据。

①输入文本。单击目标单元格,使之成为当前单元格,此时,名称框中出现了当前单

元格的地址,然后输入文本。文本在单元格中默认为左对齐。

提示:若输入的内容为汉字或字符,或者为数字、字符、汉字的任何组合时,默认按文本数据格式存储;若文本数据出现在公式中,则文本数据须用英文的双引号括起来;若输入的是邮政编码、电话号码、身份证号等无须计算的数字串,只要在数字串前加上英文单引号,Excel 就会将其按文本处理。

②输入数值。输入数值时,数值默认用常规表示法表示,当数值长度超过单元格宽度时自动转换为用科学计数法表示。数值在单元格中默认为右对齐。

③输入日期和时间。若输入的数据符合日期或时间的格式,则 Excel 将以日期或时间格式存储数据。

提示:PM 或 P 表示下午,AM 或 A 表示上午。若单元格首次输入的是日期,则该单元格就格式化为日期格式,以后再输入数值仍然换算成日期。

④输入逻辑值。逻辑值数据有两个:TRUE(真)和 FALSE(假)。可以在单元格中输入逻辑值,也可以通过公式运算结果得到逻辑值。逻辑值在单元格中默认为居中对齐。

⑤检查数据的有效性。在 Excel 中,可以使用称为"数据有效性"的特性来控制单元格可接受输入数据的类型和范围。

(2)清除单元格数据。

若只清除单元格中的数据内容,则只要单击该单元格,使之成为当前单元格,然后按【Delete】键即可。

若要进行其他清除操作,可选定要清除的单元格区域,在"开始"功能区的"编辑"组中单击"清除"按钮,弹出包含"全部清除""清除格式""清除内容""清除批注""清除超链接"和"删除超链接"6 个选项的下拉列表,在该下拉列表中选择要进行的清除操作即可。

提示:使用【Delete】键清除单元格内容,只是把数据从单元格中删除,其他属性如格式等仍然保留在单元格中。

(3)移动或复制单元格内容。

①鼠标拖动法。选定要移动数据的单元格区域,将鼠标指针移动到所选区域的边线上,当指针呈"✛"形状时按下鼠标左键并拖动,到目标位置释放鼠标即可。若在拖动的过程中按住【Ctrl】键,则复制数据。

②剪贴法。选定要移动(复制)数据的单元格区域,在"开始"功能区的"剪贴板"组中单击"剪切"("复制")按钮,选定目标位置,然后在"开始"功能区的"剪贴板"组中单击"粘贴"按钮,即可移动(复制)数据。

2. Excel 工作簿和工作表的保护和隐藏

对于工作簿或其重要的工作表,为了数据的安全,可以对其进行保护和隐藏操作。

(1)保护工作簿。

工作簿的保护包括两个方面:一是保护工作簿,防止他人非法访问;二是禁止他人对工作簿或工作簿中工作表的非法操作。

①限制打开工作簿。要限制打开工作簿可进行如下操作。

步骤 1:打开工作簿,在"文件"选项卡中选择"另存为"命令,弹出"另存为"对话框。

步骤 2:单击"另存为"对话框中的"工具"按钮,在弹出的下拉列表中选择"常规选项"

选项，弹出"常规选项"对话框。

步骤3：在"常规选项"对话框中的"打开权限密码"文本框中输入密码，单击"确定"按钮，系统要求用户再次输入密码，以便确认。

步骤4：再次输入密码后，单击"确定"按钮，退回到"另存为"对话框，再单击"保存"按钮即可。

②限制修改工作簿。

在"常规选项"对话框的"修改权限密码"文本框中输入密码。再次打开工作簿时，将出现"密码"对话框，输入正确的修改权限密码后，才能对该工作簿进行修改操作。

③修改或取消密码。

打开"常规选项"对话框，如果要更改密码，则在"打开权限密码"文本框和"修改权限密码"文本框中键入新密码并单击"确定"按钮即可；如果要取消密码，则在"打开权限密码"文本框和"修改权限密码"文本框中按【Delete】键删除密码，然后单击"确定"按钮即可。

④对工作簿、工作表和窗口的保护。

如果不允许对工作簿中的工作表进行移动、删除、插入、隐藏、取消隐藏、重新命名等操作，或禁止对工作簿窗口进行移动、缩放、隐藏、取消隐藏等操作，可进行如下操作。

步骤1：单击"审阅"功能区中"更改"组中的"保护工作簿"按钮，弹出"保护结构和窗口"对话框。

步骤2：勾选"结构"复选框，然后单击"确定"按钮，则保护工作簿的结构，此时不能对工作簿中的工作表进行移动、删除、插入等操作。

步骤3：若要取消此种保护，再次单击"更改"组中的"保护工作簿"按钮，使该按钮处于弹起状态即可。

步骤4：如果在"保护结构和窗口"对话框中勾选"窗口"复选框，则每次打开工作簿时保持窗口的固定位置和大小，且工作簿的窗口不能被移动、缩放、隐藏、取消隐藏。

步骤5：如果在"保护结构和窗口"对话框中的"密码"文本框中键入密码，则可以防止他人取消工作簿保护。

（2）保护工作表。

除了保护整个工作簿外，也可以保护工作簿中指定的工作表，可进行如下操作。

步骤1：将要保护的工作表设置为当前工作表。

步骤2：单击"审阅"功能区中"更改"组中的"保护工作表"按钮，弹出"保护工作表"对话框。

步骤3：勾选"保护工作表及锁定的单元格内容"复选框，在"允许此工作表的所有用户进行"列表框中选择允许用户操作的选项，然后单击"确定"按钮即可。与保护工作簿一样，为防止他人取消工作表保护，可以键入密码。

（3）工作簿和工作表的隐藏。

除设置密码保护工作簿和工作表外，也可以赋予工作簿、工作表"隐藏"特性，使之可以使用，但内容不可见，从而起到一定的保护作用。

隐藏工作簿的方法为：打开要隐藏的工作簿，在"视图"功能区的"窗口"组中单击"隐藏"按钮。

若要取消工作簿的隐藏，可单击"窗口"组中的"取消隐藏"按钮，弹出"取消隐藏"对话框,在该对话框中选择要取消隐藏的工作簿,然后单击"确定"按钮即可。

若要隐藏工作簿中的工作表,可右击该工作表标签,在弹出的快捷菜单中选择"隐藏"菜单项。隐藏工作表后,屏幕上不再显示该工作表,但可以引用该工作表中的数据。若对工作簿实施了结构保护,就不能隐藏该工作簿中的工作表。

若要取消工作表的隐藏,可右击该工作表所在工作簿中的任意工作表标签,在弹出的快捷菜单中选择"取消隐藏"菜单项,弹出"取消隐藏"对话框,在该对话框中选择要取消隐藏的工作表,然后单击"确定"按钮即可。

还可以隐藏工作表的某行或某列。其方法为:选定需要隐藏的行(列),在该行(列)中单击鼠标右键,在弹出的快捷菜单中选择"隐藏"命令。隐藏的行(列)不显示,但可以引用其中单元格的数据,行或列隐藏处出现一条黑线。

取消行(列)隐藏的方法为:在名称框中输入隐藏行(列)的某单元格地址(例如,输入A1表示选定第1行或第A列),按【Enter】键确认,然后单击"开始"功能区中"单元格"组中的"格式"按钮,在弹出的下拉列表中选择"隐藏和取消隐藏"→"取消隐藏行"("取消隐藏列")项。

3.设置单元格格式

(1)设置数字格式。

利用"设置单元格格式"对话框中的"数字"选项卡,可以改变数字(包括日期)在单元格中的显示形式(但是不改变在编辑区的显示形式)。数字格式的分类主要为:常规、数值、分数、日期、时间、货币、会计专用、百分比、科学计数、文本和自定义等。

(2)设置对齐方式和字体。

利用"设置单元格格式"对话框中的"对齐"选项卡,可以设置单元格中内容的水平对齐、垂直对齐和文本方向,还可以合并相邻单元格。

提示:单元格合并后,只选定区域左上角单元格中的内容放到合并后的单元格中。如果要取消合并单元格,则选定已合并的单元格,取消"对齐"选项卡中"合并单元格"复选框的勾选即可。

利用"设置单元格格式"对话框中的"字体"选项卡,可以设置单元格内容的字体、颜色、下画线和特殊效果等。

(3)设置单元格边框。

在"设置单元格格式"对话框中的"边框"选项卡中,利用"预置"设置区中的按钮可设置单元格或单元格区域有无外边框和内部边框;利用"边框"设置区中的按钮可设置单元格的上边框、下边框、左边框、右边框和斜线等;可以设置边框的线条样式和颜色。如果要取消已设置的边框,单击"预置"设置区中的"无"按钮即可。

(4)设置单元格背景。

利用"设置单元格格式"对话框中的"填充"选项卡,可以设置突出显示某些单元格或单元格区域,为这些单元格设置背景色和图案。

4.设置条件格式

通过设置条件格式,可以对含有数值、公式或其他内容的单元格应用某种条件来决定数值的显示格式。设置条件格式的方法为:选定要使用条件格式的单元格区域,在"开始"

功能区的"样式"组中单击"条件格式"按钮，在弹出的下拉列表中有"突出显示单元格规则""项目选取规则""数据条""色阶"等选项，选择某一选项即可设置相应的条件格式。

5. 自动计算

自动计算是指无须输入公式就能自动计算一组数据的求和、平均值、最大值、最小值等功能。运用自动计算既可以计算相邻的数据区域，也可以计算不相邻的数据区域。

下面以多区域自动求和的操作为例，介绍自动计算功能的用法。具体操作步骤如下。

步骤1：选定存放结果的单元格。

步骤2：在"公式"选项卡的"函数库"组中单击"自动求和"按钮，此时，名称框中显示"SUM"。

步骤3：选定参加求和的各区域。按住【Ctrl】键，用拖动的方法选择各区域数据（选定区域会被动态的虚线框围住）。

步骤4：按【Enter】键。

6. 输入公式

（1）公式的形式。

公式的格式为：=<表达式>

表达式可以是算术表达式、关系表达式和字符串表达式等，表达式中不能含有空格，公式表达式前必须有"="。

（2）运算符。

用运算符把常量、单元格地址、函数及括号等连接起来就构成了表达式。常用运算符有算术运算符、字符连接符和关系运算符3类。运算符具有优先级。

（3）公式的输入。

选定存放计算结果的单元格后，双击该单元格，然后输入公式，也可以在编辑栏中输入公式。公式中的单元格地址可以通过键盘输入，也可以通过直接单击相应单元格获得。

提示：公式计算通常需要引用单元格或单元格区域的内容，这种引用通过使用单元格地址来实现。

7. 复制公式

为了便于使用和快速计算，常常需要用到公式的复制功能。

（1）公式复制的方法。

方法1：选定含有公式的单元格，单击鼠标右键，在弹出的快捷菜单中选择"复制"命令，移动鼠标指针到目标位置，单击鼠标右键，在弹出的快捷菜单中选择"粘贴"命令，即可完成公式的复制。

方法2：选定含有公式的单元格，拖动单元格的自动填充柄，可完成相邻单元格公式的复制。

（2）单元格地址的引用。

①相对地址引用。当公式被复制或移动时，移动到新位置的公式中的地址随其位置的改变而相应改变。

②绝对地址引用。当公式被复制或移动时，移动到新位置的公式中的单元格地址保持不变。其表示形式是在相对地址的行号或列号前加"＄"，如＄D＄3(绝对地址，行列均固

定)、$B5(混合地址,列固定为 B,行为相对地址)。

③跨工作表单元格地址的引用。公式中可能用到另一工作表的单元格中的数据。例如,某工作表单元格 H3 中的公式为"=(B3+D3+E3)＊Sheet3！A3",该公式中的"Sheet3！A3"表示工作表 Sheet3 中 A3 单元格地址,这个公式表示计算当前工作表中 B3、D3 和 E3 单元格数据的和与 Sheet3 工作表中的 A3 单元格数据的乘积,结果存入当前工作表的 H3 单元格中。

跨工作表单元格地址的一般形式为"工作表名！单元格地址"。书写当前工作表的单元格地址时可以省略"工作表名！"。

8. 函数应用

(1)函数形式。

函数一般由函数名和参数组成,函数的形式为函数名([参数 1],[参数 2],…)。

函数名后紧跟括号,可以有 1 个或多个参数,参数间用逗号分隔。函数也可以没有参数,但函数名后的括号是不能省略的。参数可以是常数、单元格地址、单元格区域或函数。

(2)函数的引用。

若要在单元格中输入 1 个公式,可以采用以下方法。

方法 1:直接在单元格中输入公式,如"=MAX(A2:A8)"。

方法 2:在"公式"功能区的"函数库"组中单击"插入函数"按钮,弹出"插入函数"对话框,选择所需的函数即可。

(3)函数嵌套。

函数嵌套是指一个函数可以作为另一个函数的参数使用,如"MAX(AVERAGE(B1:B7),C3,A2,D5)"。公式中 MAX 是第一级公式,AVERAGE 是第二级公式。先执行 AVERAGE 函数,再执行 MAX 函数。注意:AVERAGE 函数作为 MAX 函数的参数,它的数值类型必须与 MAX 函数的数值类型保持一致。

(4)Excel 函数。常用的函数如下。

✎SUM(A1,A2,…):求各参数的和。A1、A2 等参数可以是数值或含有数值的单元格的引用。

✎AVERAGE(A1,A2,…):求各参数的平均值。A1、A2 等参数可以是数值或含有数值的单元格的引用。

✎MAX(A1,A2,…):求各参数中的最大值。

✎MIN(A1,A2,…):求各参数中的最小值。

✎COUNT(A1,A2,…):求各参数中数值型参数和包含数值的单元格个数。参数的类型不限。

✎ROUND(A1,A2,…):对数值项 A1 进行四舍五入。其中,A2>0 表示保留 A2 位小数;A2=0 表示保留整数;A2<0 表示从个位向左对 A1 进行四舍五入。

✎INT(A1):取不大于数值 A1 的最大整数。

✎ABS(A1):取 A1 的绝对值。

✎IF(P,T,F):其中,P 是能产生逻辑值(TRUE 或 FALSE)的表达式,T 和 F 是表达式的值。其功能是若 P 为真(TRUE),则取 T 为表达式的值;否则,取 F 为表达式的值。

9. 创建图表

建立图表有两种常用方法：一是通过图表向导建立图表；二是通过自动绘图建立图表。图表可以被插入工作表中，也可以单独占用一个工作表。

（1）用图表向导建立图表。

用图表向导建立图表的操作步骤如下。

步骤1：选定要绘图的单元格区域。

步骤2：单击"插入"功能区中"图表"组右下角的■按钮，弹出"插入图表"对话框，在该对话框中选择所需的图表类型，单击"确定"按钮。

步骤3：利用"图表工具 设计""图表工具 格式""图表工具 布局"功能区对图表属性进行设置，以确定图表标题、图例、数据表等。

（2）用自动绘图法建立图表。

数据区域的行数和列数分别称为数据区域的高和宽。通过自动绘图建立图表的操作步骤如下。

步骤1：选定要绘图的数据区域。

步骤2：按【F11】键（或按【Alt】+【F1】组合键），即可自动创建图表。

使用【F11】键创建的图表不是1个嵌入式图表，而是独占了1个工作表。由于其宽和高相等，因此这里以每行数据作为数据系列，第1行的标题就是X轴上各项的名称。

若要更改图表类型，可右击该图表，在弹出的快捷菜单中选择"更改图表类型"菜单项，在弹出的"更改图表类型"对话框中选择所需的图表类型。

10. 编辑和修改图表

图表创建完成后，如果对工作表进行了修改，图表的信息也将随之变化。

（1）修改图表类型。

如果要修改一个图表的类型，可先单击已建立好的图表区域，然后在"图表工具 设计"功能区的"类型"组中单击"更改图表类型"按钮，在弹出的"更改图表类型"对话框中修改图表类型。

（2）修改图表源数据。

①向图表中添加源数据。

单击图表绘图区，在"图表工具 设计"功能区的"数据"组中单击"选择数据"按钮，在弹出的"选择数据源"对话框中对源数据进行添加，最后单击"确定"按钮即可。

②删除图表中的数据。

若要同时删除工作表和图表中的数据，只要删除工作表中的数据，图表中的相应数据将自动删除。若只是从图表中删除数据，则在图表上单击要删除的数据，按【Delete】键即可。

11. 建立数据清单

（1）数据清单。

数据清单是指包含一组相关数据的一系列工作表数据行。数据清单由标题行和数据部分组成。数据清单中的行相当于数据库中的记录，行标题相当于记录名；数据清单中的列相当于数据库中的字段，列标题相当于字段名。

(2)建立数据清单。

可以采用建立工作表的方法在行、列中逐个输入数据来建立数据清单，也可以使用"记录单"建立和编辑数据清单。"记录单"是数据清单的一种管理工具，利用"记录单"可以方便地在数据清单中输入、修改、删除和移动数据。

12. 数据排序

(1)用"排序"菜单命令排序。

使用"排序"菜单命令进行排序的操作步骤如下。

步骤1：单击要进行排序的数据清单中的任一单元格。

步骤2：在"开始"功能区的"编辑"组中单击"排序和筛选"按钮，在弹出的下拉列表中选择"自定义排序"选项，或者在"数据"功能区的"排序和筛选"组中单击"排序"按钮，弹出"排序"对话框。

步骤3：勾选"排序"对话框中的"数据包含标题"复选框。

步骤4：在"排序"对话框的"主要关键字"下拉列表框中选择主要关键字，并在其后选择排序依据和排序顺序。

步骤5：单击"排序"对话框中的"添加条件"按钮，添加一个"次要关键字"条件，在"次要关键字"下拉列表框中选择排序次要关键字，并在其后选择排序依据和排序顺序。可根据需要添加多个次要关键字，并设置其条件。

步骤6：单击"确定"按钮。

提示：为了避免每次重复设置格式，可把工作簿的格式做成模板并保存。排序的依据字段称为关键字，若关键字不止一个，则以前一个关键字为主。第一个关键字称为"主要关键字"，而后面的关键字仅当前面的关键字无法决定排序时才起作用，故称为"次要关键字"。

(2)利用"升序"按钮和"降序"按钮排序。

使用"升序"和"降序"按钮排序的操作步骤如下。

步骤1：单击某字段名，该字段为排序关键字。

步骤2：在"开始"功能区的"编辑"组中单击"排序和筛选"按钮，在弹出的下拉列表中选择"升序"或"降序"选项，或者单击"数据"功能区中"排序和筛选"组中的"升序"或"降序"按钮，则数据表的记录即可按指定顺序排列。

(3)对某区域排序。

若需要只对数据表的部分记录进行排序，则先选定排序的区域，然后用上述方法进行排序。选定区域的记录按指定顺序排列，其他记录顺序不变。

13. 自动筛选

(1)自动筛选。

①自动筛选数据。

自动筛选数据的操作步骤如下。

步骤1：在"开始"功能区的"编辑"组中单击"排序和筛选"按钮，在弹出的下拉列表中选择"筛选"选项；或者在"数据"功能区的"排序和筛选"组中单击"筛选"按钮。此时，数据表的每个字段名旁边出现了下拉按钮，单击下拉按钮，则出现下拉列表。

步骤2：单击与筛选条件有关的字段的下拉按钮，在弹出的下拉列表中进行条件选择。

②用自定义条件筛选。

③取消筛选。

（2）高级筛选。

①构造筛选条件。

Excel的高级筛选方式主要用于多字段条件的筛选。要使用高级筛选必须先建立一个条件区域，用来编辑筛选条件。条件区域的第1行是所有作为筛选条件的字段名，这些字段名必须与数据清单中的字段名完全一样。在条件区域的其他行输入筛选条件，"与"关系的条件必须出现在同一行内，"或"关系的条件不能出现在同一行内。条件区域与数据清单区域不能连接，须用空行隔开。

②执行高级筛选。

③在指定区域显示筛选结果。

若想保留原有数据，使筛选结果在其他位置显示，可以在"高级筛选"对话框中选中"将筛选结果复制到其他位置"单选按钮，并在"复制到"列表框中指定显示结果区域的左上角单元格地址，则高级筛选的结果在指定位置显示。

14. 数据分类汇总

分类汇总是对数据内容进行分析的一种方法。分类汇总只能应用于数据清单，数据清单的第1行必须有列标题。在进行分类汇总前，必须根据分类汇总的数据类对数据清单进行排序。

（1）创建分类汇总。

在"数据"功能区的"分级显示"组中单击"分类汇总"按钮，弹出"分类汇总"对话框，利用该对话框即可创建分类汇总。

（2）删除分类汇总。

若要删除已经创建的分类汇总，在"分类汇总"对话框中单击"全部删除"按钮即可。

（3）隐藏分类汇总数据。

单击工作表左侧任务窗格中的"-"按钮，可以隐藏相应级别的数据，只显示该级别的汇总数据，且"-"按钮变成"+"按钮，单击"+"按钮，可显示相应级别的数据。

15. 数据合并

数据合并可以把来自不同源数据区域的数据进行汇总，并进行合并计算。不同数据源区域包括同一工作表中、同一工作簿的不同工作表中、不同工作簿中的数据区域。数据合并是通过建立合并表的方式来进行的。利用"数据"功能区中"数据工具"组中的"合并"按钮，即可实现数据合并。

16. 建立数据透视表

数据透视表从工作表的数据清单中提取信息，它可以对数据清单进行重新布局和分类汇总，还能立即计算出结果。在建立数据透视表时，需考虑如何汇总数据。利用"插入"功能区中"表格"组中的命令可以完成数据透视表的建立。

17. 页面设置

对于输入完整的工作表可进行页面设置，然后打印输出。在"页面布局"功能区中单击"页面设置"组右下角的"   "按钮,弹出"页面设置"对话框,利用该对话框即可实现页面设置功能。

(1)设置页面。

单击"页面设置"对话框中的"页面"标签,在"页面"选项卡内可以进行打印方向、缩放比例、纸张大小及打印质量的设置。

(2)设置页边距。

单击"页面设置"对话框中的"页边距"标签,在"页边距"选项卡中可以设置页面中正文与页面边缘的距离。

(3)设置页眉/页脚。

页眉是指打印页顶部出现的文字,页脚是指打印页底部出现的文字。通常把工作簿名称作为页眉,页码作为页脚。

单击"页面设置"对话框的"页眉/页脚"标签,在"页眉/页脚"选项卡中可以选择内置的页眉、页脚格式。

如果要自定义页眉或页脚样式,可以利用"页眉/页脚"选项卡中的"自定义页眉"或"自定义页脚"按钮来实现。

如果要删除页眉或页脚,可选定要删除页眉或页脚的工作表,在"页眉/页脚"选项卡中的"页眉"或"页脚"下拉列表框中选择"无"选项即可。

(4)设置工作表。

在"页面设置"对话框的"工作表"选项卡中可进行工作表的设置。例如,设置打印区域,为每页设置打印行或列标题,设置打印顺序等。

18. 建立超链接

超链接可以从一个工作簿或文件快速跳转到其他工作簿或文件。超链接可以建立在单元格的文本或图形上。

(1)建立超链接。

在当前工作簿中创建超链接的操作如下。

步骤1:选择要作为超链接显示的单元格或区域。

步骤2:在"插入"功能区的"链接"组中单击"超链接"按钮,弹出"插入超链接"对话框。

步骤3:在"插入超链接"对话框中选择要链接的文件、工作表或单元格。例如,选择同一工作簿中工作表Sheet3中的A4单元格为要链接的单元格,如图3-48所示。

步骤4:单击"确定"按钮,完成超链接。

(2)修改超链接。

修改超链接的方法为:选中包含要修改的超链接的单元格,然后单击"插入"功能区中"链接"组中的"超链接"按钮,弹出"编辑超链接"对话框,在该对话框中设置新的链接位置,单击"确定"按钮即可。

(3)复制或移动超链接。

复制或移动超链接的方法为:选中包含要复制(移动)的超链接的单元格,单击"开始"功能区中"剪贴板"组中的"复制"("剪切")按钮,选中目标单元格,单击"剪贴板"组中的

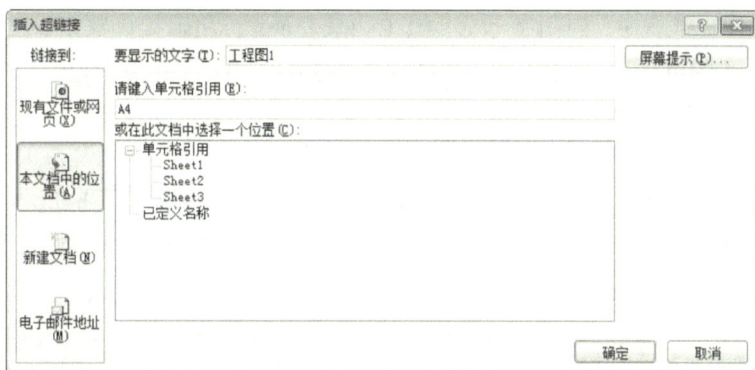

图 3-48 "插入超链接"对话框

"粘贴"按钮，即可复制(移动)该超链接至目标单元格。

(4)取消超链接。

选中要取消超链接的单元格，单击鼠标右键，在弹出的快捷菜单中选择"取消超链接"菜单项即可。

二、典型例题精解

1.单选题

(1)Excel 2016 是(　　　)。

A. 数据库管理软件　　　　　　　B. 文字处理软件

C. 电子表格软件　　　　　　　　D. 幻灯片制作软件

【答案】C

【解析】Excel 2016 是电子表格软件，主要用于处理数据。

(2)Excel 2016 所属的套装软件是(　　　)。

A. Lotus 2010　　　B. Windows 10　　　C. Word 2016　　　D. Office 2016

【答案】D

【解析】Office 2016 套装软件有许多组件，它们是 Word 2016、Excel 2016、PowerPoint 2016、Outlook 2016、Publisher 2016 等，其中前面 3 个组件就是本课程要学的内容。

(3)Excel 2016 工作簿文件的默认扩展名为(　　　)。

A. . docx　　　B. . xlsx　　　C. . pptx　　　D. . mdb

【答案】B

【解析】在 Excel 2016 中建立的文件称为工作簿文件，其扩展名为. xlsx。每个工作簿文件都由许多张工作表组成(默认有 3 张工作表，分别为 Sheet1、Sheet2、Sheet3)，数据就存放在每张工作表的单元格中。

(4)在 Excel 中，每张工作表是一个(　　　)。

A. 一维表　　　B. 二维表　　　C. 三维表　　　D. 树表

【答案】B

【解析】在该二维表中,列用字母 A、B、C…来表示,行用阿拉伯数字 1、2、3…表示。

(5)在 Excel 的电子工作表中建立的数据表,通常把每 1 行称为 1 个(   )。

A. 记录   B. 二维表   C. 属性   D. 关键字

【答案】A

【解析】通常把数据表的每一行叫作记录,把数据表的每一列叫作属性(又称为字段)。

(6)Excel 2016 主界面窗口中编辑栏上的"f_x"按钮是用来向单元格插入(   )。

A. 文字   B. 数字   C. 公式   D. 函数

【答案】D

【解析】单击编辑栏上的"f_x"按钮,将弹出"插入函数"对话框。

(7)在 Excel 中,若一个单元格的地址为 D3,则其右边紧邻的一个单元格的地址为(   )。

A. F3   B. D4   C. E3   D. D2

【答案】C

【解析】单元格的地址由列标和行号组成,且列标在前行号在后。列标用字母 A、B、C、D 等表示,行号用阿拉伯数字 1、2、3、4 等表示。因此,D3 单元格右边紧邻的单元格地址是 E3,也不难推出 D3 单元格正下方紧邻的单元格地址是 D4。

(8)启动 Excel 2016 应用程序后自动建立的工作簿文件的文件名为(   )。

A. 工作簿1   B. 工作簿文件   C. Book1   D. BookFile1

【答案】A

【解析】第一次启动 Excel 2016 应用程序会自动建立"工作簿 1. xlsx",如果没有关闭 Excel 2016 程序而再次启动该应用程序建立的就是"工作簿 2. xlsx"。

(9)在 Excel 中,完成一个数据序列的输入可以使用填充柄,其操作方法为将鼠标指针移动到活动单元格右下角,当鼠标指针变成(   )形状时,按住鼠标左键拖动完成输入。

A. 实心十字   B. 双箭头   C. 左指箭头   D. 空心十字

【答案】A

【解析】填充柄多用于复制单元格的操作,大家需要熟练掌握其使用方法。

(10)在 Excel 中,若要选择一个工作表的所有单元格,应鼠标单击(   )。

A. 表标签   B. 左下角单元格

C. 列标号与行标号相交的单元格   D. 右上角单元格

【答案】C

【解析】单击列标号与行标号相交的单元格(位于表格的左上角)即可。如果要选择某一单元格区域,只要用鼠标左键拖动所需选择的区域即可。

(11)在 Excel 中,在具有常规格式(也是默认格式)的单元格中输入数值(即数值型数据)后,其显示方式是(   )。

A. 居中   B. 左对齐   C. 右对齐   D. 随机

【答案】C

【解析】在默认格式下(即常规格式下),输入数值,其显示方式为右对齐,输入"文本"

数据,其显示方式为左对齐。

(12)在 Excel 工作表的单元格中,如想输入数字字符串 070615(学号),则应输入
(   )。

A. 00070615　　　　B. "070615"　　　　C. 070615　　　　D. '070615

【答案】D

【解析】要输入该字符串,应以 1 个英文单引号作为先导字符(即前置符),若直接输入
该字符串,其最左端的 0 会被丢弃。

(13)若在 Excel 的 1 个工作表的 D3 和 E3 单元格中输入了"八月"和"九月",则选择
这两个单元格并向右拖动填充柄,经过单元格 F3 和 G3 后松开,F3 和 G3 中显示的内容为
(   )。

A. 十月、十月　　　　　　　　　　B. 十月、十一月

C. 八月、九月　　　　　　　　　　D. 九月、九月

【答案】B

【解析】月份属于系统内部预定义的序列,所以向右拖动填充柄将以该数据序列填充
单元格。查看系统内部预定义序列的方法为:在"文件"选项卡中选择"选项"命令,在弹出
的"Excel 选项"对话框左侧的设置区中选择"高级"选项,在右侧的设置区中单击"编辑自
定义列表"按钮,然后在弹出的"自定义序列"对话框中进行查看。

(14)若在 Excel 某工作表的 F1、G1 单元格中分别填入了 3.5 和 4,则将这两个单元格
选定,然后向右拖动填充柄,在 H1 和 I1 单元格中分别填入的数据是(   )。

A. 3.5、4　　　　B. 4、4.5　　　　C. 5、5.5　　　　D. 4.5、5

【答案】D

【解析】这两个单元格一起选定,则使用填充柄时,默认以 4-3.5=0.5 为公差,用等差
序列填充单元格。

(15)当按下回车(【Enter】)键结束对一个单元格的数据输入时,下一个活动单元格在
原活动单元格的(   )。

A. 上面　　　　B. 下面　　　　C. 左面　　　　D. 右面

【答案】B

【解析】当用鼠标单击一个单元格时,该单元格就成为"活动单元格"。"活动单元格"
是有标记的,即单元格的边框加黑、加粗显示。按【回车】键,下一个活动单元格在其下
面;按【Tab】键,下一个活动单元格在其右边。

(16)在 Excel 中,只能把一个新的工作表插入到(   )。

A. 所有工作表的最后面　　　　　　B. 当前工作表的前面

C. 当前工作表的后面　　　　　　　D. A、B 选项均正确

【答案】D

【解析】一般来说,是在当前工作表的前面插入新工作表,但是在 Excel 2016 版本的标
签栏中有一个"插入工作表"按钮,通过它可以把新工作表插入到所有工作表的最后面。

(17)在 Excel 中,如果只需要删除所选区域的内容,应执行的操作是(   )。

A. "清除"→"清除批注"　　　　　　B. "清除"→"全部清除"

C. "清除"→"清除内容"　　　　　　D. "清除"→"清除格式"

【答案】C

【解析】若需要清除单元格或单元格区域中的内容,可先选中要删除内容的单元格或单元格区域,然后在"开始"功能区中单击"清除"按钮,在弹出的下拉列表中选择"清除内容"选项即可。所以,选 C。此外,也可选中要删除的单元格或单元格区域,然后直接按【Delete】键。

(18)给工作表设置背景,可以通过(　　)功能区完成。

A.开始　　　　　　　B.视图　　　　　　　C.页面布局　　　　　　D.插入

【答案】C

【解析】利用"页面布局"功能区"页面设置"组中的"背景"按钮(图 3-49),即可为工作表设置背景。

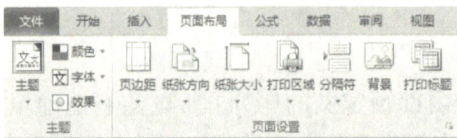

图 3-49　"页面设置"组

(19)以下关于 Excel 的缩放比例,说法正确的是(　　)。

A.最小值 10%,最大值 500%　　　　B.最小值 5%,最大值 500%

C.最小值 10%,最大值 400%　　　　D.最小值 5%,最大值 400%

【答案】C

【解析】Excel 2016 的显示比例在 10%~400%,如图 3-50 所示。

图 3-50　最小与最大缩放比例

(20)在 Excel 中,格式刷的作用是(　　)。

A.输入格式　　　　　　　　　　　B.输出格式

C.复制公式　　　　　　　　　　　D.复制格式和公式

【答案】B

【解析】使用格式刷可以将 Excel 工作表中选中区域的格式快速复制到其他区域。

(21)在 Excel 中,当用户希望使标题相对于表格居中时,可以使用(　　)。

A.居中　　　　　　　　　　　　　B.合并及居中

C.分散对齐　　　　　　　　　　　D.填充

【答案】B

【解析】合并及居中是将选择的多个单元格合并成一个较大的单元格,并将新单元格内容居中。

(22)在 Excel 中,关于"套用表格格式"的说法,不正确的是(　　)。

A."套用表格格式"是使用 Excel 预先定义好的表格格式

B. 应用某种"套用表格格式"中包含的格式

C. 一旦对选定的单元格区域应用某种"套用表格格式",将不能消除表格格式

D. 可仅仅应用某种"套用表格格式"的一部分格式

【答案】C

【解析】在 Excel 中,对选定的单元格区域应用某种"套用表格格式"后,若不满意该表格格式,可以将其删除。

(23)在 Excel 中,使用地址 $ D $ 1 引用工作表第 D 列(即第 4 列)第 1 行的单元格,这称为该单元格的(　　)。

　　A.绝对地址引用　　　　　　　　B. 相对地址引用

　　C.混合地址引用　　　　　　　　D. 三维地址引用

【答案】A

【解析】在 Excel 中,绝对地址引用是在列标和行号前都要加 1 个字符"$"。如果只在其中的一个中加"$"符号,如 $B3 或 B $ 3,则称为混合地址引用。

(24)假定单元格 D3 中保存的公式为"=B3+C3",若把它复制到 E4 中,则 E4 中保存的公式为(　　)。

　　A. =B3+C3　　　　B. =C3+D3　　　　C. =B4+C4　　　　D. =C4+D4

【答案】D

【解析】这里要用到相对地址引用的概念。从 D3 复制到 E4,行和列均变化了,即"列"改变了 1,"行"也改变了 1,由于公式中用的都是相对地址,即 B 和 C 分别变为 C 和 D,行由 3 变为 4,所以应该选 D。

(25)如果上面题目改为:假定单元格 D3 中保存的公式为"=B3+C3",若把它移动到 E4 中,则 E4 中保存的公式为(　　)。

　　A. =B3+C3　　　　B. =C3+D3　　　　C. =B4+C4　　　　D. =C4+D4

【答案】A

【解析】复制公式时,公式中单元格相对地址可能发生变化,但是移动公式时,公式中的相对地址不会改变。这就是复制与移动公式的区别,所以在此应该选 A。

(26)在 Excel 中,若把单元格 F2 中的公式"=SUM($ B $ 2: $ E $ 2)"复制并粘贴到 G3 中,则 G3 中的公式为(　　)。

　　A. =SUM($ B2: $ E2)　　　　　　B. =SUM($ B $ 2: $ E $ 2)

　　C. ==SUM($ B $ 3: $ E $ 3)　　　　D. =SUM(B $ 3: E $ 3)

【答案】B

【解析】因为是绝对地址引用,所以不论怎么复制公式都不会变。

(27)在 Excel 的工作表中,假定 C3:C8 区域内的每个单元格中都保存着 1 个数值,则函数"=COUNT(C3:C8)"的值为(　　)。

　　A.4　　　　　　B.5　　　　　　C.6　　　　　　D.8

【答案】C

【解析】假定 C3:C7 区域内保存的数据依次为 10、xxk、20、wrp 和 48,则函数"=COUNT(C3:C7)"的结果是 3,函数"=COUNTA(C3:C7)"的结果是 5,因为函数 COUNT 是求含数值型数据的单元格个数,函数 COUNTA 是求非空单元格的个数。

(28)在 Excel 中，假定 1 个单元格所存入的公式为"＝13＊2+7"，则当该单元格处于非编辑状态时显示的内容为(　　)。

A. 13＊2+7　　　　B. ＝13＊2+7　　　　C. 33　　　　D. ＝33

【答案】C

【解析】"非编辑状态"是指输入了公式后按了回车键确认时的状态，此状态下单元格中显示的是结果，而整个公式会显示在编辑栏中。

(29)在 Excel 中，若要表示"数据表 1"上的 B2 到 G8 的整个单元格区域，则应书写(　　)。

A. 数据表 1#B2：G8　　　　　　　　B. 数据表 1 $ B2：G8

C. 数据表 1! B2：G8　　　　　　　　D. 数据表 1：B2：G8

【答案】C

【解析】以"数据表 1! B2：G8"形式引用单元格称为"三维地址"引用。工作表名与单元格地址之间的分割字符是"!"符号。

(30)现有 A1 单元格和 B1 单元格中分别有内容 12 和 34，在 C1 单元格中输入公式"＝A1&B1"，则 C1 中的结果是(　　)。

A. 1234　　　　B. 12　　　　C. 34　　　　D. 46

【答案】A

【解析】在 Excel 中，"&"是文本连接运算符。

(31)Excel 通过(　　)功能实现图表的创建。

A. 数据库应用　　　B. 插入图表　　　C. 函数　　　D. 数据地图

【答案】B

【解析】略

(32)基于 Excel 数据表可以建立图表，在建立图表后若选择了图表，Excel 窗口中将自动出现"图表工具"功能区，不属于"图表工具"功能区所具有的选项卡是(　　)。

A. 设计　　　B. 布局　　　C. 格式　　　D. 编辑

【答案】D

【解析】略

(33)需要改变图表的类型时，可以使用"图表工具"下的(　　)选项卡，选择其中的"更改图表类型"按钮。

A. 布局　　　B. 设计　　　C. 格式　　　D. 类型

【答案】B

【解析】在 Excel 中修改已创建图表的图表类型的方法为：①利用"图表工具 设计"功能区中的"更改图表类型"按钮；②直接右击图表，选择"更改图表类型"命令。

(34)在 Excel 中创建图表，首先要打开(　　)功能区，然后在"图表"组中操作。

A. 开始　　　B. 插入　　　C. 公式　　　D. 数据

【答案】B

【解析】略

(35)要在 Excel 的图表中增加一个新的数据系列，在对应的源数据表中插入一个新行后，以下说法正确的是(　　)。

A. 在图表中"添加数据"后，"图例"中的内容不会变化

B. 在图表中"添加数据"后，"分类轴"的内容会增加

C. 必须在激活图表后，执行"图表工具 设计"功能区中的"选择数据"命令，在弹出的"选择数据源"对话框里的"图例项（系列）"设置区中使用"添加"按钮才行

D. 图表中会自动增加一个新的数据系列

【答案】C

【解析】"选择数据源"对话框如图 3-51 所示。

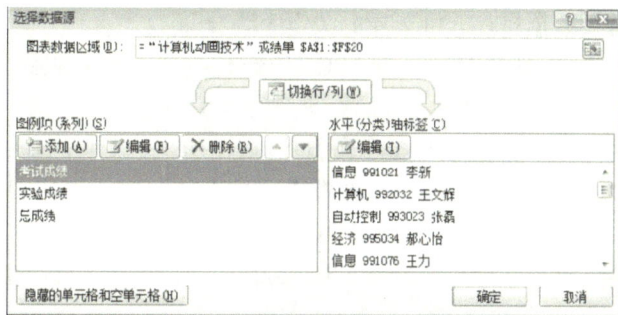

图 3-51 "选择数据源"对话框

(36) 在 Excel 中，利用工作表数据建立图表时，引用的数据区域是（　　）单元格地址区域。

A. 相对　　　　B. 绝对　　　　C. 混合　　　　D. 任意

【答案】B

【解析】略

(37) 学校刚考完试，班主任想把这次考试成绩与上次考试成绩对比一下，看看同学们这段时间的学习情况，适合用 Excel 中的（　　）图表类型。

A. 饼图　　　　B. 折线　　　　C. 柱形　　　　D. 条形

【答案】B

【解析】使用折线图能直观展示数据随时间变化的趋势。

(38) 小明想调查一下学校各个年级的男女生比例，他应该选取 Excel 中（　　）图表类型最适合。

A. 条形　　　　B. 折线　　　　C. 柱形　　　　D. 饼图

【答案】D

【解析】饼图适合用来反映各个项目在全体数据中所占的比率。

(39) 在 Excel 中，对数据表进行排序时，在"排序"对话框中能够指定的排序关键字个数为（　　）。

A. 1 个　　　　B. 2 个　　　　C. 3 个　　　　D. 任意

【答案】D

【解析】在"排序"对话框中，单击"添加条件"按钮即可添加一个关键字。因此，关键字个数是任意的。记住一点，排序的第一个关键字称为"主要关键字"。

(40)在 Excel 的高级筛选中,条件区域中写在同一行的条件是( )。

A."或"关系 B."与"关系 C."非"关系 D.异或关系

【答案】B

【解析】在高级筛选时,首先要写一个条件区域。如果几个字段条件是"与"关系,则条件写在同一行;如果是"或"关系,则条件写在不同行。这里顺便说一下,"高级筛选"的用途比"自动筛选"要广。例如,数据表多列(或多个字段)构成"或"关系时,只能用"高级筛选"进行筛选,而自动筛选只局限于当这些列构成"与"关系时。

(41)在 Excel 中,假定存在着一个职工简表,要对职工工资按职称进行分类汇总,则在分类汇总前必须进行数据排序,所选择的关键字为( )。

A.性别 B.职工号 C.工资 D.职称

【答案】D

【解析】分类汇总之前一般要按分类字段排序。

(42)在 Excel 中使用"自动筛选"时,在数据清单上的( )会出现下拉式按钮图标。

A.字段名处 B.所有单元格内

C.空白单元格内 D.底部

【答案】A

【解析】略

(43)在 Excel 中按递增方式排序时,空白单元格( )。

A.始终排在最后 B.总是排在数字的前面

C.总是排在逻辑值的前面 D.总是排在数字的后面

【答案】A

【解析】在 Excel 中,无论是按升序还是降序排序,空白单元格(不是空格)总是排在最后。

(44)在 Excel 中,若需要将工作表中某列上大于某个值的记录挑选出来,应执行"数据"功能区中的( )。

A.排序命令 B.筛选命令

C.分类汇总命令 D.合并计算命令

【答案】B

【解析】筛选是根据给定的条件,从数据清单中找出并显示满足条件的记录,不满足条件的记录被隐藏。

(45)在 Excel 数据清单中,按某一字段内容进行归类,并对每一类进行统计的操作是( )。

A.分类排序 B.分类汇总 C.筛选 D.记录单处理

【答案】B

【解析】分类汇总是把数据表中的数据分门别类地统计处理。

(46)在一个标题行有合并单元格的成绩表中按总分进行降序排列,先选中"总分"单元格,然后单击"数据"功能区中的"降序"按钮,这时屏幕出现错误信息,并示意排序不成功,其原因可能是( )。

A.应该选择数据区域,如"D3:H35"

B.因为参加排序的单元格不具有相同大小

C.没有选择主要关键字

D.因为单元格的内容是公式，例如"=SUM（D3：H3）"

【答案】B

【解析】如果该成绩表顶端的标题有合并的单元格，而使参加排序的单元格的大小不同，那么就无法排序。

（47）在 Excel 中，要设置草稿质量和单色打印，应在"页面设置"对话框中的（　　）选项卡中完成。

A.页面　　　　　　B.页边距　　　　　　C.页眉/页脚　　　　　　D.工作表

【答案】D

【解析】"页面设置"对话框中的"工作表"选项卡如图 3-52 所示。

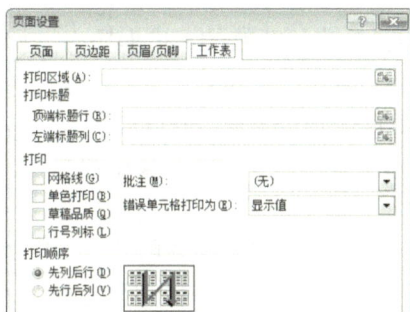

图 3-52　"页面设置"对话框中的"工作表"选项卡

2. 多选题

（1）Excel 2016 主界面窗口（即工作窗口）中包含（　　）。

A."插入"选项卡　　　　　　　　　　B."输出"选项卡

C."开始"选项卡　　　　　　　　　　D."数据"选项卡

【答案】ACD

【解析】Excel 2016 主界面窗口中所包含的选项卡如图 3-53 所示。

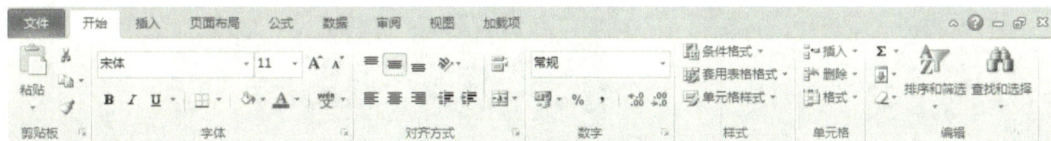

图 3-53　Excel 2016 工作窗口包含的选项卡

（2）在 Excel 2016"开始"功能区的"剪贴板"组中，包含的按钮有（　　）。

A."剪切"　　　　　　B."粘贴"　　　　　　C."字体"　　　　　　D."复制"

【答案】ABD

（3）下面关于 Excel 2016 文件扩展名的叙述，其中正确的是（　　）。

A. Excel 2016 工作簿的默认扩展名是.xlsx

B. 系统允许用户重新命名扩展名

C. 虽然系统允许用户重新命名扩展名，但最好使用默认扩展名

D. Excel 2016 工作簿的默认扩展名是. xlt

【答案】ABC

【解析】Excel 2016 工作簿的默认扩展名是. xlsx，系统允许用户重命名扩展名，但最好使用默认扩展名。

(4)以下关于 Excel 的叙述中，正确的是(　　)。

A. 每个工作簿通常都由多个工作表组成，工作表的数目受可用内存的限制

B. 工作表是一定不能单独存盘的

C. 每个工作表都可以存入某类数据的表格或者数据图形

D. 每个工作簿都有 3 个工作表

【答案】ABC

【解析】在 Excel 中，一个 Excel 文件就是一个工作簿，工作簿由工作表构成。一个新建的工作簿默认有 3 个工作表。

(5)在 Excel 中，可以进行自动填充的序列有(　　)。

A. 等差序列　　　　B. 日期　　　　C. 等比序列　　　　D. 自动填充

【答案】ABCD

【解析】在 Excel 2016 中，可以进行自动填充的序列类型如图 3-54 所示。

(6)在 Excel 中，右击一个工作表的标签能够进行(　　)。

A. 插入一个工作表　　　　　　　　B. 删除一个工作表

C. 重命名一个工作表　　　　　　　D. 打印一个工作表

【答案】ABC

(7)下列数字格式中，属于 Excel 的数字格式的是(　　)。

A. 分数　　　　　　B. 小数　　　　　　C. 科学计数　　　　　　D. 会计专用

【答案】ACD

【解析】Excel 的数字格式如图 3-55 所示。

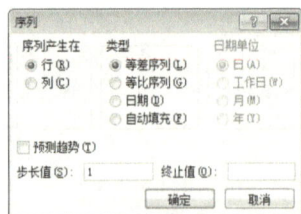

图 3-54　"序列"对话框

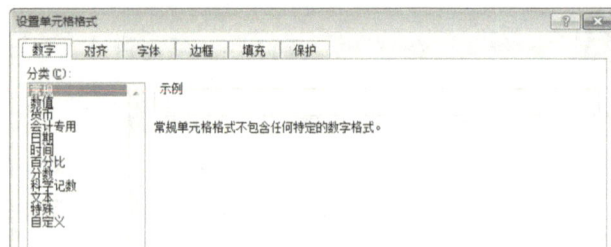

图 3-55　Excel 的数字格式

(6)在 Excel 中要输入身份证号码，应如何输入(　　)

A. 直接输入

B. 先输入单引号，再输入身份证号码

C.先输入冒号,再输入身份证号码

D.先将单元格格式转换成"文本",再直接输入身份证号码

【答案】BD

【解析】在 Excel 中,要将数字数据作为文本数据输入有两种方法:一是事先将单元格格式设置为"文本"格式,然后直接输入数字;二是先输入单引号,再输入数字。

(9)在 Excel 中,让某单元格里的数值保留两位小数,可通过( )方法实现。

A.利用"数据"功能区中的"数据有效性"按钮

B.选择单元格并单击鼠标右键,在弹出的快捷菜单中选择"设置单元格格式"菜单项,然后进行所需设置

C.单击"开始"功能区中的"增加小数位数"或"减少小数位数"按钮

D.单击"开始"功能区中"单元格"组中的"格式"按钮,在弹出的下拉列表中选择"设置单元格格式"命令,然后进行所需的设置

【答案】BCD

【解析】"数据有效性"是一个可以在工作表中输入数据时产生提示信息的功能。它给用户提供一个选择列表,用于限定输入内容的类型或大小等。

(10)在 Excel 中,关于条件格式的规则有( )。

A.项目选取规则 B.突出显示单元格规则

C.数据条规则 D.色阶规则

【答案】ABCD

【解析】略。

(11)在 Excel 工作表中,以下哪项不是显示和隐藏网格线的操作的是( )。

A.通过在"开始"功能区"段落"组中单击"显示"或"隐藏编辑标记"按钮

B.通过自定义快速访问工具栏来实现

C.选择"视图"功能区中"显示"组中的命令来实现

D.通过"插入"功能区中"文本"组中的命令来实现

【答案】ABD

【解析】勾选"视图"功能区中"显示"组中的"网格线"复选框,即可显示网格线。取消勾选"网格线"复选框,隐藏网格线。

(12)在 Excel 工作表中,格式化单元格能改变单元格( )。

A.数值大小 B.边框 C.列宽、行高 D.底纹和颜色

【答案】BCD

【解析】格式化单元格时不能改变单元格的数值大小。

(13)以下属于 Excel 中的算术运算符的是( )。

A."/" B."%" C."^" D."<"">"

【答案】ABC

【解析】"<"">"是比较运算符。

(14)( )公式时,公式中引用的单元格会随着目标单元格与原单元格相对位置的不同而发生变化。

A.移动 B.复制 C.修改 D.删除

【答案】BCD

【解析】略

(15)在单元格中输入公式"5^3"的方法,下面说法错误的是(   )。

A.输入一个单引号,然后输入"5^3"　　　B.输入"=5^3"

C.输入一个双引号,然后输入"5^3"　　　D.单击编辑栏中的"=",然后输入"=5^3"

【答案】ACD

【解析】在 Excel 中,输入公式必须先输入"="。

(16)在 Excel 中,获取外部数据的来源有(   )。

A.来自 Access 的数据　　　　　　　B.来自网站的数据

C.来自文本文件的数据　　　　　　　D.来自 SQL Server 的数据

【答案】ABCD

【解析】在 Excel 中,获取外部数据的命令位于"数据"功能区的"获取外部数据"组中,如图 3-56 所示。

(17)迷你图是一个将数据形象化呈现的制图小工具,用户在创建迷你图时可以选择迷你图的图表类型。下列属于迷你图的图表类型的是(   )。

A.柱形图　　　　　　B.折线图　　　　　　C.散点图　　　　　　D.盈亏图

【答案】ABD

【解析】迷你图的图表类型位于"插入"功能区的"迷你图"组中,如图 3-57 所示。

图 3-56　"获取外部数据"组

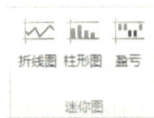

图 3-57　"迷你图"组

(18)在 Excel 中,利用"图表工具"功能区,可以设置或修改图表的(   )。

A.图表类型　　　　　　　　　　　B.标题名称或者标题显示的位置

C.图例显示的位置　　　　　　　　D.分类轴名称

【答案】ABCD

【解析】在"图表工具 设计"功能区中可以更改图表类型;在"图表工具 布局"功能区中可以修改标题名称或分类轴名称,可以更改标题显示的位置或图例显示的位置。

(19)在 Excel 中,如果图表以对象的方式嵌入到工作表中,以下(   )操作是允许的。

A.鼠标拖动来改变坐标轴数据的显示位置

B.鼠标拖动来改变图表的位置

C.单击选择图表后,按键盘的【Delete】键删除图表

D.鼠标单击激活图表

【答案】BCD

【解析】鼠标拖动可以改变图表的位置,但不能改变坐标轴数据的显示位置。

(20)以下关于 Excel 的排序功能,说法正确的是(   )。

A. 按数值大小   B. 按单元格颜色

C. 按单元格图标   D. 按字体颜色

【答案】ABCD

【解析】在数据清单的任一单元格中右击鼠标,在弹出的快捷菜单中选择"排序"菜单项,显示如图3-58所示的下一级菜单,该菜单中列出了Excel的排序功能。

(21)按值汇总是指对数据透视表中的数值字段的计算方式,常见的按值汇总方式有( )。

A. 方差   B. 乘积   C. 求和   D. 绝对值

【答案】ABC

【解析】常见按值汇总方式如图3-59所示。

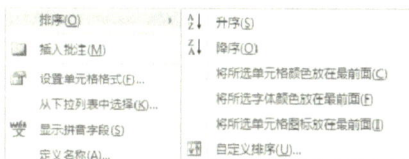

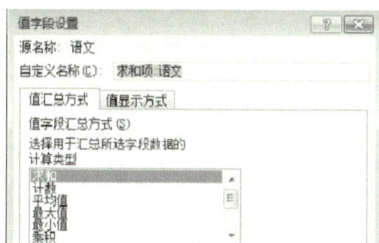

图3-58 "排序"选项   图3-59 "值汇总方式"选项卡

(22)在Excel中,关于要进行"合并计算"数据源,以下说法正确的是( )。

A. 必须要打开数据源   B. 合并计算的函数可以为"求和"

C. 可以按位置或分类进行合并计算   D. 数据源可来自多个工作表或工作簿

【解析】略。

【答案】BCD

(23)在Excel中,进行分类汇总时,需要选择的内容有( )。

A. 分类字段   B. 汇总方式

C. 选定汇总项   D. 分类的行或列

【答案】ABCD

【解析】进行分类汇总时,需要选择的内容如图3-60所示。

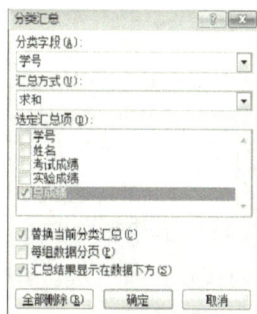

(24)关于Excel的页眉、页脚,说法正确的是( )。

A. 可以设置首页不同的页眉和页脚

B. 可以设置奇偶页不同的页眉和页脚

C. 不能随文档一起缩放

图3-60 "分类汇总"对话框

D. 可以与页边距对齐

【答案】ABD

【解析】设置页眉、页脚的选项如图3-61所示。

(25)在Excel中,关于打印工作簿的说法,以下正确的是( )。

A. 一次可以打印整个工作簿

B. 一次可以打印一个工作簿中的 1 个或多个工作表

C. 在一个工作表中可以只打印某一页

D. 不能只打印一个工作表中的一个区域

【答案】ABC

【解析】设置工作簿打印范围的选项如图 3-62 所示。

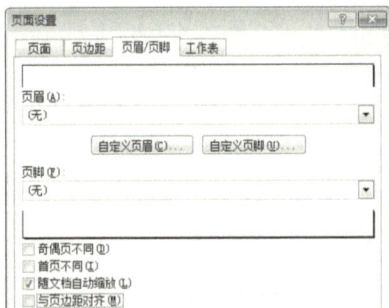

图 3-61　页眉/页脚"选项卡　　　　图 3-62　"打印活动工作表"选项

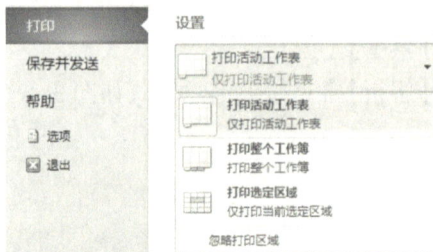

(26)在 Excel 中,关于打印标题的说法,以下正确的是( )。

A. 标题行打印的位置可以在页面的左端

B. 标题行打印的位置可以在页面的顶端

C. 设置打印标题可实现打印的每一页都具有相同的标题行

D. 标题行必须是工作表中的一整行

【答案】ABCD

【解析】略

3. 判断题

(1)工作簿中工作表的名字可以重命名,但只能取英文名称。( )

【答案】×

【解析】工作表的名字可以用英文,也可以用中文。

(2)在 Excel 中,使用快捷键【Ctrl】+【M】可快速新建空白工作簿。( )

【答案】×

【解析】新建空白工作簿的快捷键是【Ctrl】+【N】。

(3)如果需要选择两张或多张不相邻的工作表,首先应该单击第 1 张工作表的标签,然后再按住【Shift】键,单击其他准备选择的工作表的标签。( )

【答案】×

【解析】选择两张或多张不相邻的工作表应按住【Ctrl】键。

(4)"清除内容"与"全部清除"没有区别。( )

【答案】×

【解析】"清除内容"是清除单元格或单元格区域中的内容,但保留格式;"全部清除"是清除单元格或单元格区域中的内容和格式。

(5)在 Excel 中,工作表的列标记由一个或多个字母组成。( )

【答案】√

【解析】略。

（6）Excel 程序将很多功能类似的、性质相近的命令按钮集成在一起，命名为"组"。
（　　）

【答案】√

【解析】在 Excel 中，功能区位于标题栏的下方，默认包含"开始""插入""页面布局""公式""数据""审阅"和"视图"7 个选项卡，选项卡由若干个组组成，每个组由若干功能相似的按钮和下拉列表组成。

（7）在 Excel 中，可以用插入单元格的方式，来完成插入整行和整列的操作。（　　）

【答案】√

【解析】右击某一单元格，在弹出的快捷菜单中选择"插入"菜单项，弹出"插入"对话框，如图 3-63 所示，利用该对话框中的相应选项可完成插入整行和整列的操作。

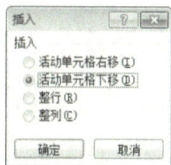

（8）Excel 的工作簿不能保存为 Excel 2003 的工作簿。（　　）

【答案】×

【解析】在"另存为"对话框的"保存类型"下拉列表框中选择"Excel 97-2003 工作簿（＊.xls）"即可。

图 3-63　"插入"对话框

（9）在 Excel 中，打开"设置单元格格式"对话框的快捷键是【Ctrl】+【Shift】+【E】。
（　　）

【答案】×

【解析】打开"设置单元格格式"对话框的快捷键是【Ctrl】+【Shift】+【F】。

（10）在 Excel 中，只要运用了"套用表格格式"，就不能消除表格格式，把表格转换为原始的普通表格。（　　）

【答案】×

【解析】套用表格格式后，也可以清除表格格式，把表格转换为原始的普通表格。

（11）在 Excel 中，单元格太窄不能显示数字时，将在单元格内显示问号。（　　）

【答案】×

【解析】在 Excel 中，单元格太窄不能显示数字时，将在单元格内显示"#"。

（12）在 Excel 中，当用户复制某一公式后，系统会自动更新单元格的内容，但不计算其结果。（　　）

【答案】×

【解析】复制某一公式后，系统会自动更新单元格的内容并计算其结果。

（13）在 Excel 中，函数运算结果可以为数值，也可以是逻辑值。（　　）

【答案】√

【解析】例如，在某个单元格中输入"=IF(0,)"，其结果为 FALSE。

（14）在 Excel 中，执行 SUM(A1：A10) 和 SUM(A1,A10) 这两个函数的结果是相同的。
（　　）

【答案】×

【解析】冒号是区域运算符，产生对包括在两个引用之间的所有单元格的引用，逗号是联合运算符,将多个引用合并为一个引用。

(15)在 Excel 中,独立图表是以一个工作表的形式插入工作簿中,并且系统默认的独立图表的名字是以 Sheet 开头的。(　　)

【答案】×

【解析】系统默认的独立图表的名字是以"Chart"开头的。

(16)在三维图表中,绘图区是以坐标轴为界并包括全部数据系列的区域。(　　)

【答案】×

【解析】在三维图表中,绘图区是以坐标轴为界并包括全部数据系列、分类名称、刻度线和坐标轴标题的区域。

(17)在 Excel 的"分类汇总"对话框中单击"全部删除"按钮,将删除数据表中的所有数据。(　　)

【答案】×

【解析】单击"全部删除"按钮,是将汇总方式删除,恢复原来的数据方式。注意:删除分类汇总后,还将删除与分类汇总一起插入列表中的分级显示和任何分页符。

(18)在 Excel 中,根据工作表的实际内容由系统自动插入的分页符在"分页预览"视图下不能被移动。(　　)

【答案】×

【解析】在 Excel 中,系统自动插入的分页符在"分页预览"视图下是可以移动的。

(19)在 Excel 的"页面设置"对话框中将缩放比例设置为60%,实际打印时占纸张空间将变小。(　　)

【答案】×

【解析】在 Excel 中,对"页面设置"对话框中的"缩放比例"进行设置并不会影响工作表的打印方式,而只是更改工作表在计算机上的显示效果。例如,将"缩放比例"更改为75%或150%,不会以比较小或比较大的比例打印工作表。

(20)在 Excel 中,不论是系统默认的分页符,还是手动插入的分页符,都可以删除。(　　)

【答案】×

【解析】在 Excel 中,手动插入的分页符可以删除,但是系统默认的分页符是不能删除的。

(21)对于 Excel 的所有类型的图表,用户都可以在同一张图表中绘制多个数据系列。(　　)

【答案】×

【解析】在同一张饼图中,用户只可以绘制1个数据系列。

(22)在 Excel 中,数据清单中的字段名不需要是唯一的,可以重复。(　　)

【答案】×

【解析】在数据清单列标题中,每一字段的字段名必须是唯一的。

(23)在 Excel 中,不允许按行对数据清单进行排序。(　　)

【答案】×

【解析】利用"排序选项"对话框中的"按行排序"单选按钮,可按行对数据清单进行排序。

（24）在 Excel 中，如果按照日期型字段的升序进行排序，年龄大的记录肯定排在数据清单的后面。（　　）

【答案】×

【解析】如果按照日期型字段的升序进行排序，年龄大的记录肯定排在数据清单的前面。

4.填空题

（1）在 Excel 中，一张工作表由_____行、_____列组成。

【答案】1048576，16384

（2）1 个工作簿最多可以包含_____张工作表，最少包含_____张工作表，默认包含_____张工作表。

【答案】255，1，3

（3）在 Excel 中，第 1 行第 5 列的单元格名称是_____，第 4 行第 2 列的单元格名称是_____。

【答案】E1，B4

（4）Excel 程序包含 3 个基本元素，分别为_____、_____、_____。

【答案】工作簿，工作表，单元格

（5）按键盘上的快捷键_____，可以退出 Excel。

【答案】【Alt】+【F4】

（6）在"文件"选项卡中选择"新建"命令，选择"可用模板"区域内的"空白工作簿"选项，然后单击_____按钮，即可建立一个新的工作簿文件。

【答案】创建

（7）在 Excel 中，逻辑数据值有_____和_____，其默认的对齐方式是_____。

【答案】TRUE，FALSE，居中对齐

（8）在 Excel 中，为避免输入的分数被视作日期，应在分数前冠以_____并加一个_____。

【答案】0，空格

（9）Excel 将日期数据和时间数据均视为_____数据处理。

【答案】数值

（10）在 Excel 中，如果要将工作表冻结便于查看，可以用"视图"功能区"窗口"组中的_____按钮来实现。

【答案】冻结窗格

（11）在 Excel 中，双击列表右边的边界位置，列宽将_____。

【答案】与单元格内容宽度一致

（12）在 Excel 中要求将符合条件的记录按预先设定好的格式突出显示出来，使用_____可以实现此项功能。

【答案】条件格式

（13）在 Excel 中，当工作表区域较大时，可通过执行"视图"功能区"窗口"组中的_____命令将窗口分为两个窗口，以便同时看到该工作表不同区域的内容。

【答案】拆分

(14)在 Excel 中，若存在一张二维表，其第 5 列是学生奖学金，第 6 列是学生成绩。已知第 5 行至第 20 行为学生数据，现要将奖学金总数填入第 21 行第 5 列，则该单元格中应填入_____。

【答案】=SUM(E5：E20)

(15)已知单元格 A1 中存有数值 563.68，若输入函数"=INT(A1)"，则该函数值为_____。

【答案】563

(16)在 Excel 中，公式 SUM(3, 2, TRUE)的结果为_____。

【答案】6

(17)已知工作表中 B3 单元格与 B4 单元格的值分别为"四川""达州"，要在 C4 单元格显示"四川达州"，正确的公式为_____。

【答案】"=B3&B4"

(18)在 Excel 中，快速插入独立式图表的快捷键是_____；快速插入嵌入式图表的快捷键是_____。

【答案】【F11】，【Alt】+【F1】

(19)在 Excel 中，如果只从图表中删除数据，在图表上单击所要删除的数据系列，按_____键即可完成。

【答案】【Delete】

(20)在 Excel 中，_____是图表性质的大致概括和内容的总结，相当于一篇文章的标题，并用它来定义图表的名称。

【答案】图表标题

(21)在 Excel 中，假定存在一个数据库工作表，内含系科、奖学金、成绩等项目，现要求出各系科发放的奖学金总和，则应先对各系科进行_____，然后执行"数据"功能区中"分级显示"组中的"分类汇总"命令。

【答案】排序

(22)在 Excel 中，对数据清单进行高级筛选时，其中的条件区域指定的同一行的条件之间的逻辑关系是_____。

【答案】"与"关系

(23)在排序时，将工作表的第一行设置为标题行，若选取标题行一起参与排序，则排序后标题行在工作表数据清单中将_____。

【答案】总出现在第一行

(24)在 Excel "页面设置"对话框的"页面"选项卡中设置打印方向时，若要打印的表格高度大于宽度，通常选择方向为_____；宽度大于高度，通常选择方向为_____。

【答案】纵向，横向

(25)在 Excel 中，单击"插入"功能区中"文本"组中的"页眉和页脚"按钮，系统自动进入"页面布局"视图，用户可在该视图中为工作表添加_____。

【答案】页眉和页脚

(26)在 Excel 中，要一次性删除所有手动分页符，可单击工作表上的任一单元格，然后在“分隔符”列表中单击____________按钮即可。

【答案】重设所有分页符

三、上机实战精练

(1)在 Excel 中，新建一个名为“购货”的工作簿，在“购货”工作簿的 Sheet1 工作表中完成如图 3-64 所示数据的输入。数据输入完毕后，请将工作表 Sheet1 的名称修改为“商品统计表”，并保护该工作表。

	A	B	C	D	E	F
1	编号	名称	单价	数量	总价	
2	110	钢笔	12	15	180	
3	120	圆珠笔	20	28	560	
4	135	签字笔	32	16	512	
5	146	铅笔	6	16	96	
6	178	毛笔	24	12	288	
7	235	多用笔	18	20	360	
8						

商品统计表 / Sheet2 / Sheet3

图 3-64　商品统计表

【答案】操作步骤如下。

步骤 1：打开 Excel，在 Sheet1 工作表中完成如图 3-64 所示的文本数据和数字数据的输入。

步骤 2：在工作表标签 Sheet1 上双击鼠标左键，然后输入“商品统计表”。

步骤 3：在工作表标签“商品统计表”上单击鼠标右键，在弹出的快捷菜单中选择“保护工作表(P)...”菜单项，在弹出的“保护工作表”对话框中的“允许此工作表的所有用户进行”列表框中进行选择，并设置密码。

步骤 4：选择“文件”选项卡中的“保存”命令或单击快速访问工具栏中的“保存”按钮，在“另存为”对话框中输入文件名“购货”，然后单击“保存”按钮。

(2)在 Excel 中，打开“Excel 操作题”文件夹中的“销售情况表. xlsx”文件，如图 3-65 所示，完成如下操作：合并 A1：D1 单元格区域并使内容水平居中；利用条件格式将销售量大于或等于 30 000 的单元格背景色设置为深蓝色(标准色)；将 A2：D9 单元格区域套用表格格式，设置为“表样式中等深浅 3”，将工作表命名为“销售情况表”。

【答案】操作步骤如下。

步骤 1：选定 A1：D1 单元格区域，单击“开始”功能区“对齐方式”组中的“合并后居中”按钮，合并 A1：D1 单元格区域并使内容水平居中。

步骤 2：选定 B3：B8 单元格区域，单击“开始”功能区中“样式”组中的“条件格式”按钮，在弹出的下拉列表中选择“突出显示单元格规则”→“其他规则”选项，在“新建格式规则”对话框，设置销售量大于或等于 30 000 的单元格的背景颜色为深蓝色(标准色)。

步骤 3：选定 A2：D9 单元格区域，单击“开始”选项卡“样式”组中的“套用表格格式”按钮，选择“表样式中等深浅 3”样式。

步骤4：双击工作表标签Sheet1，或者鼠标右键单击工作表标签Sheet1，在弹出的快捷菜单中选择"重命名"命令，然后将Sheet1更名为"销售情况表"，单击工作表中任意单元格确认。最终得到如图3-66所示的表格。

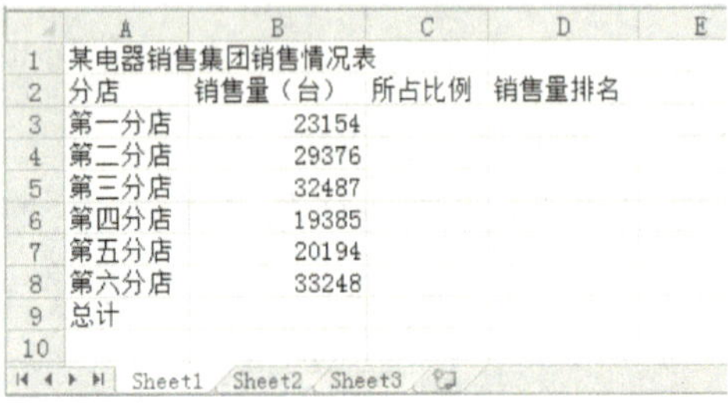

图3-65　某电器销售集团销售情况表

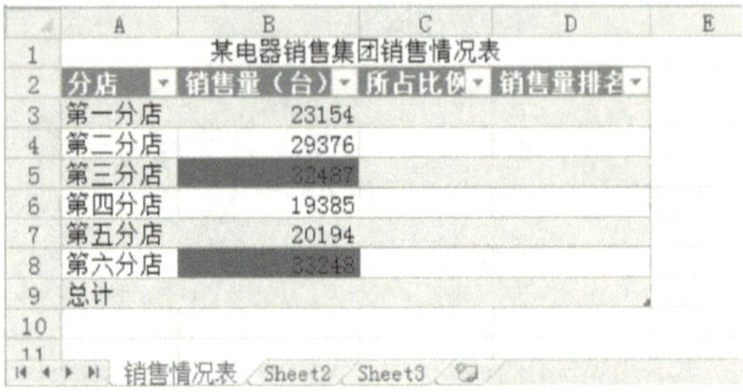

图3-66　销售情况表效果图

（3）对图3-65中所给的工作表进行计算：计算销售量的总计，放置在B9单元格；计算"所占比例"列的内容（百分比型，保留小数点后两位），放置在C3：C8单元格区域；计算各分店的销售排名（利用RANK函数），放置在D3：D8单元格区域；合并A1：D1单元格区域并使内容水平居中，设置A2：D9单元格区域内内容的水平对齐方式为"居中"。

【答案】操作步骤如下。

步骤1：选定B9单元格，在编辑栏中输入"="，单击名称框右侧的下拉按钮，选择SUM函数，在"函数参数"对话框中输入"Number1"参数为"B3：B8"，此时，编辑栏出现公式"=SUM（B3：B8）"，单击"确定"按钮，B9单元格中显示总计值。

步骤2：选定C3单元格，在编辑栏输入公式"=B3/＄B＄9"，单击工作表任意位置或按【Enter】键。

步骤3：选定C3单元格，单击"开始"功能区中"数字"组右下角的按钮，弹出"设置单元格格式"对话框。在该对话框"数字"选项卡的"分类"列表框中选择"百分比"选项，并设置"小数位数"为"2"，单击"确定"按钮。

步骤4：用鼠标拖动C3单元格的自动填充柄至C8单元格，放开鼠标，计算结果显示在C3：C8单元格区域。

步骤5：选定D3单元格，在编辑栏输入"="，单击名称框右侧的下拉按钮，选择RANK函数，在"函数参数"对话框中输入"Number"参数为"B3""Ref"参数为"＄B＄3：＄B＄8"，此时，编辑栏出现公式"=RANK（B3，＄B＄3：＄B＄8）"，单击"确定"按钮。

步骤6：选定D3单元格，用鼠标拖动D3单元格的填充柄至D8单元格，放开鼠标，计算结果显示在D3：D8单元格区域。

步骤7：合并A1：D1单元格区域并使内容水平居中，然后选定A2：D9单元格区域，打开"设置单元格格式"对话框，在"对齐"选项卡中的"水平对齐"下拉列表框中选择"居中"选项，单击"确定"按钮。结果如图3-67所示。

（4）如图3-67所示的工作表建立图表，选取"分店"列（A2：A8单元格区域）和"所占比例"列（C2：C8单元格区域）建立"分离型三维饼图"，图标题为"销售情况统计图"，图例位置为底部，将图插入到工作表的A11：D21单元格区域内。

图 3-67　计算结果

【答案】操作步骤如下。

步骤 1：选定该工作表中的"分店"列(A2：A8 单元格区域)和"所占比例"列(C2：C8 单元格区域)，单击"插入"功能区中"图表"组中的"饼图"按钮，在弹出的下拉列表中选择"分离型三维饼图"选项。

步骤 2：使用"图表工具 布局"功能区中"标签"组中的"图表标题"命令和"图例"命令，可以完成图表标题为"销售情况统计图"、图例位置为底部的操作。

步骤 3：单击"图表工具 格式"功能区中"排列"组中的"对齐"按钮，在弹出的下拉列表中选择"对齐网格"选项，然后将图表拖动到 A11 单元格处，图表的上边框、左边框自动与 A11 单元格的相应边框对齐，调整图表大小，使其位于 A11：D12 单元格区域内，结果如图 3-68 所示。

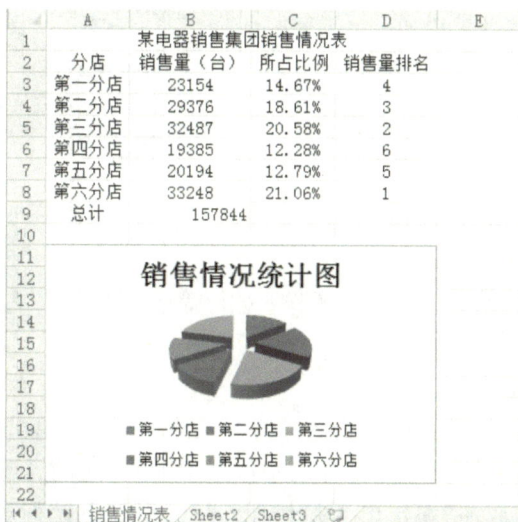

图 3-68　制作图表

(5)在 Excel 中，打开"Excel 操作题"文件夹中的"计算机动画技术成绩单.xlsx"文件，如图 3-69 所示，完成如下操作：按主要关键字"学号"的升序和次要关键字"总成绩"按降序进行排序，再对排序后的数据清单内容进行分类汇总，计算各系别"计算机动画技术"总成绩的平均值(分类字段为“系别”，汇总方式为“平均值”，汇总项为“总成绩”)，汇总结果显示在数据下方。

【答案】操作步骤如下。

步骤 1：选定“计算机动画技术成绩单. xlsx”的数据清单区域，单击“数据”功能区中“排序和筛选”组中的“排序”按钮，弹出“排序”对话框。

步骤 2：在“主要关键字”下拉列表框中选择“学号”，选中“升序”次序，单击“添加条件”按钮，在新增的“次要关键字”下拉列表框中选择“总成绩”，选中“降序”次序，单击“确定”按钮完成排序。

步骤 3：单击“数据”功能区中“分级显示”组中的“分类汇总”按钮，在弹出的“分类汇总”对话框中选择分类字段为“系别”，汇总方式为“平均值”，选定汇总项为“总成绩”，勾选“汇总结果显示在数据下方”复选框，单击“确定”按钮即可完成分类汇总。其结果如图 3-70 所示。

	A	B	C	D	E	F
1	系别	学号	姓名	考试成绩	实验成绩	总成绩
2	信息	991021	李×	74	16	90
3	计算机	992032	王××	87	17	104
4	自动控制	993023	张×	65	19	84
5	经济	995034	郝××	86	17	103
6	信息	991076	王×	91	15	106
7	数学	994056	孙×	77	14	91
8	自动控制	993021	张××	60	14	74
9	计算机	992089	金×	73	18	91
10	计算机	992005	杨××	90	19	109
11	自动控制	993082	黄×	85	20	105
12	信息	991062	王××	78	17	95
13	经济	995022	陈×	69	12	81
14	数学	994034	姚×	89	15	104
15	信息	991025	张××	62	17	79
16	自动控制	993026	钱×	66	16	82
17	数学	994086	高××	78	15	93
18	经济	995014	张×	80	18	98
19	自动控制	993053	李×	93	19	112
20	数学	994027	黄×	68	20	88
21						
22						

图 3-69　计算机动画技术成绩单

	A	B	C	D	E	F
1	系别	学号	姓名	考试成绩	实验成绩	总成绩
2	信息	991021	李×	74	16	90
3	信息	991025	张××	62	17	79
4	信息	991062	王××	78	17	95
5	信息	991076	王×	91	15	106
6	**信息 平均值**					93
7	计算机	992005	杨××	90	19	109
8	计算机	992032	王××	87	17	104
9	计算机	992089	金×	73	18	91
10	**计算机 平均值**					101
11	自动控制	993021	张××	60	14	74
12	自动控制	993023	张×	65	19	84
13	自动控制	993026	钱×	66	16	82
14	自动控制	993053	李×	93	19	112
15	自动控制	993082	黄×	85	20	105
16	**自动控制 平均值**					91
17	数学	994027	黄×	68	20	88
18	数学	994034	姚×	89	15	104
19	数学	994056	孙×	77	14	91
20	数学	994086	高××	78	15	93
21	**数学 平均值**					94
22	经济	995014	张×	80	18	98
23	经济	995022	陈×	69	12	81
24	经济	995034	郝××	86	17	103
25	**经济 平均值**					94
26	**总计平均值**					94

图 3-70　最终效果

(6)对上题所给数据清单完成以下操作：进行筛选，条件为“考试成绩>=70 并且实验成绩>=15”。

【答案】操作步骤如下。

步骤 1：选定“计算机动画技术成绩单”的数据清单区域，单击“数据”功能区中“排序和筛选”组中的“筛选”按钮，此时，工作表中数据清单的列标题全部变成下拉列表框。

步骤 2：单击“考试成绩”字段的下拉按钮，在弹出的下拉列表中选择“数字筛选”选项，在下级菜单中选择“大于或等于”命令，在弹出的“自定义自动筛选方式”对话框中，在“大于或等于”右侧的文本框中输入“70”，单击“确定”按钮。

步骤 3：单击“实验成绩”字段的下拉按钮，在弹出的下拉列表中选择“数字筛选”选项，在下级菜单中选择“大于或等于”命令，在弹出的“自定义自动筛选方式”对话框中，在“大于或等于”右侧的输入框中输入“15”，单击“确定”按钮。筛选结果如图 3-71 所示。

图 3-71　筛选结果

(7)对题(1)所给数据清单完成以下操作：在工作表内建立数据透视表，显示各系总成绩的平均值以及汇总信息，设置数据透视表内数字为数值型，保留小数点后两位。

【答案】操作步骤如下。

步骤 1：选定"计算机动画技术成绩单"的数据清单区域，单击"插入"功能区中"表格"组中的"数据透视表"按钮，打开"创建数据透视表"对话框。

步骤 2：在"创建数据透视表"对话框中，自动选中了"选择一个表或区域"单选按钮(或通过"表/区域"切换按钮选定区域，计算机动画技术成绩单！＄A＄1：＄F＄20)，在"选择放置数据透视表的位置"设置区中选中"现有工作表"单选按钮。单击单元格 A24，然后单击"确定"按钮，弹出"数据透视表字段"任务窗格和未完成的数据透视表。

步骤 3：在"数据透视表字段列表"任务窗格的"选择要添加到报表的字段"列表框中勾选"系别"和"总成绩"复选框，在"数值"列表框中单击"求和项：总成绩"下拉按钮，在弹出的下拉列表中选择"值字段设置"选项，弹出"值字段设置"对话框。

步骤 4：在"值字段设置"对话框"值汇总方式"选项卡的"计算类型"列表框中选择"平均值"选项。

步骤 5：单击"值字段设置"对话框中的"数字格式"按钮，在弹出的"设置单元格格式"对话框的"数字"选项卡中选择"数值"类型，并将小数位数设置为"2"，依次单击"确定"按钮，得到如图 3-72 所示的数据透视表。

步骤 6：双击数据透视表中显示内容为"行标签"的单元格，然后将该单元格的内容更改为"系别"，得到如图 3-73 所示的数据透视表。

24	行标签 ▼	平均值项：总成绩
25	计算机	101.33
26	经济	94.00
27	数学	94.00
28	信息	92.50
29	自动控制	91.40
30	总计	94.16

图 3-72　数据透视表

24	系别 ▼	平均值项：总成绩
25	计算机	101.33
26	经济	94.00
27	数学	94.00
28	信息	92.50
29	自动控制	91.40
30	总计	94.16

图 3-73　数据透视表

阶段知识检测(二)

1. 单选题

(1)在 Excel 中,如果在工作表中某个位置插入 1 个单元格,则( )。

A. 原有单元格根据选择或者右移,或者下移(√)

B. 原有单元格必定下移

C. 原有单元格被删除

D. 原有单元格必定右移

(2)在 Excel 中,可以使用( )功能区中的命令来设置是否显示编辑栏。

A. 开始 B. 视图(√)

C. 数据 D. 页面布局

(3)在 Excel 中,删除了 1 张工作表后,( )。

A. 被删除的工作表将无法恢复(√)

B. 被删除的工作表可以恢复到原来来位置

C. 被删除的工作表可以恢复到最后一张工作表

D. 被删除的工作表可以恢复到首张工作表

(4)Excel 的主要功能有大型表格制作功能、图表功能和( )。

A. 文字处理功能 B. 数据库管理功能(√)

C. 数据透视图报表 D. 自动填充功能

(5)在 Excel 中,单元格名称的表示方法是( )。

A. 行号在前列标在后 B. 列标在前行号在后(√)

C. 只包含列标 D. 只包含行号

(6)在 Excel 中,能够进行条件格式设置的区域( )。

A. 只能是一个单元格 B. 只能是一行

C. 只能是一列 D. 可以是任何选定的区域(√)

(7)在 Excel 中,使用格式刷将格式样式从一个单元格复制到另一个单元格,其步骤为( )。

① 选择新的单元格并单击它 ②选择想要复制格式的单元格

③ 单击"开始"功能区"剪贴板"组中的"格式刷"按钮

A.①②③ B.②①③

C.②③①(√) D.①③②

(8)在 Excel 中,A1 单元格设定其数字格式为整数,当输入"33.51"时,显示为( )。

A. 33.51 B. 34(√) C. 33 D. ERROR

(9)在 Excel 中,在打印学生成绩单时,需要对不及格的成绩用醒目的方式表示(如用红色表示),那么当要处理大量的学生成绩时,利用( )命令最为方便。

A. 查找 B. 条件格式(√)

C. 数据筛选　　　　　　　　　　　D. 定位

（10）假设系统的当前日期为 2025 年 9 月 11 日，当前时间为上午 9 点 10 分，在工作表的某活动单元格中输入"=NOW(　　)"，在未对该单元格日期和时间格式进行特殊设置的情况下，回车后该单元格中显示的结果为(　　)。

A. 只有系统的当前日期

B. 只有系统的当前时间

C. 既有系统的当前日期，又有系统的当前时间(√)

D. 什么内容也没用

（11）在 Excel 中，仅把某单元格的批注复制到另外单元格中的方法是(　　)。

A. 复制原单元格，到目标单元格执行粘贴命令

B. 将两个单元格链接起来

C. 复制原单元格，到目标单元格执行选择性粘贴命令(√)

D. 使用格式刷

（12）在 Excel 的单元格中，手动换行的方法是(　　)。

A.【Ctrl】+【Enter】　　　　　　　B.【Alt】+【Enter】(√)

C.【Shift】+【Enter】　　　　　　　D.【Ctrl】+【Shift】

（13）在 Excel 中，要想设置行高、列宽，应选用(　　)功能区中的"格式"命令。

A. 开始(√)　　　　B. 插入　　　　C. 页面布局　　　　D. 视图

（14）以下(　　)情况一定会导致"设置单元格格式"对话框只有"字体"一个选项卡。

A. 安装了精简版的 Excel　　　　　B. Excel 中毒了

C. 单元格正处于编辑状态(√)　　　D. Excel 运行出错了启即可解决

（15）在 Excel 中套用表格格式后，会出现(　　)选项卡。

A. 图片工具　　　　　　　　　　　B. 表格工具(√)

C. 绘图工具　　　　　　　　　　　D. 其他工具

（16）在 Excel 中，如果给某单元格设置的小数位数为 2，则输入 100 时显示(　　)。

A. 10000　　　　　　　　　　　　B. 100.00(√)

C. 1　　　　　　　　　　　　　　D. 100

（17）在 Excel 中，数据为"100~200"的单元格设置格式应选择"条件格式"下的(　　)。

A. 项目选取规则　　　　　　　　　B. 突出显示单元格规则(√)

C. 色阶　　　　　　　　　　　　　D. 图标集

（18）在 Excel 中，利用"查找和替换"对话框(　　)。

A. 只能做替换　　　　　　　　　　B. 只能做查找

C. 只能一一替换，不能全部替换　　D. 既能查找又能替换(√)

（19）设置单元格文字方向是在"设置单元格格式"对话框的(　　)选项卡中。

A. 数字　　　　B. 对齐(√)　　　　C. 字体　　　　D. 编辑

（20）在 Excel 中，单元格行高的调整可通过(　　)进行。

A. 拖拉行号上的边框线

B. "开始"功能区→"单元格"组→"格式"按钮→"行高"命令

C. "开始"功能区→"单元格"组→"格式"按钮→"自动调整行高"命令

D. 以上都可以(√)

(21)在 Excel 单元格中输入数字,其长度超过单元格的宽度时,Excel 将自动使用( )来表示输入数据。

A. 普通格式   B. 无显示内容

C. 科学记数法(√)   D. 错误标记

(22)在 Excel 中,假定 B2 单元格的内容为数值 15,则公式"=IF(B2>20,"好",IF(B2>10,"中","差"))"的值为( )。

A. 好   B. 良   C. 中(√)   D. 差

(23)在 Excel 中,存储二维数据的表格被称为( )。

A. 工作簿   B. 工作表(√)

C. 文件夹   D. 图表

(24)在 Excel 的工作表中,最小操作单元是( )。

A. 1 列   B. 1 行

C. 1 张表   D. 单元格(√)

(25)Excel 的工作窗口有些地方与 Word 的工作窗口是不同的,例如 Excel 有一个编辑栏(又称为公式栏),它被分为左、中、右三个部分,左面部分显示出( )。

A. 活动单元格名称   B. 活动单元格的列标

C. 活动单元格的行号   D. 某个单元格名称(√)

(26)当选定不相邻的多张工作表进行复制时,选定的工作表将( )。

A. 一起复制到新位置(√)   B. 只有 1 张复制到新位置

C. 复制后仍不相邻   D. 显示出错信息

(27)Excel 广泛应用于( )。

A. 统计分析、财务管理分析、股票分析、行政管理等各个方面(√)

B. 多媒体制作

C. 工业设计、机械制造、建筑工程

D. 美术设计、装潢、图片制作等各个方面

(28)在 Excel 中,工作簿是指( )。

A. 操作系统

B. 不能有若干类型的表格共存的单一电子表格

C. 图表

D. 在 Excel 环境中用于存储和处理工作数据的文件(√)

(29)在 Excel 中,表示逻辑值为真的标识符为( )。

A. T   B. TRUE(√)

C. FALSE   D. F

(30)在单元格中输入"=9+6"的输入方法是( )。

A. 先输入一个单引号,然后输入"=9+6"(√)

B. 先输入一个双引号,然后输入"=9+6"

C. 直接输入"=9+6"

D. 用鼠标单击编辑栏中的"＝"，然后输入"＝9+6"

(31)在单元格中输入分数"3/8"的输入方法是(　　)。

A. 先输入"0"及一个空格，然后输入"3/8"(√)

B. 先输入一个单引号，然后输入"＝3/8"

C. 用鼠标单击编辑栏中的"＝"，然后输入"3/8"

D. 直接输入"3/8"

(32)在 Excel 中，日期和时间属于(　　)。

A. 逻辑类型　　　　　　　　　　　　B. 文字类型

C. 数字类型(√)　　　　　　　　　　D. 错误值

(33)在 Excel 中，若需要选择多个不连续的单元格区域，除选择第一个区域外，以后每选择一个区域都要同时按住(　　)键。

A.【Esc】　　　　B.【Shift】　　　　C.【Alt】　　　　D.【Ctrl】(√)

(34)在 Excel 的工作表中，行和列(　　)。

A. 都可以被隐藏(√)　　　　　　　　B. 都不可以被隐藏

C. 只能隐藏行不能隐藏列　　　　　　D. 只能隐藏列不能隐藏行

(35)在 Excel 的工作表中，按下【Delete】键将清除被选定区域中所有单元格的(　　)。

A. 格式　　　　　　　　　　　　　　B. 批注

C. 内容(√)　　　　　　　　　　　　D. 所有信息

(36)在 Excel 中，电子工作表的每个单元格的默认格式为(　　)。

A. 数字　　　　　B. 常规(√)　　　　C. 日期　　　　　D. 文本

(37)在 Excel 中，工作表被保护后，下列(　　)操作可被执行。

A. 插入行　　　　　　　　　　　　　B. 替换工作表中的数据

C. 对工作表进行排序　　　　　　　　D. 对工作表进行页面设置(√)

(38)若在 Excel 的 A2 单元中输入"＝56>＝57"，则显示结果为(　　)。

A. 56　　　　　　B.＝56　　　　　　C. TRUE　　　　　D. FALSE(√)

(39)在 Excel 中，若要对某工作表重新命名，可以采用(　　)。

A. 单击工作表标签　　　　　　　　　B. 双击工作表标签(√)

C. 单击表格标题行　　　　　　　　　D. 双击表格标题行

(40)在 Excel 中，在工作表的单元格里输入中文、英文等数据，单元格的数据类型有(　　)。

A. 文本　　　　　　　　　　　　　　B. 文本、数字

C. 文本、数字、逻辑值　　　　　　　D. 文本、数字、逻辑值、出错值(√)

(41)在 Excel 中，利用填充柄可以将数据复制到相邻单元格中，若选择含有数值的左右相邻的两个单元格，左键拖动填充柄，则数据将以(　　)填充。

A. 等差数列(√)　　　　　　　　　　B. 等比数列

C. 左单元格数值　　　　　　　　　　D. 右单元格数值

(42)若按快捷键【Ctrl】+【Shift】+【:】(冒号)，则在当前单元格中插入(　　)。

A. 系统当前日期　　　　　　　　　　B. 系统当前时间(√)

C.：(冒号)　　　　　　　　　　D.今天的北京时间

(43)在 Excel 中,若希望确认工作表上输入数据的正确性,可以为单元格区域指定输入数据的(　　)。

A.有效性条件(√)　　　　　　　B.条件格式

C.无效范围　　　　　　　　　　D.正确格式

(44)在 Excel 中,可以使用(　　)按钮下的"移动或复制工作表"命令来为工作表创建副本。

A."开始"功能区→"单元格"组→"插入"

B、"开始"功能区→"单元格"组→"格式"(√)

C."插入"功能区→"表格"组→"插入工作表"

D."插入"功能区→"表格"组→"表格"

(45)为了输入一批有规律的递减数据,在使用填充柄实现时,应先选中(　　)。

A.相邻两个有等差关系的单元格(√)

B.任意一个有数据的单元格

C.不相邻的两个单元格

D.要填充的单元格区域

(46)在 Excel 中,选定第 4、5、6 三行,执行"开始"功能区→"单元格"组→"插入"按钮→"插入工作表行"命令后,插入了(　　)。

A.3 行(√)　　　　B.1 行　　　　　　C.4 行　　　　　　D.6 行

(47)在 Excel 中,假定一个单元格的地址为 D25,则该单元格的地址称为(　　)。

A.绝对地址　　　　　　　　　　B.相对地址(√)

C.混合地址　　　　　　　　　　D.三维地址

(48)在 Excel 中,假定 B2 单元格的内容为数值 15,B3 单元格的内容为 10,则公式"= $ B $2+B3 * 2"的值为(　　)。

A.25　　　　　　　B.40　　　　　　　C.35(√)　　　D.5

(49)在 Excel 的工作表中已输入的数据如图 3-74 所示,如将 D2 单元格中的公式复制到 B2 单元格中,则 B2 单元格的值为(　　)。

A.5　　　　　　　B.10(√)　　　　　C.11　　　　　　　D.#REF!

(50)在一个 Excel 工作表区域 A1：B6 中,输入如图 3-75 所示的数据,那么,B6 单元格的显示结果为(　　)。

	A	B	C	D
1	5		3	
2	7		8	=C1+C2

图 3-74　工作表

	A	B
1	姓名	成绩
2	李达	88
3	宛思	缺考
4	区又燕	77
5	贾匡	50
6	考试人数	=COUNT(B2:B5)

图 3-75　工作表

A.#VALUE!　　　B.6　　　　　　　C.3(√)　　　　　D.2

(51)在 Excel 中,在单元格 B2 中输入(　　),可使其显示 1.2。

A.2 * 0.6　　　　　　　　　　　B."2 * 0.6"

C. ="2 * 0.6"　　　　　　　　　D. =2 * 0.6(√)

(52)在 Excel 中，运算符"&"表示(　　)。

A. 逻辑值的"与"运算　　　　　　B. 子字符串的比较运算

C. 数值型数据的无符号相加　　　　D. 字符型数据的连接(√)

(53)在 Excel 中，假定 C4：C6 区域内保存的数值依次为 5、9 和 4，若 C7 单元格中的函数公式为"=AVERAGE(C4：C6)"，则 C7 单元格中的值为(　　)。

A. 3　　　　　　B. 4　　　　　　C. 5　　　　　　D. 6(√)

(54)在 Excel 中，当公式中出现除以零的现象时，产生的错误值是(　　)。

A. #N/A!　　　　　　　　　　　B. #DIV/0! (√)

C. #NUM!　　　　　　　　　　　D. #VALUE!

(55)若在某一工作表的某一单元格中出现错误值"######"，可能的原因是(　　)。

A. 用了错误的参数或运算对象类型，或者公式自动更正功能不能更正公式

B. 单元格所含的数字、日期或时间超出单元格宽，或者单元格的日期或时间公式产生了一个负值 (√)

C. 公式中使用了 Excel 不能识别的文本

D. 公式被零除

(56)若在某一工作表的某一单元格出现错误值"#VALUE!"，可能的原因是(　　)。

A. 公式被零除

B. 公式中使用了 Excel 不能识别的文本

C. 单元格所含的数字、日期或时间比单元格宽，或者单元格的日期或时间公式产生了一个负值

D. 使用了错误的参数或运算对象类型，或者公式自动更正功能不能更正公式(√)

(57)要在当前工作表 Sheet1 的 A2 单元格中引用另一个工作表(如 Sheet4)中 A2 到 A7 单元格的和，则在当前工作表的 A2 单元格输入的表达式应为(　　)。

A. =SUM(Sheet4! A2：A7)　　　B. =SUM(Sheet4! A2：Sheet4! A7)(√)

C. =SUM((Sheet4)A2：A7)　　　D. =SUM((Sheet4)A2：(Sheet4)A7)

(58)在 Excel 中，公式"=SUM(10,MIN(15,MAX(2,1),3))"的值为(　　)。

A. 10　　　　　　B. 12(√)　　　　　C. 14　　　　　　D. 15

(59)如图 3-76 所示，假设该单位的奖金是根据职员的销售额来确定的，如果某职员的销售额在 100000 元或以上，则其奖金为销售额的 0.5%，否则为销售额的 0.1%。则在计算 C2 单元格的值时，应在 C2 单元格中输入计算公式(　　)

A. =IF(B2>=100000,B2 * 0.1%,B2 * 0.5%)

B. =COUNTIF(B2>=100000,B2 * 0.5%,B2 * 0.1%)

C. =IF(B2>=100000,B2 * 0.5%,B2 * 0.1%)(√)

D. =COUNTIF(B2>=100000,B2 * 0.1%,B2 * 0.5%)

(60)在 Excel 中，所包含的图表类型共有(　　)。

A. 10 种　　　　B. 11 种(√)　　　C. 20 种　　　　D. 30 种

(61)在 Excel 的图表中，水平 X 轴通常作为(　　)。

A. 排序轴　　　　　　　　　　　B. 数值轴

	A	B	C
1	职员	销售额	奖金
2	A1	76843	
3	A2	4367	
4	A3	8241	
5	A4	2365	
6	A5	67543	
7	A6	6547	
8	A7	11231	

图 3-76　销售情况统计表

C. 分类轴(√)　　D. 时间轴

(62)在 Excel 中，“*XY* 图”指的是(　　)。

A. 散点图(√)　　B. 柱形图

C. 条形图　　D. 折线图

(63)在 Excel 中，图表和数据表放在一起的方法，称为(　　)。

A. 自由式图表　　B. 分离式图表

C. 合并式图表　　D. 嵌入式图表(√)

(64)在 Excel 中，能够很好地通过扇形反映每个对象的一个属性值在总值中占比例大小的图表类型是(　　)。

A. 柱形图　　B. 折线图

C. 饼图(√)　　D. *XY* 散点图

(65)在 Excel 中建立图表时，有很多图表类型可供选择，能够很好地表现一段时期内数据变化趋势的图表类型是(　　)。

A. 柱形图　　B. 折线图(√)

C. 饼图　　D. *XY* 散点图

(66)某 Excel 工作簿中既包含一般工作表又包含图表，当执行“文件”选项卡中的“保存”命令时，(　　)。

A. 只保存工作表

B. 只保存图表

C. 将工作表和图表作为一个文件来保存(√)

D. 分成两个文件夹保存

(67)在 Excel 中，图表是(　　)。

A. 用户通过“绘图”工具栏的工具绘制的特殊图形

B. 由数据透视表派生的特殊表格

C. 由数据清单生成的用于形象表现数据的图形(√)

D. 一种将表格与图形混排的对象

(68)数据透视表是一种交互式报表，它可以快速分类汇总并分析大量的数据，那么创建数据透视表首先应该执行(　　)。

A. 选择数据源(√)　　B. 选择图表类型

C. 创建计算字段　　D. 创建字段列表

(69)在 Excel 中，数据清单包含有“姓名”“数学”“总成绩”等多个字段，若“总成绩”

作为主要关键字,"数学"作为次要关键字进行排序,则有(   )。

A."总成绩"相同与否,不影响按"数学"排序的结果

B.按"总成绩"与"数学"相加的结果进行排序

C.先按"总成绩"进行排序,"总成绩"相同时再按"数学"排序(√)

D.分别按"总成绩""数学"独立排序

(70)在 Excel 的自动筛选中,各列的筛选条件之间的关系是(   )。

A."与"(√)　　　　B."或"　　　　C."非"　　　　D.没关系

(71)在工资表中要单独显示"实发工资"大于 1000 元的每条记录,下列命令能实现的是(   )。

A.使用"开始"功能区中的"编辑"区域中的"排序和筛选"指令(√)

B.使用"数据"功能区的"排序"命令

C.右键菜单的"设置单元格格式"命令

D.使用"数据"功能区中的"分类汇总"命令

(72)在数据清单中,若单击任一单元格后选择"数据"功能区中"排序和筛选"组中的"升序"或"降序"按钮,Excel 将(   )。

A.自动把排序范围限定于此单元格所在的行

B.自动把排序范围限定于整个清单(√)

C.自动把排序范围限定于此单元格所在的列

D.能排序

(73)在 Excel 中,如果要打印行号和列标,应该通过"页面设置"对话框中的(   )选项卡进行设置。

A.页面　　　　　　　　　B.页边距

C.页眉/页脚　　　　　　D.工作表(√)

(74)Excel 中网格线在默认状态下是(   )。

A.不显示　　　　　　　　B.不打印(√)

C.不显示但可打印　　　　D.不显示又不打印

(75)若在 Windows10 系统的安装中没有添加打印机,则 Excel 将(   )。

A.不能预览,不能打印(√)

B.按文件类型,有的能预览,有的不能预览

C.只能预览,不能打印

D.按文件大小,有的能预览,有的不能预览

(76)在 Excel 中要实现打印工作表时每页下方自动显示"第几页"字样,需要进行的操作是(   )。

A.设置分页预览　　　　　　B.设置页边距

C.设置页眉和页脚(√)　　　D.设置打印区域

(77)在 Excel 中,要使打印的内容每一页顶端都具有相同的标题行内容,则在"页面设置"对话框中"工作表"选项卡的"顶端标题行"中引用的单元格地址(   )。

A.可以是相对地址　　　　B.可以是混合地址

C.只能是绝对地址(√)　　D.只能为一行

(78) 在 Excel 中, 打印工作表前就能看到实际打印效果的操作是( )。

A. 仔细观察工作表 B. 打印预览(√)

C. 分页预览 D. 按【F8】键

(79) 在 Excel "页面设置"对话框的"页面"选项卡中, 不可以设置( )。

A. 打印的居中方式(√) B. 缩放比例

C. 打印质量 D. 纸张的方向

(80) 在 Excel 中, 添加打印日期是在( )选项卡下完成的。

A. 页面布局(√) B. 视图

C. 开始 D. 审阅

(81) 在 Excel 中, 要实现多页面工作表打印的顺序是行优先还是列优先, 应在"页面设置"对话框的( )中完成。

A. "页面"选项卡中的"打印顺序"设置区

B. "页边距"选项卡中的"打印顺序"设置区

C. "页眉/页脚"选项卡中的"打印顺序"设置区

D. "工作表"选项卡中的"打印顺序"设置区(√)

(82) 在 Excel 中, 要能够打印出工作表中的行号和列标, 应勾选"页面设置"对话框( )选项卡中的"行号列标"复选框。

A. 工作表(√) B. 页面

C. 页眉/页脚 D. 页边距

(83) 在 Excel 中, 要实现打印工作表数据的同时打印出网格线, 要做的操作是在"页面设置"对话框中的( )选项卡中勾选"网格线"复选框。

A. 页面 B. 页边距

C. 页眉/页脚 D. 工作表(√)

(84) 在 Excel 的"分页预览"视图中, 手动插入的分页符显示为( )。

A. 双下划线 B. 实线(√)

C. 虚线 D. 波浪线

(85) 从 Excel 工作表产生图表时, ( )。

A. 无法从工作表生成图表

B. 图表只能嵌入当前工作表中, 不能作为新工作表保存

C. 图表不能嵌入当前工作表中, 只能作为新工作表保存

D. 图表既能嵌入当前工作表中, 又能作为新工作表保存(√)

(86) 在 Excel 的饼图类型中, 应包含的数值系列的个数为( )。

A. 2 个 B. 1 个(√) C. 3 个 D. 任意

(87) 在 Excel 中, ( )图表中的标题、图例、分类轴、网格线或数据系列等部分, 打开相应的对话框, 就可以在该对话框中设置其格式。

A. 鼠标单击 B. 鼠标双击(√)

C. 鼠标三击 D. 鼠标指向

(88) 在 Excel 中, ( )不属于图表的编辑范围。

A. 图表类型的更换 B. 增加数据系列

C.图表数据的筛选(√)   D.图表中各对象的编辑

(89)在 Excel 中,图表中的( )会随着工作表中数据的改变而发生相应的变化。

A.图例   B.系列数据的值(√)

C.图表类型   D.图表位置

(90)人工智能学院开展文明学生评比活动,如果想比较某专业一年级两个班每周的评比情况,适合用 Excel 中( )图表来表达。

A.柱形(√)   B.圆环   C.面积   D.雷达

(91)在 Excel 的高级筛选中,条件区域中不同行的条件是( )。

A.或关系(√)   B.与关系

C.非关系   D.异或关系

(92)在 Excel 中,进行分类汇总前,首先必须对数据表中的某个列标题(即属性名,又称字段名)进行( )。

A.自动筛选   B.高级筛选

C.排序(√)   D.查找

(93)在 Excel 的数据清单中,若根据某列数据对数据清单进行排序,可以利用"数据"功能区上的"降序"按钮,此时用户应先( )。

A.选取该列数据   B.选取整个工作表数据

C.单击该列数据中任一单元格(√)   D.单击数据清单中任一单元格

(94)某单位要统计各科室人员工资情况,按工资从高到低排序,若工资相同,以工龄降序排列,则以下做法正确的是( )。

A.主要关键词为"科室",次要关键词为"工资",第二个次要关键词为"工龄"(√)

B.主要关键词为"工资",次要关键词为"工龄",第二个次要关键词为"科室"

C.主要关键词为"工龄",次要关键词为"工资",第二个次要关键词为"科室"

D.主要关键词为"科室",次要关键词为"工龄",第二个次要关键词为"工资"

(95)希望只显示数据清单"学生成绩表"中计算机文化基础课成绩大于等于 90 分的记录,可以使用( )命令。

A.查找   B.自动筛选(√)

C.数据透视表   D.全屏显示

(96)在 Excel 中,可以使用( )功能区中的"分级显示"组中的"分类汇总"命令来对记录进行统计分析。

A.编辑   B.格式   C.数据(√)   D.工具

(97)在 Excel 中,要查找数据清单中的内容,可以通过筛选功能,( )符合指定条件的数据行。

A.部分隐藏   B.只隐藏

C.部分显示   D.只显示(√)

(98)在 Excel 中,有关数据清单的说法中正确的是( )。

A.数据清单中不能含有空行(√)   B.数据清单中不能有空单元格

C.数据清单就是工作表   D.每一行叫作一个字段

(99)在 Excel 数据透视表的数据区域默认的字段汇总方式是( )。

A. 平均值　　　　　　　　　　B. 求和(√)

C. 乘积　　　　　　　　　　　D. 最大值

(100)用筛选条件"数学>80"与"平均分>=78"对成绩进行筛选后,在筛选结果中都是( )。

A. 数学>80且平均分≥78的记录(√)

B. 平均分≥78的记录

C. 数学>80或平均分≥78的记录

D. 数学>80的记录

(101)在使用单条件排序过程中,用户可以自己设置排序依据。在Excel中,以下( )不能作为排序依据。

A. 数值　　　　　　　　　　B. 单元格颜色

C. 字体颜色　　　　　　　　D. 公式(√)

(102)分类汇总是将数据清单中的数据分门别类地进行统计处理,其中数据清单中必须包含( )。

A. 带有标题的列(√)　　　　B. 数值型的关键字段

C. 公式　　　　　　　　　　D. 单元格编号

2. 多选题

(1)在Excel中,已打开的工作簿中的工作表数目为3个,若将"文件"选项卡下"Excel选项"对话框内的"常规"选项卡中的"包含的工作表数"改为6,下面说法错误的是( )。

A. 未关闭工作簿中的工作表数目仍为3个

B. 未关闭工作簿中的工作表数目为6个(√)

C. 新打开的工作簿中的工作表数且为3个(√)

D. 新建立的工作簿中的工作表数且无法确定(√)

(2)在Excel中,有关行高的表述,下面说法中正确的是( )。

A. 整行的高度是一样的(√)

B. 在不调整行高的情况下,系统默认设置行高自动以本行中最高的字符为准(√)

C. 行增高时,该行各单元格中的字符也随之自动增高

D. 一次可以调整多行的行高(√)

(3)在Excel中,下面能将选定列隐藏的操作是( )。

A. 右击选择隐藏(√)

B. 在"列宽"对话框中设置列宽为0(√)

C. 将列标题之间的分隔线向左拖动,直至该列变窄到看不见为止(√)

D. 以上选项不完全正确

(4)在Excel中,将3、4两行选定,然后进行插入行操作,下面错误的表述是( )。

A. 在行号2和3之间插入2个空行

B. 在行号3和4之间插入2个空行(√)

C. 在行号4和5之间插入2个空行(√)

D. 在行号3和4之间插入1个空行(√)

(5)在 Excel 中,下列( )操作可以实现只允许用户在指定区域填写数据,不能破坏其他区域,并且不能删除工作表。

A. 设置"允许用户编辑区域"(√)　　　　B. 保护工作表(√)

C. 锁定单元格(√)　　　　　　　　　　　D. 添加打开文件密码

(6)在一个 Excel 文件中,想隐藏某张工作表,并且不想让别人看到,应该( )。

A. 隐藏工作表(√)　　　　　　　　　　　B. 隐藏工作簿

C. 保护工作表　　　　　　　　　　　　　D. 保护工作簿(√)

(7)在 Excel 中,关于建立的工作表各单元格之间的相对位置的说法错误的是( )。

A. 绝对不变(√)

B. 行之间可以改变,但列之间不可改变(√)

C. 行、列均可改变

D. 列之间可以改变,但行之间不可改变(√)

(8)在 Excel 中,对工作表的选择区域能够进行操作的是( )。

A. 调整行高尺寸(√)　　　　　　　　　　B. 调整列宽尺寸(√)

C. 修改条件格式(√)　　　　　　　　　　D. 保存文档

(9)在 Excel 单元格中输入字符型数据,当宽度大于单元格宽度时,下列表述正确的是( )。

A. 无须增加单元格宽度(√)

B. 当右侧单元格已经有数据时也不受限制,允许超宽输入(√)

C. 右侧单元格中的数据将被覆盖,右侧单元格被覆盖的部分会丢失

D. 右侧单元格中的数据将被覆盖,右侧单元格被覆盖的部分不会丢失(√)

(10)在 Excel 中,数值型数据可以使用的符号有( )。

A. 空格(√)　　　　　　　　　　　　　　B. %(√)

C. ,(√)　　　　　　　　　　　　　　　　D. 小数点(√)

(11)以下数据为 Excel 中合法的数值型数据的是( )。

A. 3.14(√)　　　　　　　　　　　　　　B. 12003(√)

C. ￥12003.45(√)　　　　　　　　　　　D. 56%(√)

(12)Excel 中单元格地址的引用有( )。

A. 相对引用(√)　　　　　　　　　　　　B. 绝对引用(√)

C. 混合引用(√)　　　　　　　　　　　　D. 任意引用

(13)下列关于 Excel 公式的说法中,正确的是( )。

A. 公式中可以使用文本运算符(√)

B. 引用运算符只有冒号和逗号

C. 函数中不可使用引用运算符

D. 所有用于计算的表达式都要以等号开头(√)

(14)在 Excel 的公式中,可以使用的运算符有( )。

A. 文本运算符(√)　　　　　　　　　　　B. 关系运算符(√)

C. 逻辑运算符　　　　　　　　　　　　　D. 算术运算符(√)

(15)在 Excel 中,下列公式正确的是( )。

A. =C1/D1(√)   B. =OR(C1, D1)(√)

C. =C1 * D1(√)   D. C1 * D1

(16)在 Excel 中,关于公式"=Sheet2! Al+A2"表述错误的是(　　　)。

A. 将工作表 Sheet2 中 A1 单元格中的数据与 A2 单元格中的数据相加

B. 将工作表 Sheet2 中 A1 单元格中的数据与 A2 单元格中的数据相加(√)

C. 将工作表 Sheet2 中 A1 单元格中的数据与工作表 Sheet2 A2 单元格中的数据相加(√)

D. 将工作表中 A1 单元格中的数据与 A2 单元格中的数据相加(√)

(17)下列(　　　)能输入到 Excel 工作表的单元格中。

A. ="3, 7.5"(√)   B. 3, 7.5(√)

C. =3, 7.5   D. =Sheet1! B1+7.5(√)

(18)在 Excel 的"图表工具 布局"功能区中,能设置(或修改)的有(　　　)。

A. 图表标题(√)   B. 坐标轴标题(√)

C. 图例(√)   D. 图表位置

(19)在 Excel 中修改已创建图表的图表类型的方法有(　　　)。

A. 单击"图表工具 设计"功能区中的"更改图表类型"按钮(√)

B. 单击"图表工具 格式"功能区中的"图表类型"按钮

C. 单击"图表工具 布局"功能区中的"图表类型"按钮

D. 右击图表,执行"更改图表类型"命令(√)

(20)下列属于 Excel 图表类型的是(　　　)。

A. 饼图(√)   B. 散点图(√)   C. 曲面图(√)   D. 圆环图(√)

(21)下面关于 Excel 的退出方法中正确的是(　　　)。

A. 单击 Excel 窗口中标题栏最右端的"关闭"按钮(√)

B. 双击 Excel 窗口中标题栏最左端的控制图标(√)

C. 单击标题栏最左端的控制图标,再选择其中的"关闭"命令(√)

D. 选择"文件"选项卡中的"关闭"命令

(22)下面叙述中正确的是(　　　)。

A. 工作簿以文件的形式存在磁盘上(√)

B. 1 个工作簿可以同时打开多个工作表(√)

C. 工作表以文件的形式存在磁盘上

D. 1 个工作簿打开的默认工作表数可以由用户自定,但数目须为 1~255 个(√)

(23)下面叙述中正确的是(　　　)。

A. 单元格的名字是用行号和列标来表示的。例如,第 12 行第 5 列的单元格的名字是 E12(√)

B. 单元格的名字是用行号和列标来表示的。例如,第 12 行第 5 列的单元格的名字是 12E

C. 单元格区域的表示方法是该区域的左上角单元格地址和右下角单元格地址中间加一个冒号":"(√)

D. D3：E6 表示从左上角 D3 到右下角 E6 的一片连续的矩形区域(√)

（24）在 Excel 中，下列说法中正确的是（　　）。

A. 可以将图表插入某个单元格中

B. 图表也可以插入到一张新的工作表中（√）

C. 能在工作表中嵌入图表（√）

D. 插入的图表能在工作表中任意移动（√）

（25）在 Excel 中，关于统计图表的解释正确的有（　　）。

A. 计算或分析数据的一种可视形式（√）

B. SmartArt 图形的统称

C. 使用者自行绘制的插图

D. 随时和源数据动态对应的图表（√）

（26）Excel 的筛选功能包括（　　）。

A. 直接筛选　　　　　　　　　　B. 自动筛选（√）

C. 高级筛选（√）　　　　　　　　D. 间接筛选

（27）下列关于 Excel 的排序功能的说法正确的是（　　）。

A. 可以按行排序（√）　　　　　　B. 最多允许有三个排序关键字

C. 可以按列排序（√）　　　　　　D. 可以按自定义序列排序（√）

（28）关于 Excel 筛选掉的记录的叙述，下列说法正确的有（　　）。

A. 不打印（√）　　　　　　　　　B. 不显示（√）

C. 永远丢失　　　　　　　　　　D. 可以恢复（√）

（29）关于 Excel 的分类汇总，说法错误的是（　　）。

A. 分类汇总首先应按分类字段值对记录排序

B. 汇总方式只能求和（√）

C. 只能对数值型的字段分类（√）

D. 分类汇总可以按多个字段分类（√）

（30）以下关于"分类汇总"和"数据透视表"的叙述，正确的是（　　）。

A. 使用分类汇总可自动对数据进行分级显示（√）

B. 使用分类汇总时不用区分分类字段及汇总方式

C. 数据透视表具有强大的数据重组和数据分析能力（√）

D. 数据透视表创建后可以更改创建数据透视表的数据源（√）

（31）关于 Excel 的筛选功能，叙述错误的是（　　）。

A. 自动筛选可以同时显示数据区域和筛选结果（√）

B. 高级筛选可以进行条件更复杂的筛选

C. 高级筛选不需要建立条件区，只有数据区域就可以了（√）

D. 自动筛选可以将筛选结果放在指定的区域（√）

（32）Excel 的"页面布局"功能区可以对页面进行（　　）设置。

A. 页边距（√）　　　　　　　　　B. 纸张方向、大小（√）

C. 打印区域（√）　　　　　　　　D. 打印标题（√）

（33）在 Excel 的打印设置中，可以设置打印的是（　　）。

A. 打印活动工作表（√）　　　　　B. 打印整个工作簿（√）

C. 打印单元格   D. 打印选定区域(√)

(34)在 Excel 中,下列(   )操作可以删除已经添加的人工分页符。

A. 在"分页预览"状态下,单击"页面布局"功能区"页面设置"组中"分隔符"下拉菜单中的"删除分页符"按钮(√)

B. 在分页预览时将分页符拖出打印区域以外来删除分页符(√)

C. 在"分页预览"状态下,右击工作表中任意位置的单元格,在弹出的快捷菜单中选择"重设所有分页符"命令,可删除所有人工分页符(√)

D. 在"分页预览"状态下,右击垂直分页符右侧或水平分页符下方的单元格,然后在快捷菜单中选择"删除分页符"命令(√)

(35)在 Excel 中,下列(   )命令能完成插入链接对象的操作。

A. "插入"功能区中的"超链接"命令(√)

B. "复制""剪切"

C. "插入"功能区中的"对象"命令(√)

D. "复制""选择性粘贴"(√)

(36)在 Excel 中,能够实现在工作表的每一页上都自动打印"第几页"的操作有(   )。

A. 在"分页预览"状态下,"插入"对象

B. 利用"开始"功能区中的"自定义页脚"命令进行添加

C. 通过"插入"功能区"文本"组中的"页眉和页脚"命令进行添加(√)

D. 通过"页面布局"功能区打开"页面设置"对话框,在"页眉/页脚"选项卡中的"页脚"下拉列表中进行设置(√)

3. 判断题

(1)在 Excel 中,只能设置表格的边框,不能设置单元格边框。(√)

(2)Excel 中只能用"套用表格格式"设置表格样式,不能设置单个单元格样式。(   )

(3)在 Excel 中,除可创建空白工作簿外,还可以下载多种 Office. com 中的模板。(√)

(4)在单元格中,使用不同的数字格式不仅可以改变单元格中数字的表现形式,而且可以改变数字本身的存储值。(   )

(5)在向单元格中输入百分数时,百分数的符号"%"可以设置为自动显示格式。(√)

(6)在 Excel 中,公式"=SUM(C2,E3:F4)"的含义是"=C2+E3+E4+F3+F4"。(√)

(7)在 Excel 图表中,1 个系列对应工作表中 1 个矩形区域的数据。(   )

(8)在 Excel 中,利用"图表工具 布局"和"图表工具 格式"功能区中的命令也可以完成对图表的修饰。(√)

(9)在 Excel 中,生成数据透视表后,将无法更改其布局。(   )

(10)在 Excel 中,如果想清除分类汇总,回到数据清单的初始状态,可以单击"分类汇总"对话框中的"全部删除"按钮。(√)

(11)在 Excel 中,数据透视表实际上是一种对大量数据进行快速汇总和建立交叉列表的交互式表格。(√)

(12)当工作表中的单元格引用其他单元格内的数据时,有可能因排序的关系,使公式

的引用地址错误，从而使工作表中的数据不正确。(√)

(13)在 Excel 中，只能通过"插入"选项卡来插入页眉和页脚，除此之外，没有其他的操作方法。(   )

(14)在 Excel 中，除可以在"视图"选项卡进行显示比例调整外，还可以在工作簿窗口右下角的状态栏拖动缩放滑块进行快速设置。(√)

(15)在 Excel 中，执行"打印预览"前，必须正确安装打印机驱动程序。(√)

(16)函数中的参数只能是数字、文本或单元格，而不能是其他函数。(   )

(17)在 Excel 工作表中，已知 D2 单元格的内容为"=B2*C2"，当 D2 单元格被复制到 E3 单元格时，E3 单元格的内容为"=B3*C3"。(   )

(18)在 Excel 的公式中，字符串连接符优先于关系运算符。(√)

(19)如果经常使用 Excel，系统会自动将 Excel 的快捷方式添加到"开始"菜单上方的常用程序列表中，单击该快捷方式即可启动 Excel。(√)

(20)在 Excel 中，拖动标题栏可以改变窗口的位置，用鼠标单击标题栏可以最大化或还原窗口。(   )

(21)工作表是 Excel 对数据进行分析对比的主要工作区域，在此区域中，用户可以向表格中输入内容并对内容进行编辑，可插入图片并设置格式及效果等。(√)

(22)在 Excel 中，一个工作簿由 1 个或多个工作表组成，默认情况下包含 3 个工作表，默认名称为 Sheet1、Sheet2、Sheet3，最多可达到 256 个工作表。(   )

(23)工作簿、工作表及单元格之间是包含与被包含的关系，一个工作簿中可以有多个工作表，而 1 张工作表中含有多个单元格。(√)

(24)"保存"与"另存为"的区别在于："保存"以最近修改后的内容覆盖当前打开的工作簿，不产生新的文件；"另存为"是将这些内容保存为另外一个新文件，不影响当前打开的工作簿文件。(√)

(25)移动工作表的操作方法为：将鼠标指针指向需要移动的工作表标签，按下鼠标右键，此时出现一个黑色的小三角和形状像一张白纸的图标，拖动该工作表标签到需要移动的目的标签位置即可。(   )

(26)如果需要选择两张或多张相邻的工作表，首先应该单击第一张工作表标签，然后再按住【Shift】键，单击准备选择的工作表的最后一张工作表标签。(√)

(27)删除不再使用的工作表，可以节省磁盘资源，其操作方法为：使用鼠标右键单击准备删除的工作表标签，在弹出的快捷菜单中选择"删除"命令。(√)

(28)删除 1 个单元格时，单元格的移动方式有右侧单元格左移和下方单元格上移两种方式。(   )

(29)当向 Excel 工作表单元格输入公式时，使用单元格地址为 A$2，即引用 A 列 2 行单元格，该单元格的引用称为相对引用。(   )

(30)在 Excel 工作表中，"=AVERAGE(A4:D16)"表示求 A4:D16 单元格区域的平均值。(√)

(31)在 Excel 中，除了饼图的形状与柱形图的形状不同外，柱形图与饼图之间没有差别。(   )

(32)在 Excel 中，迷你图是工作表单元格中的一个微型图表(不是对象)，可提供数据的直观表示。使用迷你图可以显示一系列数值的变化趋势(例如季节性增加或减少、经济周期),或者可以突出显示最大值和最小值。(√)

(33)在 Excel 中,利用"选择数据源"对话框中的"图例项(系列)"选项卡中的"删除"按钮也可以进行图表数据删除。(√)

(34)在 Excel 中,打印预览状态可以进行页面设置。(√)

4. 填空题

(1)在 Excel 中,要向某一单元格输入"1/5",正确的输入方法是_____。

(2)在 Excel 中,若向单元格中输入数字,则该数字会自动_____对齐,而向单元格中输入文本,则该文本会自动_____对齐。

(3)在 Excel 中,插入当前日期的快捷键是_____,插入当前时间的快捷键是_____。

(4)在 Excel 中,输入数字作为文本使用时,需要输入的先导字符是_____。

(5)在 Excel 中,按下【Delete】键将清除被选区域中所有单元格的_____。

(6)当单元格中的内容发生变化时,其显示格式也发生相应的变化,这种会变化的格式称为_____。

(7)Excel 中提供了很多已经设置好的表格格式,可以很方便地选择所需样式,套用到选定的工作表单元格区域,这称为_____。

(8)在 Excel 中,利用_____对话框中的"填充"选项卡,可以设置突出显示某些单元格或单元格区域,为这些单元格设置背景色和图案。

(9)_____是单元格字体、字号、对齐、边框和图案等一个或多个设置特性的组合,可将这样的组合加以命名和保存供用户使用。

(10)_____函数用于计算平均数,_____函数用于求最大值。

(11)在 Excel 中,假定 B2 单元格的内容为数值 78,则公式 = IF(B2 > 70,"好","差")的值为_____。

(12)在 Excel 中,假定单元格 B2 和 B3 的值分别为 6 和 12,则公式" = 2 * (B2+B3)"的值为_____。

(13)在 Excel 同一工作簿中,Sheet4 工作表中的 D3 单元格要引用 Sheet1 工作表中 F1 单元格中的数据,其引用表述为_____。

(14)在 Excel 中,某公式中引用了一组单元格,它们是(C3:D6,A2,F2),该公式引用的单元格总数为_____。

(15)图表中的图例默认显示在绘图区的_____边。

(16)在 Excel 中,用户可以创建两种类型的图表:_____图表和_____图表。

(17)高级筛选一般用于_____的数据筛选。在使用高级筛选功能对数据进行筛选前,需要先创建筛选_____。

(18)要进行分类汇总的数据表的第一行必须有_____,而且在分类汇总之前必须先对数据进行_____,以使得数据中拥有同一类关键字的记录集中在一起,然后再对记录进行分类汇总操作。

(19)在 Excel 中,系统会自动选择有文字的最大行和列作为_____。

(20)在 Excel 中,默认情况下分页符在普通视图中不显示的,但当用户进入了分页预览视图,再返回普通视图时,在工作表中将显示_____分页符。

【参考答案】

填空题

(1)先输入0，然后按下空格，再输入1/5，最后敲回车　(2)右，左　(3)【Ctrl】+分号，【Ctrl】+【Shift】+分号　(4)单引号'　(5)内容　(6)条件格式　(7)套用表格格式　(8)设置单元格格式　(9)样式　(10)AVERAGE，MAX　(11)好　(12)36　(13)Sheet1!F1　(14)10　(15)右　(16)嵌入式，独立式　(17)条件较复杂，条件　(18)列标签(或字段名称)，排序　(19)打印区域　(20)虚线

5. 操作题

(1)在Excel中，新建一个名为"成绩统计"的工作簿，在"成绩统计"工作簿的Sheet1工作表中完成图3-77所示数据的输入。数据输入完成后，请将工作表Sheet1的名称修改为"计算机动画技术成绩单"并保护该工作表。

	A	B	C	D	E	F	G
1	系别	学号	姓名	考试成绩	实验成绩	总成绩	
2	信息	991021	李×	74	16	90	
3	计算机	992032	王××	87	17	104	
4	自动控制	993023	张×	65	19	84	
5	经济	995034	郝××	86	17	103	
6	信息	991076	王×	91	15	106	
7	数学	994056	孙×	77	14	91	
8	自动控制	993021	张××	60	14	74	
9	计算机	992089	金×	73	18	91	
10	计算机	992005	杨××	90	19	109	
11	自动控制	993082	黄×	85	20	105	
12	信息	991062	王××	78	17	95	
13	经济	995022	陈×	69	12	81	
14	数学	994034	姚×	89	15	104	
15	信息	991025	张××	62	17	79	
16	自动控制	993026	钱×	66	16	82	
17	数学	994086	高××	78	15	93	
18	经济	995014	张×	80	18	98	
19	自动控制	993053	李×	93	19	112	
20	数学	994027	黄×	68	20	88	
21							

"计算机动画技术"成绩单 / Sheet2 / Sheet3

图3-77　计算机动画技术成绩单

(2)请在Excel中完成如下操作。

①新建1个Excel工作簿，输入图3-78所示的数据。

	A	B	C	D	E	F	G	H
1	学生成绩表							
2	学号	姓名	性别	语文	数学	英语	总分	
3	1001	张三	男	58	89	85		
4	1002	李四	男	87	68	68		
5	1003	王五	男	54	57	75		
6	1004	王小二	女	69	80	98		
7	1005	金×	女	87	68	58		
8	1006	刘×	男	92	75	68		
9	1007	赵×	女	25	54	71		
10	1008	李×	女	65	92	90		
11	1009	张×	男	79	78	85		
12	1010	王×	男	50	58	68		
13								

Sheet1 / Sheet2 / Sheet3

图3-78　学生成绩表

②将 A1：G1 单元格合并居中，并设置字体为黑体、24 号、加粗。

③选中表格的标题行，设置标题文字为宋体、20 磅、加粗、红底白字。

④利用公式计算出总分(总分=语文+数学+英语)。

⑤设置条件格式：60 分以下的数据为红色、加粗，大于 90 分的数据为蓝色、加粗。

⑥为表格加边框线。

⑦调整行高和列宽。

⑧保存文件。

(3)在 Excel 中，打开“Excel 操作题”文件夹中的“Excel1. xlsx”文件，如图 3-79 所示，完成如下操作。

	A	B	C	D	E	F	G	H	I	J
1					学生成绩表					
2	序号	学号	姓名	性别	大学英语	大学计算机	高等数学	总评成绩	总分	
3	1号	0301	赵×	男	89	87	75			
4	2号	0302	吴×	女	57	77	65			
5	3号	0401	李×	女	67	46	75			
6	4号	0402	张×	男	20	87	40			
7	5号	0103	刘××	女	78	48	86			
8	6号	0105	宋××	女	80	78	58			
9	最高分									
10	最低分									
11	平均分							人数合计		
12	制表日期：									
13										

图 3-79 学生成绩表

①计算每个学生的总评成绩(其中大学英语占 30%、大学计算机占 40%、高等数学占 30%，要求保留 1 位小数)、总分及各科的最高分、最低分、平均分(要求保留 1 位小数)。

②将每门课程中小于 60 分的成绩设置为粉红色、粗斜体。

③将该工作表名改为“成绩表”，并在该工作表之前插入一个工作表 Sheet4，删除工作表 Sheet2。

④将单元格 B2：H8 区域的内容复制到 Sheet4 中从 B2 开始的区域内，然后根据情况调整列宽及行高。

⑤以文件名“操作题 3. xlsx”保存在 E 盘“Excel 操作题”文件夹中。

(4)在 Excel 中，打开“Excel 操作题”文件夹中的“Excel2. xlsx”文件，如图 3-80 所示，完成如下操作。

①将 A1：G1 单元格合并为 1 个单元格，内容水平居中。

②根据提供的工资浮动率计算工资的浮动额，再计算浮动后的工资。

③为“备注”列添加信息，如果员工的浮动额大于 800 元，在对应的备注列内填入“激励”，否则填入“努力”(利用 IF 函数)；设置“备注”列的单元格样式为“40%-强调文字颜色 2”。

④选取“职工号”“原来工资”和“浮动后工资”列的内容，建立“堆积面积图”，设置图表样式为“样式 28”，图例位于底部，图表标题为“工资对比图”，位于图的上方，将图插入表的 A14：G33 单元格区域内，将工作表命名为“工资对比表”。最终效果如图 3-81 所示。

图 3-80　某部门人员浮动工资情况表

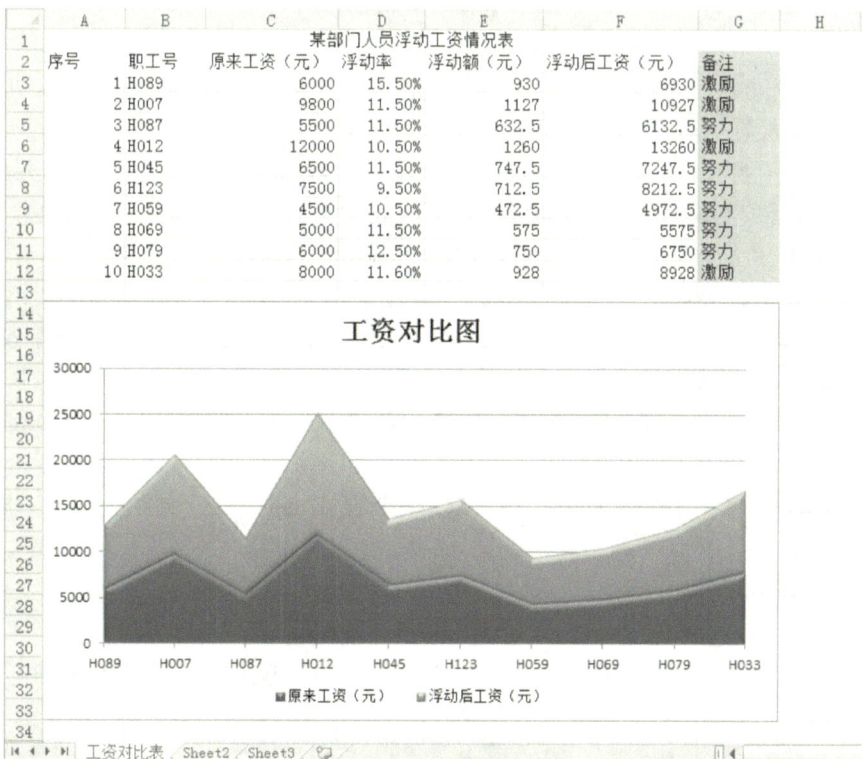

图 3-81　工资对比表

（5）请在 Excel 中完成如下操作。

①建立数据表：按图 3-82 所示的数据内容和格式建立一个数据清单，工作簿名为"Excel3. xlsx"，其中工作表 Sheet1 重命名为"学生成绩单"，保存。

②记录排序：打开"Excel3. xlsx"，计算各位学生的平均成绩，制作工作表"学生成绩单"的副本"学生成绩排序"，以"班级"为第 1 关键字，以"平均成绩"为第 2 关键字进行排序，其中"班级"按升序，"平均成绩"按降序，然后存盘。

③筛选记录：打开"Excel3. xlsx"，制作工作表"学生成绩单"的副本"学生成绩自动筛选"，用自动筛选方法筛选出各科成绩均在 70 分以上的记录，然后存盘。

④筛选记录：打开"Excel3. xlsx"，制作工作表"学生成绩单"的副本"学生成绩高级筛

姓名	性别	班级	高等数学	大学物理	大学英语	政治理论	平均成绩
赵××	男	1	80	77	66	86	
刘××	男	2	77	74	68	79	
王××	女	2	79	83	72	83	
马××	女	2	82	76	76	85	
王××	男	1	67	69	80	78	
李××	男	1	74	80	69	80	
崔××	女	2	77	79	78	80	
孙××	男	2	79	69	66	76	
王××	男	1	69	83	70	78	
张××	女	2	75	78	64	82	
郑××	男	1	66	69	72	79	
龚××	女	2	78	76	70	80	

图 3-82　数据表

选”，用高级筛选方法筛选出“高等数学”成绩高于 70 分且“大学英语”成绩高于 70 分的记录，将筛选结果放在 A18 开始的单元格区域，然后存盘。

⑤分类汇总：打开“Excel3. xlsx”，制作工作表“学生成绩单”的副本“学生成绩分类汇总”，按班级进行分类汇总，分类字段是“班级”，汇总方式是“平均值”，汇总项选“高等数学”“大学物理”“大学英语”。关闭记录层次，只显示汇总结果，然后存盘。

⑥创建数据透视表：打开“Excel3. xlsx”，制作工作表“学生成绩单”的副本“学生成绩单(2)”，以工作表“学生成绩单(2)”作为数据源创建数据透视表。其中，分类字段的“列”部分是“班级”，“行”部分是“性别”；汇总方式是“平均值”；汇总项选“高等数学”“大学物理”“大学英语”“政治理论”；透视表位置为新建工作表，名称为“学生成绩数据透视表”，然后存盘。

(6)在 Excel 中，打开“Excel 操作题”文件夹中的“Excel4. xlsx”文件，如图 3-83 所示，完成如下操作。

①格式化和填充。

a. 将区域 A1：J1 合并居中，设置字体为黑体、14 磅。

b. 依次填充学生学号(201302001；201302002；201302003；……201302044)到区域 A4：A47 中。

②计算。

在文件“Excel4. xlsx”的表 Sheet1 中进行计算，具体要求如下：

a. 计算每位学生的总分(使用 SUM 函数)。

b. 计算每门课程的平均分(使用 AVERAGE 函数)，结果保留 1 位小数。

c. 计算优秀率(90 分及 90 分以上成绩所占的比例)，用自定义公式计算(公式中可以使用 COUNTIF 和 COUNTA 两个函数)，结果为保留一位小数的百分比样式。

d. 计算第一名成绩(使用 MAX 函数)，计算倒数第一名成绩(使用 MIN 函数)。

③数据处理。

将文件“Excel4. xlsx”的表 Sheet1 中的区域 A3：J47 分别复制到本文件的表 Sheet2、Sheet3 和 Sheet4 的区域 A1：J45 中，然后完成以下操作。

a. 将表 Sheet2 中的“总分”列按从高到低排序。然后将表 Sheet2 重命名为“排序”(不含双引号)。

学号	姓名	性别	计算机基础	高等数学	大学英语	普通物理	革命史	体育	总分
	许×	女	64	76	95.5	98	86.5	71	
	李×	女	84	76	64.5	93.5	84	87	
	徐×	女	77.5	72	87	94.5	78	91	
	汪××	女	65	84	68	100	96	66	
	毕××	女	72	79	90.5	97	65.5	99	
	李×	女	100	81	81	96.5	96.5	57	
	张×	男	75	78	99.5	89.5	84.5	58	
	朱××	男	68	61	67.5	98.5	78.5	94	
	宋××	男	75	93	83	75.5	72	90	
	聂××	男	60	93	97	93	75	93	
	林××	男	68	24	92	96.5	87	61	
	陈××	女	60	79	77	81	95	78	
	秦××	男	61.6	91	100	88	62	87.5	
	柴××	男	60	69	90.5	94	99.5	70	
	唐×	女	35	74	72	92.5	84.5	78	
	周×	女	78	28	85	83	74.5	79	
	任××	男	60	60	88.5	97	72	65	
	朱××	女	60	64	78.5	63.5	79.5	65.5	
	辛×	男	45	98	92.5	73	58.5	96.5	
	翟×	男	60.5	100	60.5	87	77	78	
	范××	女	32	69	67	94	78	90	
	黄××	女	63	69	75	92	86	55	
	田××	男	61	80	64	75	87	78	
	何××	女	67	74	66.5	84	98	93	
	樊××	男	64	60	72	66	61	85	
	王××	男	36	95	70.5	100	68.5	69	
	田×	女	33	60	87.5	64.5	72	76.5	
	蒋×	女	90	86	77	73	57	84	
	刘××	男	62	85	70	89.5	61.5	61.5	
	唐××	女	66	60	73	81	66	76	
	周×	男	81	62	57	67.5	88	84.5	
	张××	女	79	60	85	59	79	61.5	
	杨××	男	97	98	65	95	75.5	61	
	刘××	男	92	85	61	57	60	85	
	康××	男	84	68	82	57.5	57	85	
	何××	女	70	92	88	63	88	60.5	
	王×	男	70	60	86	60.5	60	85	
	崔××	女	90	80	85	57	76	83.5	
	李×	男	61	62	84	81	65	62	
	秦××	女	76	71	61	91.5	81	59	
	王×	女	72	60	74	78.5	64	76.5	
	李×	女	89	60	67.5	70.5	62	73.5	
	廖××	女	82	64	78	60.5	76	67	
	尹××	男	62	86	63	66	71	69	

通信工程2013级2班期末成绩表

	计算机基础	高等数学	大学英语	普通物理	革命史	体育
平均分						
优秀率						
第一名						
倒数第一名						

Sheet1 / Sheet2 / Sheet3

图 3-83　数据表

b. 将表 Sheet3 中的"计算机基础"成绩在 70~89 分(包含 70 和 89 分)的数据筛选出来；然后将表 Sheet3 重命名为"筛选"(不含双引号)。

c. 在表 Sheet4 中，使用"分类汇总"计算出男生和女生的"普通物理"平均成绩。然后将表 Sheet4 重命名为"分类汇总"(不含双引号)。

④制作图表。

使用"Excel4.xlsx"的表 Sheet1 中的区域 A50：G50 和 A52：G52 作为数据源，绘制三维簇状柱形图。

任务三　演示文稿软件

本任务涉及的知识点及考点：演示文稿软件的基本概念和基本功能，包括演示文稿的创建、打开、保存和关闭等基本功能；演示文稿视图的使用，幻灯片的新建、移动、复制、删除和版式编辑等基本操作；幻灯片的基本制作方法，例如，文本、图片、声音、视频、艺术字、形状、表格等的插入、编辑及格式化，演示文稿的主题选用与幻灯片背景设置，演示文稿的动画设计、切换效果设置、放映方式设置，演示文稿的打包、共享、保护和打印功能。

一、重点知识精讲

1. PowerPoint 2016 视图

PowerPoint 2016 提供了 5 种视图模式，分别为普通视图、大纲视图、幻灯片浏览视图、备注页视图和阅读视图模式，用户可根据自己的阅读需要选择不同的视图模式。

2. 幻灯片的版式设计

幻灯片版式也称为幻灯片的布局格式，通过幻灯片版式的应用，可以使幻灯片的制作更加整齐、简洁。另外，用户还可以运用 PowerPoint 2016 中的模板与布局功能，更改幻灯片的模板布局，调整幻灯片的整体布局。

3. 幻灯片母版设置

幻灯片母版是一种特殊的幻灯片，它是演示文稿中所有幻灯片所遵循格式的基础，其中包括标题、副标题、文本等。应用幻灯片母版可以使演示文稿中所有幻灯片的外观都协调一致，即具有相同的格式、背景和配色方案及文本字体等，有助于统一演示文稿幻灯片的风格，增强其观赏性。切换到"视图"功能区，单击"母版视图"组中的"幻灯片母版"按钮，即可切换到幻灯片母版视图。

默认情况下，幻灯片的母版由一个主母版和 11 个幻灯片母版组成，其中主母版的格式规定了所有版式母版的基本格式。

4. 设置配色方案

配色方案是由在幻灯片设计中使用的 8 种颜色组成，这 8 种颜色是预先设置好的，自动应用于背景、文本线条、阴影、标题文本、填充、强调和超链接。演示文稿的配色方案由所应用的设计模板确定，用户可根据需要更改模板中原有的配色方案。

5. 应用幻灯片主题

在制作幻灯片的过程中，用户可根据幻灯片的制作内容及演示效果随时更改幻灯片的主题，但是 PowerPoint 2016 只为用户提供了 24 种主题，所以为了满足工作需求，用户可以自定义主题。

6. 制作动画效果

（1）设置文字效果。

文字是演示文稿中的主旋律，是丰富幻灯片内容的主要方式之一。PowerPoint 2016 为用户提供了"进入""强调""退出"等几十种内置动画效果。用户可以通过为幻灯片中文本对象添加、更改或删除动画效果的方法来增加文本的互动性与多彩性。

（2）设置图表效果。

图表是幻灯片呈现数据的主要形式之一，用户可通过为图表设置动画效果的方法来设置图表中不同数据类型的显示方式与显示顺序，从而使枯燥乏味的数据具有活泼性与动态性。

为图表添加动画的操作步骤为：选择幻灯片中的图表，单击"动画"功能区中"动画"组中的"其他"按钮，在弹出的下拉列表中选择"进入"类型中的一种动画效果，然后单击"动画"功能区中的"效果选项"按钮，在弹出的下拉列表中选择一种演示效果即可。例如，选择"按系列"选项，则在演示文稿时，图表中的数据按系列先后出现在幻灯片中。

（3）设置动画路径。

为对象添加动画效果之后，为了突出显示对象的动态效果，还需要设置动画的进入路径，如自左侧进入、自右侧进入等进入方式。一般情况下，用户可使用选项组法与动画窗格法两种方法来设置动画的路径方向。

7. 添加音频和视频文件

（1）添加音频。

在 PowerPoint 2016 中，用户还可以通过为幻灯片添加音频文件来增强幻灯片生动活泼的动感效果。

①添加文件中的声音。

选择幻灯片，单击"插入"功能区中"媒体"组中的"音频"按钮，在弹出的下拉列表中选择"文件中的音频"命令，在弹出的"插入音频"对话框中选择所需的音频文件，然后单击"插入"按钮即可。此时，系统会自动在幻灯片中显示声音播放对象，用户只需单击"播放/暂停"按钮，即可播放插入的声音。

②添加剪辑管理器中的声音。

选择幻灯片，单击"插入"功能区中"媒体"组中的"音频"按钮，在弹出的下拉列表中选择"剪贴画音频"命令，在"剪贴画"任务窗格中选择一种声音文件。

③录制声音。

单击"插入"功能区中"媒体"组中的"音频"按钮，在弹出的下拉列表中选择"录制音频"命令，在弹出的"录音"对话框中输入名称，单击"录制"按钮开始录制，录制完毕后单击"停止"按钮即可。

（2）添加视频。

在幻灯片中，用户可以像插入音频那样，为幻灯片插入剪贴画或本地文件中的影片，用来增强幻灯片的说服力。所插入的视频文件主要为 .avi、.asf、.mpeg、.wmv 等格式的文件。

①添加剪贴画中的影片。

选择幻灯片，单击"插入"功能区中"媒体"组中的"视频"按钮，在弹出的下拉列表中选择"剪贴画视频"命令。在弹出的"剪贴画"任务窗格中选择一种媒体文件类型，或者通过关键字进行搜索，单击所需的视频文件即可将其插入到当前幻灯片中。

②添加文件中的影片。

选择幻灯片，单击"插入"功能区中"媒体"组中的"视频"按钮，在弹出的下拉列表中选择"文件中的视频"命令，在弹出的"插入视频文件"对话框中选择所需的影片，然后单击"插入"按钮即可。

8. 制作交互式幻灯片

PowerPoint 2016 为用户提供了一个包含 Office 应用程序共享的超链接功能，通过该功能不仅可以实现具有条理性的放映效果，而且还可以实现幻灯片与幻灯片、幻灯片与演示文稿或幻灯片与其他程序之间的链接，从而帮助用户达到制作交互式幻灯片的目的。

(1)使用超链接。

超链接是从一个幻灯片指向另一个幻灯片的链接关系。用户可以使用 PowerPoint 2016 超链接功能链接幻灯片与电子邮件、新建文档等外部资源。具体操作步骤详见相关教程。

(2)添加动作。

在 PowerPoint 2016 中，用户还可以创建对象与程序之间的链接。另外，为增加超链接的多功能性，用户还可以创建动作链接，并为动作添加声音效果。具体操作步骤详见相关教程。

9. 演示文稿的放映与展示

在 PowerPoint 2016 中，用户可以根据实际环境设置不同的放映范围与方式，以满足用户展示幻灯片内容的各种需求，也可将演示文稿打包成 CD 数据包，发布到网络中，以及将演示文稿输出到纸张中，来传递与展示演示文稿的内容。

(1)选择放映途径。

根据不同的放映场合或观众，可为演示文稿选择不同的放映方式。在 PowerPoint 2016 中可使用以下三种方式放映：在 PowerPoint 2016 中播放、借助 PowerPoint Viewer 播放演示文稿、将演示文稿保存为放映模式。

(2)设置放映方式。

单击"幻灯片放映"功能区中"设置"组中的"设置幻灯片放映"按钮，在弹出的"设置放映方式"对话框中可通过设置相关放映参数来实现不同的放映方式。

(3)排练计时与旁白。

在 PowerPoint 2016 中，用户还可以通过为幻灯片添加排练计时与录制旁白的功能来完善幻灯片。

10. 发布演示文稿

在 PowerPoint 2016 中，用户不仅可以将演示文稿和媒体链接复制到可以刻录成 CD 的文件夹中，也可以将幻灯片保存到幻灯片库中，还可以在 Word 中打开演示文稿并自定义讲义页。

(1)分发演示文稿。

制作完成演示文稿之后，用户还可以将演示文稿通过 CD、电子邮件、视频等形式共享给同事或朋友。

(2)输出演示文稿。

输出演示文稿是将演示文稿打印到纸张上。在 PowerPoint 2016 中，可以将演示文稿输出为图片或幻灯片放映等多种形式。

二、典型例题精解

1. 单选题

(1) 在 PowerPoint 中，以文档方式存储在磁盘上的文件为(　　)。

A. 幻灯片　　　　　　　　　　　B. 工作簿

C. 演示文稿　　　　　　　　　　D. 播放文件

【答案】C

【解析】PowerPoint 是功能强大的演示文稿应用软件，利用它制作处理的义档通常称为演示文稿。一个演示文稿由若干张幻灯片组成，工作簿是 Excel 中的文档。

(2) PowerPoint 2016 是(　　)。

A. 数据库管理软件　　　　　　　B. 文字处理软件

C. 电子表格软件　　　　　　　　D. 幻灯片制作软件(或演示文稿制作软件)

【答案】D

【解析】Word 是文字处理软件，Excel 是电子表格软件，PowerPoint 2016 是幻灯片制作软件，其默认的扩展名是.pptx(PowerPoint 2003 及之前版本的扩展名为.ppt)。

(3) 下列关于 PowerPoint 的说法正确的是(　　)。

A. 在 PowerPoint 中，每一张幻灯片就是一个演示文稿

B. 新建幻灯片时，PowerPoint 默认使用现有模板的布局方式

C. 用 PowerPoint 只能创建、编辑演示文稿，不能播放演示文稿

D. 在 PowerPoint 中，可以为个别幻灯片设计外观

【答案】B

【解析】一个演示文稿一般由若干张幻灯片组成。PowerPoint 既是演示文稿编辑器，又是演示文稿的播放器，应用设计模板是控制整个演示文稿统一外观的快捷方法，一个演示文稿的所有幻灯片同一时刻只能采用一个模板；新建一张新幻灯片时，PowerPoint 默认使用现有模板的布局方式。

(4) 在幻灯片浏览视图中，可进行的操作是(　　)。

A. 添加、删除、移动、复制幻灯片

B. 添加说明或注释

C. 添加文本、声音、图像及其他对象

D. 演示指定幻灯片

【答案】A

【解析】在幻灯片浏览视图下，可展示整个演示文稿(即所有幻灯片)，能进行添加、删除、移动、复制幻灯片等操作。

(5) 在 PowerPoint 备注页视图下，双击幻灯片可以(　　)。

A. 直接进入普通视图　　　　　　B. 弹出快捷菜单

C. 插入备注或说明　　　　　　　D. 删除该幻灯片

【答案】A

【解析】在备注页视图下，双击幻灯片可以直接进入普通视图。

(6)在 PowerPoint 中,不能对个别幻灯片内容进行编辑修改的视图方式是(　　)。

A.备注页视图　　　　　　　　　　B.幻灯片浏览视图

C.普通视图　　　　　　　　　　　D.以上三项均不是

【答案】B

【解析】在 PowerPoint 的幻灯片浏览视图下,用户可以查看整个演示文稿,可对幻灯片进行添加、删除、移动、复制等操作,但不能编辑幻灯片中的内容。

(7)制作成功的幻灯片,如果希望以后打开时自动播放,应该在制作完成后将其另存为(　　)格式。

A..pptx　　　　　　B..ppsx　　　　　　C..docx　　　　　　D..xlsx

【答案】B

【解析】可以把演示文稿另存为"放映"格式。双击该格式文件,立即进入幻灯片放映模式。当然,为了便于修改演示文稿,仍需要将.pptx 格式文件备份好。

(8)演示文稿的基本组成单元是(　　)。

A.图形　　　　　　B.幻灯片　　　　　　C.超链点　　　　　　D.文本

【答案】B

【解析】演示文稿是由一张张幻灯片组成的。而一张幻灯片常由文本、图形、图像、超链接等对象组成。

(9)在下列操作中,不能在幻灯片浏览视图下制作所选幻灯片的副本的操作是(　　)。

A.选中某幻灯片,鼠标直接拖动配合按【Ctrl】键。

B.选中某张幻灯片,在"文件"选项卡中选择"另存为"命令。

C.选中某张幻灯片,通过鼠标右键,在快捷菜单中通过"复制""粘贴"命令制作副本。

D.选中某张幻灯片,在"开始"功能区中选择"复制幻灯片"命令。

【答案】B

【解析】利用文件选项卡中的"另存为"命令,只能复制整个演示文稿,不能复制所选幻灯片。

(10)有关幻灯片的说明和注释,下列说法中正确的是(　　)。

A.注释信息只出现在备注页视图中

B.注释信息可在普通视图中进行编辑

C.注释信息随幻灯片一起播放

D.注释信息可出现在幻灯片浏览视图中

【答案】A

【解析】备注页视图上半部分是一张缩小的幻灯片,下半部分是注释栏,里面可写入有关幻灯片的说明或注释,便于以后维护、修改文件时查询。注释信息只出现在备注页视图中,也只能在此视图中进行编辑,播放演示文稿时不会显示出来。

(11)下面关于隐藏标记的幻灯片的叙述,正确的是(　　)。

A.播放时肯定不显示　　　　　　B.可以在任何视图方式下编辑

C.播放时可能会显示　　　　　　D.不能在任何视图方式下编辑

【答案】C

【解析】打上隐藏标记的幻灯片，仍可在普通视图方式下编辑文本、图片等对象。能否播放，要看具体情况。播放时，若首张就是隐藏的幻灯片（或其后连续几张都打上隐藏标记），则会显示它们，而其他位置上隐藏的幻灯片就不会显示。但是，若首张不是隐藏的幻灯片，则所有打上隐藏标记的幻灯片都不会显示。

（12）PowerPoint 中，要隐藏某张幻灯片，则可在"幻灯片"窗格中选定要隐藏的幻灯片，然后（　　）。

A. 单击"视图"功能区中的"隐藏幻灯片"按钮

B. 单击"幻灯片放映"功能区中"设置"组中的"隐藏幻灯片"按钮

C. 单击"设计"功能区中的"隐藏幻灯片"按钮

D. 左击该幻灯片，选择"隐藏幻灯片"命令

【答案】B

【解析】其实，要隐藏一张幻灯片还可以这样操作：右击"幻灯片"窗格中要隐藏的幻灯片，在弹出的快捷菜单中选择"隐藏幻灯片"菜单项。顺便说一下，要取消某个幻灯片的隐藏，也是单击"幻灯片放映"功能区中"设置"组中的"隐藏幻灯片"按钮。该按钮就像一个开关一样，单击一下"打开"，再单击一下"关闭"。

（13）如果在幻灯片浏览视图中选定多张不连续的幻灯片，应按下（　　）。

A.【Shift】键　　　　　　　　　　B.【Alt】键

C.【Ctrl】键　　　　　　　　　　D.【Tab】键

【答案】C

【解析】在幻灯片浏览视图中选定多张不连续的幻灯片的方法是，按下【Ctrl】键，然后逐一单击所需选定的幻灯片。

（14）可以编辑幻灯片中的文本、图像、声音等对象的视图一定是（　　）。

A. 普通视图方式　　　　　　　　　B. 幻灯片浏览视图方式

C. 阅读视图方式　　　　　　　　　D. 幻灯片放映视图方式

【答案】A

【解析】只有在普通视图下才能往幻灯片中添加文本、图片等对象，并对它们进行编排和格式化，以及改变幻灯片的显示比例。在阅读视图下，只能显示幻灯片。在浏览视图下，可以显示整个演示文稿，可添加、删除、移动、复制幻灯片。在放映视图下，可以全屏显示每张幻灯片。

（15）在 PowerPoint 的幻灯片浏览视图下，不能完成的操作是（　　）。

A. 调整个别幻灯片的位置　　　　　B. 删除个别幻灯片

C. 编辑个别幻灯片内容　　　　　　D. 复制个别幻灯片

【答案】C

【解析】在 PowerPoint 的幻灯片浏览视图下，用户可以查看整个演示文稿，可对幻灯片进行添加、移动、复制、删除等操作，但不能编辑幻灯片中的内容。

（16）在 PowerPoint 的（　　）视图模式下，可以改变幻灯片的顺序。

A. 普通视图　　　　　　　　　　　B. 阅读视图

C. 备注页视图　　　　　　　　　　D. 幻灯片浏览视图

【答案】D

【解析】PowerPoint 提供了普通视图、幻灯片浏览视图、备注页视图、阅读视图、幻灯片母版视图、讲义母版视图、备注母版视图和幻灯片放映视图 8 种视图模式。其中，在幻灯片浏览视图模式下，用户可以移动幻灯片、删除幻灯片、改变幻灯片的顺序。

（17）在 PowerPoint 中，在普通视图下删除幻灯片的操作是(　　）。

A.在"幻灯片"窗格中选定要删除的幻灯片（单击它即可选定），然后按【Delete】键

B.在"幻灯片"窗格中选定幻灯片，再单击"开始"功能区中的"删除"按钮

C.在"编辑"功能区中单击"编辑"组中的"删除"按钮

D.以上说法都不正确

【答案】A

【解析】只有 A 选项是正确的。除此之外，也可以在普通视图下在"幻灯片"窗格中右击要删除的幻灯片，然后选择"删除幻灯片"命令。

（18）在 PowerPoint 备注页视图方式下，双击幻灯片可以(　　)。

A.直接进入普通视图　　　　　　　B.弹出快捷菜单

C.插入备注或说明　　　　　　　　D.删除该幻灯片

【答案】A

【解析】在备注页视图下，双击幻灯片可以直接进入普通视图。

（19）新增 1 张幻灯片时，该幻灯片可能的默认幻灯片版式是(　　)。

A.标题幻灯片　　　　　　　　　　B.标题和竖排文字

C.标题和内容　　　　　　　　　　D.空白版式

【答案】C

【解析】幻灯片有许多版式可选，包括"标题幻灯片""标题和内容""两栏内容""空白""标题和竖排文字""垂直排列标题与文本"等版式。但是新建的幻灯片默认版式为"标题和内容"。

（20）在 PowerPoint 中，新建演示文稿已选定"主题"→"暗香扑面"模板，在文稿中新增幻灯片时，新幻灯片的模板将(　　)。

A.采用默认型设计模板　　　　　　B.采用已选设计模板

C.随机选择任意模板　　　　　　　D.用户指定另外的设计模板

【答案】B

【解析】在 PowerPoint 中，当选定了设计模板后，该演示文稿中所有的幻灯片都采用模板中的信息，新插入的幻灯片也不例外。

（21）在幻灯片中，将涉及其组成对象的种类以及对象间相互位置的问题称为(　　)。

A.模板设计　　　　　　　　　　　B.动画效果

C.版式设计　　　　　　　　　　　D.配色方案

【答案】C

【解析】模板设计是规定整个演示文稿的统一外观；动画效果是指幻灯片中的对象进入播放的方式和顺序；配色方案是指应用到个别或全部幻灯片、备注页、讲义中的多种均衡颜色预设方案；而安排文字、声音、视频图像等各类信息对象在幻灯片中的位置通常称为布局或版式设计。

（22）在 PowerPoint 演示文稿中，将某张幻灯片版式更改为"标题与内容"，应选择的功

能区是(　　)。

A. 视图　　　　　　B. 插入　　　　　　C. 开始　　　　　　D. 设计

【答案】C

【解析】在 PowerPoint 中，若要设置幻灯片版式，应使用"开始"功能区中的"版式"按钮。

(23)在 PowerPoint 中，打开"设置背景格式"对话框的正确方法是(　　)。

A. 用鼠标右键点击幻灯片空白处，在弹出的快捷菜单中选择"设置背景格式"菜单项

B. 单击"插入"功能区中的"背景"按钮

C. 单击"开始"功能区中的"背景"按钮

D. 以上都不正确

【答案】A

【解析】打开"设置背景格式"对话框的另一方法为：单击"设计"功能区中"背景"组中的"背景样式"按钮，在弹出的下拉列表中选择"设置背景格式"命令。

(24)在 PowerPoint 中，若要把幻灯片的设计模板(即应用文档主题)，设置为"行云流水"，应进行的一组操作是(　　)。

A. 选择"插入"功能区中"图片"组中的"行云流水"

B. 选择"设计"功能区中"主题"组中的"行云流水"

C. 选择"幻灯片放映"功能区中"自定义动画"组中的"行云流水"

D. 选择"动画"功能区中"幻灯片设计"组中的"行云流水"

【答案】B

【解析】在"设计"功能区中有一个"主题"组，在该组中可找到系统内置的设计模板(又称文档主题)，只要选择其中的主题，可使演示文稿变得丰富多彩。

(25)在 PowerPoint 中，具有交互功能的演示文稿(　　)。

A. 可以播放声音、乐曲　　　　　　B. 可以播放动态视频图像

C. 具有"超级链接"功能　　　　　　D. 具有自动循环放映功能

【答案】C

【解析】用 PowerPoint 制作的多媒体演示文稿可以播放文本、图片、声音、动态图像。只要在"切换"功能区中进行适当的设置，所有的演示文稿就可以自动循环放映。不过，这些特点并不表示演示文稿具有交互功能，只有利用"超链接"功能为幻灯片对象创建超链接，并将链接目标指向演示文稿内特定的幻灯片(不按顺序方式跳转)、其他演示文稿、某个 Word 文档、Excel 工作簿或某个网址，这样制作的演示文稿才具有交互功能。

(26)在下列操作中，正确插入层次结构图形的操作是(　　)。

A. 在"开始"功能区中选择"SmartArt"命令，在打开的对话框中选择"层次结构"

B. 在"插入"功能区中选择"SmartArt"命令，在打开的对话框中选择"层次结构"

C. 在"插入"功能区中选择"图片"命令，在打开的对话框中选择"层次结构"

D. 在"视图"功能区中选择"SmartArt"命令，在打开的对话框中选择"层次结构"

【答案】B

【解析】层次结构图是由一组具有层次关系的图框组成的。在 PowerPoint 中，层次结构图是应用程序，它可以作为对象嵌入到幻灯片中。打开此程序，可任意、方便地添加各层

的图框。利用绘图方式自行绘制的层次图不是 PowerPoint 中的应用程序,要添加或删除图框是很复杂的。

(27)在 PowerPoint 的编辑过程中,想要在每张幻灯片相同的位置插入某个学校的校标,最好的设置方法是在幻灯片的( )中进行。

A. 普通视图   B. 浏览视图

C. 母版视图   D. 备注视图

【答案】C

【解析】进入"母版视图"的方法是:单击"视图"功能区中"母版视图"组中的"幻灯片母版"按钮。

(28)在处理幻灯片中的图形图像时,透明色效果只能应用于( )。

A. 图片对象   B. 图表对象

C. 图形对象   D. 文本对象

【答案】A

【解析】对图形和图像处理时,一些增强效果可以同时用于图形和图像,一些只能用于图形,另一些只能用于图像。例如,三维效果只能用于图形,透明色效果只能用于图像。

2. 多选题

(1)下列叙述中,正确的是( )。

A. 每张幻灯片中可包含若干对象

B. 在 PowerPoint 中,插入的艺术字属于嵌入式的应用程序

C. 在幻灯片浏览视图下,可添加、删除、移动、复制幻灯片

D. 在幻灯片中不能插入视频图像

【答案】ABC

【解析】PowerPoint 可以制作多媒体幻灯片,每张幻灯片不仅可包含文字、表格,还可以包含声音、视频等不同类型的信息对象。

(2)在 PowerPoint 中,若要为幻灯片中的对象添加"百叶窗"动画效果,下列( )对话框中没有相关操作命令。

A. 添加进入效果   B. 幻灯片版式

C. 自定义放映   D. 幻灯片放映

【答案】BCD

【解析】在 PowerPoint 的"添加进入效果"对话框中,用户可以方便地为幻灯片中的对象添加动画效果,其他对话框则没有相关操作命令。

(3)在 PowerPoint 中,可以插入( )文件(选项中给出的是不同类型文件的扩展名)。

A. . avi   B. . wav

C. . exe   D. . bmp(或. p ng)

【答案】ABD

【解析】. avi 是视频文件,可以插入;. wav 是音频文件,可以插入;. bmp(. png)是图像文件,可以插入;. exe 是可执行文件,不可以插入。但是,如果是超链接,可执行文件. exe是可以的,注意彼此的区别。

（4）插入 PowerPoint 中的视频文件类型应首选.avi 和.mpg，声音文件则应首选（　　）。

A. .mp3　　　　　B. .mp4　　　　　C. .wav　　　　　D. .midi

【答案】CD

【解析】PowerPoint 中可使用的视频和声音文件类型有多种，首选的视频文件是.avi 和.mpg，声音文件是.wav 和.midi。

（5）设置放映方式、控制演示文稿的播放过程不是指（　　）。

A.设置幻灯片的切换效果

B.设置演示文稿播放过程中幻灯片进入和离开屏幕时产生的视觉效果

C.设置幻灯片中文本、声音、图像及其他对象的进入方式和顺序

D.设置放映类型、换片方式、指定要演示的幻灯片

【答案】ABC

【解析】选项 A 和选项 B 均是指设置幻灯片的切换方式或切换效果。选项 C 是指设置动画效果。选项 D 是指设置放映方式，设置放映方式包括设置放映类型、换片方式、指定要演示的幻灯片等。

（6）下列关于 PowerPoint 中"打包"的叙述错误的是（　　）。

A.压缩演示文稿便于存放

B.将嵌入的对象与演示文稿压缩在同一文件夹或 CD 中

C.压缩演示文稿便于携带

D.将播放器与演示文稿压缩在同一文件夹或 CD 中

【答案】ABC

【解析】打包的含义是利用"打包"向导，将播放器与演示文稿压缩在同一文件夹或 CD 中，这样可以在没有安装 PowerPoint 的计算机上放映幻灯片。不过，在放映前必须先"解包"，即解压缩，然后才能播放。

（7）在 PowerPoint 中，下列（　　）快捷键不能停止幻灯片的播放。

A.【Esc】　　　　　B.【Shift】　　　　　C.【Ctrl】　　　　　D.【Alt】

【答案】BCD

【解析】按【Esc】键可以停止幻灯片放映。另一种方法为：放映时单击鼠标右键，在弹出的快捷菜单中选择"结束放映"命令。

（8）在 PowerPoint 中，为每张幻灯片设置放映时的切换方式，下列（　　）功能区中没有相关的操作命令。

A.幻灯片放映　　　　　　　　　B.插入

C.开始　　　　　　　　　　　　D.切换

【答案】ABC

【解析】在 PowerPoint 中，可通过"切换"功能区来设置幻灯片的切换效果，其他功能区则没有相关操作命令。

（9）在 PowerPoint 中，若想选择演示文稿中指定的幻灯片进行播放，下列（　　）命令不能实现播放。

A.自定义幻灯片放映　　　　　　B.设置放映方式

C. 放映选项设置　　　　　　　　D. 播放演示文稿

【答案】BCD

【解析】在 PowerPoint 中,若想选择演示文稿中指定的幻灯片进行播放,应使用"幻灯片放映"选项卡中的"自定义幻灯片放映"命令。具体步骤如下:在"幻灯片放映"选项卡中单击"自定义幻灯片放映"按钮,在弹出的下拉列表中选择"自定义放映"命令,在打开的对话框中单击"新建"按钮,在弹出的对话框中"演示文稿中的幻灯片"列表框中选择自定义放映的幻灯片,然后单击"添加"按钮,再单击"确定"按钮,完成操作。

(10)在 PowerPoint 中,若想改变演示文稿的播放次序,或者通过幻灯片的某一个对象链接指定文件,可以使用"(　　)"命令实现。

A. 设置动画　　　　　　　　　　B. 动作设置

C. 插入超级链接　　　　　　　　D. 幻灯片放映

【答案】BC

【解析】在 PowerPoint 中,若想改变演示文稿的播放次序,或者通过幻灯片的某一对象链接到指定文件,可以使用动作设置和"插入"功能区中的"超链接"命令实现。

阶段知识检测(三)

1. 单选题

(1)在 PowerPoint 中,当前正在新建一个演示文稿,其名字为"演示文稿 2",当执行"保存"命令后(　　)。

A. 该"演示文稿 2"被存盘,并退出 PowerPoint

B. 自动以"演示文稿 2"存盘,继续编辑

C. 弹出"编辑"对话框,进行一步操作

D. 弹出"另存为"对话框,进行一步操作(√)

(2)在 PowerPoint 中,一共新建了两个演示文稿,但没有对这两个文稿进行"保存"或"另存为"操作,那么(　　)。

A. 两个文稿名称都出现在"最近所用文件"中

B. 两个文稿名称都出现在"视图"功能区中

C. 只有第 1 个文稿名称出现在"最近所用文件"中

D. 两个文稿名字都不出现在"最近所用文件"中(√)

(3)在编辑幻灯片时,执行了两次"剪切"操作,则剪贴板中(　　)。

A. 仅有第 1 次被剪切的内容　　　　B. 仅有第 2 次被剪切的内容(√)

C. 有两次被剪切的内容　　　　　　D. 内容被清除

(4)在编辑演示文稿时,要进行"替换"操作应使用(　　)。

A. "视图"功能区中的按钮

B. "动画"功能区中的按钮

C. "设计"功能区中的按钮

D. "开始"功能区中的按钮(√)

（5）进入幻灯片各种视图中最快的方法是（　　）。

A．通过"视图"功能区

B．单击屏幕右下方的"视图控制"按钮（√）

C．使用快捷菜单

D．通过"设计"功能区

（6）若当前编辑的演示文稿是 C 盘中名为"ABC.pptx"的文件，要将该文件复制到 D 盘，应使用（　　）。

A．"文件"选项卡中的"另存为"按钮（√）

B．"文件"选项卡中的"发送"按钮

C．"文件"选项卡中的"新建"按钮

D．"开始"选项卡中的"复制"按钮

（7）在 PowerPoint"文件"选项卡中的"最近所有文件"选项卡里所显示的文件指的是（　　）。

A．当前被操作的文件

B．当前已经打开的所有文件

C．最近被操作过且已保存过的文件（√）

D．扩展名为.docx 的所有文件

（8）在编辑演示文稿时，执行保存命令后（　　）。

A．会将所有打开的演示文稿存盘

B．只能将当前演示文稿存储在原文件夹内（√）

C．可以将当前演示文稿存储在已有的任意文件内

D．可以先建立一个新文件夹，再将演示文稿存储在该文件夹内

（9）在普通视图下编辑幻灯片时，在选择对象并执行"复制"命令后（　　）。

A．被选择的内容将复制到插入点处

B．被选择的内容将复制到剪贴板（√）

C．被选择的内容将复制成为一个演示文稿

D．被选择的内容将复制成为一张幻灯片

（10）在普通视图方式下编辑幻灯片时，执行"粘贴"命令后（　　）。

A．幻灯片中被选择的内容将移到剪贴板

B．幻灯片中被选择的内容将复制到当前插入点处

C．剪贴板中的内容将复制到当前插入点处（√）

D．剪贴板中的内容将移动到当前插入点处

（11）在 PowerPoint 中，"版式"可以用来改变某一幻灯片的布局，"版式"按钮在"开始"选项卡功能区的"（　　）"组中。

A．幻灯片（√）　　　　　　　　　　B．编辑

C．字体　　　　　　　　　　　　　　D．绘图

（12）下列关于 PowerPoint 幻灯片占位符的说法中，正确的是（　　）。

A．占位符是指定特定幻灯片位置的书签（√）

B．空白幻灯片没有占位符

C. "标题和内容"版式没有图片占位符

D. 以上说法都不正确

(13)当在1张幻灯片中将某文本行降级时(　　)。

A. 降低了该行的重要性　　　　　　　B. 使该行缩进1个幻灯片层(√)

C. 使该行缩进1个大纲层　　　　　　D. 增加了该行的重要性

(14)在 PowerPoint 中,要隐藏某张幻灯片,不正确的操作是(　　)。

A. 单击"幻灯片放映"功能区"设置"组中的"隐藏幻灯片"按钮

B. 在普通视图下的"幻灯片"窗格中,右击幻灯片并选择"隐藏幻灯片"命令

C. 在幻灯片浏览视图下右击幻灯片并选择"隐藏幻灯片"命令

D. 以上说法都不正确(√)

(15)在制作幻灯片时,若要插入一张名为"a.jpg"的照片文件,应该采用的操作是单击(　　)。

A. "插入"功能区中的"剪贴画"按钮

B. "插入"功能区中的"文本框"按钮

C. "插入"功能区中的"图片"按钮(√)

D. "插入"功能区中的"形状"按钮

(16)PowerPoint 中自带很多图像,若要将它们加入到幻灯片中,应插入的对象是(　　)。

A. 剪贴画(√)　　　　　　　　　　B. 自选图形

C. 对象　　　　　　　　　　　　　D. 图表

(17)在 PowerPoint 中,下列说法正确的是(　　)。

A. 不可以在幻灯片中插入剪贴画和来自文件的图片

B. 可以在幻灯片中插入声音(即音频)和影像(即视频)(√)

C. 不可以在幻灯片中插入艺术字

D. 不可以在幻灯片中插入超级链接

(18)PowerPoint 的图表是用于(　　)。

A. 可视化地显示数字(√)　　　　　　B. 可视化地显示文本

C. 可以说明一个进程　　　　　　　　D. 可以显示一个组织的结构

(19)要使幻灯片中的标题、图片、文字等按用户要求的顺序出现,应进行的设置是(　　)。

A. 设置放映方式　　　　　　　　　　B. 幻灯片切换

C. 自定义动画(√)　　　　　　　　　D. 幻灯片链接

(20)在 PowerPoint 中,若要使幻灯片在播放时能每隔3秒自动转到下一页,可以在(　　)功能区中设置。

A. 开始　　　　B. 设计　　　　C. 切换(√)　　　　D. 动画

(21)在演示文稿播放过程中,当幻灯片进入和离开屏幕时,出现水平百叶窗、溶解、盒状展开、向下插入等切换效果,是因为(　　)。

A. 在一张幻灯片内部设置了播放效果　B. 为该幻灯片设置了播放效果(√)

C. 为幻灯片使用了适当的模板　　　　D. 为幻灯片使用了适当的版式

(22)关于母版的描述,下列不正确的是(   )。

A. 母版可以预先定义前景颜色、文本颜色、字体大小等

B. 标题母版为使用标题版式的幻灯片设置默认格式

C. 对幻灯片母版的修改,不影响任何一张幻灯片(√)

D. PowerPoint 通过母版来控制幻灯片中不同部分的表现形式

(23)下面有关 PowerPoint 的说法,错误的是(   )。

A. 标题、文字、图片、图表和表格等都被视为对象

B. 对选定的对象可以进行移动、复制、删除、撤销等操作

C. 建立空白演示文稿时,该演示文稿不包含任何背景图案。

D. 幻灯片中可插入所需的图片、表格,但不能插入动画和声音(√)

(24)在幻灯片浏览视图中,可使用(   )键+拖动来复制选定的幻灯片。

A.【Ctrl】(√)   B.【Alt】

C.【Shift】   D.【Tab】

(25)被建立了超级链接的文本或图像将变成(   )。

A. 暗灰色的   B. 黑体的

C. 彩色带下划线的(√)   D. 凸出的

(26)编辑幻灯片内容时,需要先(   )对象。

A. 调整   B. 选择(√)   C. 删除   D. 粘贴

(27)设计模板是(   )提供的幻灯片内预设外观格式模板。

A. Windows   B. Word

C. Excel   D. PowerPoint(√)

(28)如果想使幻灯片内的标题、图片、文字按顺序出现,应该使用(   )功能区中的按钮来实现。

A. 自定义放映   B. 设计

C. 开始   D. 动画(√)

(29)要在选定的版式中输入文字,只要(   )。

A. 单击占位符,直接输入文字(√)

B. 首先删除占位符中的文字,然后输入文字

C. 从"文件"选项卡中选择

D. 从"开始"功能区中选择

(30)在演示文稿中新增 1 张幻灯片的方法是(   )。

A. 单击"插入"功能区中的"新建幻灯片"按钮

B. 单击"开始"功能区中的"新建幻灯片"按钮(√)

C. 单击"文件"功能区中的"新建幻灯片"按钮

D. 单击"设计"功能区中的"新建幻灯片"按钮

(31)要修改文本框内的内容,应该(   )。

A. 首先删除文本框,然后再重新加入一个文本框

B. 选择该文本框,选择所要修改的内容,然后重新输入文字(√)

C. 重新选择文本框的版式,然后在文本框内输入文字

D. 单击"开始"功能区中的"替换"按钮

(32)修改项目符号的颜色、大小可通过下列(　　)功能区来实现。

A. 设计　　　　　　B. 开始(√)　　　　C. 动画　　　　　　D. 插入

(33)如果想将幻灯片的方向更改为纵向，可通过(　　)功能区来实现。

A. 视图　　　　　　B. 文件　　　　　　C. 设计(√)　　　　D. 开始

(34)如果要打印某一幻灯片的备注页，可通过(　　)来实现。

A. 选择该幻灯片，并将视图设为备注页视图

B. 在"文件"选项卡中的"打印"选项卡中作相关设置(√)

C. 以上两种方法都可以

D. 以上两种方法都不可以

(35)如果要从第 2 张幻灯片跳转到第 8 张幻灯片，应使用"幻灯片放映"中的(　　)。

A. 广播幻灯片　　　　　　　　　B. 排练计时

C. 自定义幻灯片放映(√)　　　　D. 设置幻灯片放映

(36)在 PowerPoint 中，可以使用拖动方法来改变幻灯片顺序的视图是(　　)。

A. 阅读视图　　　　　　　　　　B. 备注页视图

C. 幻灯片浏览视图(√)　　　　　D. 幻灯片放映视图

(37)在 PowerPoint 的普通视图下，要想输入文本可在(　　)进行操作。

A. 在幻灯片的空白处　　　　　　B. 在文本框里(√)

C. 在标题栏外　　　　　　　　　D. 以上都不对

(38)在 PowerPoint 的主界面窗口(即工作窗口)中不包含(　　)。

A. "开始"功能区　　　　　　　　B. "切换"功能区

C. "动画"功能区　　　　　　　　D. "数据"功能区(√)

(39)PowerPoint 的"文件"选项卡下的"新建"命令的功能是建立(　　)。

A. 1 个演示文稿(√)　　　　　　B. 1 张幻灯片

C. 1 个新的备注文件　　　　　　D. 以上说法都不对

(40)在 PowerPoint 中，编辑幻灯片时如果要设置文本的字形(例如：粗体、倾斜或加下划线)，可以先单击(　　)选项卡。

A. 文件　　　　　　B. 开始(√)　　　　C. 插入　　　　　　D. 设计

(41)PowerPoint 提供的幻灯片放映方式是(　　)。

A. 手动　　　　　　　　　　　　B. 手动、定时

C. 手动、定时、循环播放　　　　D. 手动、定时、循环播放和点播(√)

(42)在 PowerPoint 中，(　　)是可用的模板和主题。

A. 空白演示文稿(√)　　　　　　B. 表单表格

C. 库存控制　　　　　　　　　　D. 证书

(43)在 PowerPoint 中，不能作为 PowerPoint 演示文稿插入对象的是(　　)。

A. 图像　　　　　　　　　　　　B. Word 文档

C. Excel 工作簿　　　　　　　　D. Windows 10(√)

(44)在 PowerPoint 中，提供了(　　)种新幻灯片版式供用户创建演示文稿时选用。

A.28   B.11(√)   C.32   D.16

(45)在 PowerPoint 中,需要进行(   )操作,才能改变演示文稿的整体外观。

A.单击"设计"功能区中的"自动更正"组中的按钮

B.单击"开始"功能区中的"自定义"按钮

C.单击"开始"功能区中的"版式"按钮

D.单击"设计"功能区中的"主题"组中的按钮(√)

(46)在 PowerPoint 中,若要设置幻灯片背景的填充效果,可选择(   )选项卡。

A.视图   B.开始   C.设计(√)   D.文件

(47)在 PowerPoint 中,不影响演示文稿格式的是(   )。

A.幻灯片版式   B.母版

C.配色方案   D.备注页(√)

(48)在 PowerPoint 中,若要设置幻灯片的切换方式,应使用(   )选项卡中的按钮。

A.开始   B.切换(√)   C.动画   D.视图

(49)在 PowerPoint 中,若要设置幻灯片中对象的动画效果,可选择(   )视图。

A.普通视图(√)   B.备注页

C.幻灯片浏览   D.幻灯片放映

(50)在 PowerPoint 中,使用(   )选项卡的相关按钮,可以为幻灯片对象设置动画和声音。

A.动画(√)   B.开始   C.幻灯片放映   D.设计

(51)演示文稿的基本组成单元是(   )。

A.图形   B.超链点   C.幻灯片(√)   D.文本

(52)在 PowerPoint 中,幻灯片浏览视图的主要功能不包括(   )。

A.移动幻灯片   B.复制幻灯片

C.删除幻灯片   D.编辑幻灯片上的具体对象(√)

(53)PowerPoint 中主要的编辑视图是(   )。

A.幻灯片浏览视图   B.普通视图(√)

C.幻灯片放映视图   D.备注视图

(54)PowerPoint 中,能编辑幻灯片中对象(如图片、艺术字、文本框中的文本等)的视图是(   )。

A.普通视图(√)   B.幻灯片放映视图

C.母版视图   D.幻灯片浏览视图

(55)在 PowerPoint 中,若想设置幻灯片中图片对象的动画效果,应选择(   )。

A."动画"功能区中的"添加动画"按钮(√)

B."幻灯片放映"功能区

C."设计"功能区中的"效果"按钮

D."切换"功能区中的"换片方式"命令

(56)幻灯片母版设置可以起到的作用是(   )。

A.设置幻灯片的放映方式

B.定义幻灯片的打印页面设置

C. 设置幻灯片的片间切换

D. 统一设置整套幻灯片的标志图片或多媒体元素(√)

(57)在 PowerPoint 中,进入幻灯片母版的方法是(　　)。

A. 选择"开始"功能区中"母版视图"组中的"幻灯片母版"命令

B. 选择"视图"功能区中"母版视图"组中的"幻灯片母版"命令(√)

C. 按住【Shift】键同时,再单击"普通视图"按钮

D. 以上说法都不对

(58)在 PowerPoint 中,下列有关幻灯片背景设置的说法,正确的是(　　)。

A. 不可以为幻灯片设置不同的颜色、图案或者纹理的背景

B. 不可以使用图片作为幻灯片背景

C. 不可以为单张幻灯片进行背景设置

D. 可以同时对当前演示文稿中的所有幻灯片设置背景(√)

(59)在 PowerPoint 中,选定了文字或图片等对象后,可以插入超链接,超链接中所链接的目标可以是(　　)。

A. 计算机硬盘中的可执行文件　　　　B. 其他幻灯片文件(即其他演示文稿)

C. 同一演示文稿的某一张幻灯片　　　D. 以上都可以(√)

(60)在 PowerPoint 中,播放已制作好的幻灯片的方式有好几种,如果采用功能区操作,其步骤是(　　)。

A. 选择"切换"功能区中的"从头开始"命令按钮

B. 选择"动画"功能区中的"从头开始"命令按钮

C. 选择"幻灯片放映"功能区中的"从头开始"按钮(√)

D. 选择"设计"功能区中的"从当前幻灯片开始"按钮

(61)播放演示文稿时,以下说法正确的是(　　)。

A. 只能按顺序播放　　　　　　　　　B. 只能按幻灯片编号的顺序播放

C. 可以按任意顺序播放(√)　　　　　D. 不能倒回去播放

(62)将 PowerPoint 幻灯片设置为"循环放映"的方法是(　　)。

A. 单击"设计"功能区中的"设置幻灯片放映"按钮

B. 单击"幻灯片放映"功能区中的"设置幻灯片放映"按钮(√)

C. 单击"插入"功能区中的"设置幻灯片放映"按钮

D. 无循环放映选项,所以上述说法都不正确

(63)在 PowerPoint 的普通视图左侧的"大纲"窗格中,可以修改的是(　　)。

A. 占位符中的文字(√)　　　　　　　B. 图表

C. 自选图形　　　　　　　　　　　　D. 文本框中的文字

(64)放映当前幻灯片的快捷键是(　　)。

A.【F6】　　　　　　　　　　　　　B.【Shift】+【F6】

C.【F5】　　　　　　　　　　　　　D.【Shift】+【F5】(√)

(65)在 PowerPoint 中,插入一张新幻灯片的快捷键是(　　)。

A.【Ctrl】+【N】　　　　　　　　　B.【Ctrl】+【M】(√)

C.【Alt】+【N】　　　　　　　　　　D.【Alt】+【M】

(66)当保存演示文稿时(例如：单击快速访问工具栏中的"保存"按钮)，出现"另存为"对话框，则说明( )。

A.该文件保存时不能用该文件原来的文件名

B.该文件不能保存

C.该文件未保存过(√)

D.该文件已经保存过

(67)若用键盘按键来关闭 PowerPoint 窗口，可以按( )键。

A.【Alt】+【F4】(√)   B.【Ctrl】+【X】

C.【Esc】   D.【Shift】+【F4】

(68)若将 PowerPoint 文档保存为只能播放不能编辑的演示文稿，操作方法是( )。

A."保存"对话框中的"保存类型"选择为"PDF"

B."保存"对话框中的"保存类型"选择为"网页"

C."保存"对话框中的"保存类型"选择为"模板"

D."保存"(或"另存为")对话框中的"保存类型"选择为"PowerPoint 放映"(√)

(69)在 PowerPoint 中需要帮助时，可以按功能键( )。

A.【F1】(√)   B.【F2】   C.【F11】   D.【F12】

(70)在 PowerPoint 的普通视图中，隐藏了某个幻灯片后，在幻灯片放映时被隐藏的幻灯片将会( )。

A.从文件中删除

B.在幻灯片放映时不放映，但仍保存在文件中，只是放映时不放映出来(√)

C.在幻灯片放映时仍然可放映，但是幻灯片上的部分内容被隐藏

D.在普通视图的编辑状态中被隐藏

(71)在 PowerPoint 中，若一个演示文稿中有 3 张幻灯片，播放时要跳过第 2 张放映，可行的操作是( )。

A.取消第 2 张幻灯片的切换效果   B.隐藏第 2 张幻灯片(√)

C.取消第 1 张幻灯片的动画效果   D.只能删除第 2 张幻灯片

(72)在 PowerPoint 中，从头播放幻灯片文稿时，需要跳过第 5~9 张幻灯片继续播放，应设置( )。

A.隐藏幻灯片(√)   B.设置幻灯片版式

C.幻灯片切换方式   D.删除第 5~9 张幻灯片

(73)在 PowerPoint 中，下列关于幻灯片版式的说法，正确的是( )。

A.在"标题和内容"版式中，没有"剪贴画"占位符

B.剪贴画只能插入到空白版式中

C.任何版式中都可以插入剪贴画(√)

D.剪贴画只能插入到有"剪贴画"占位符的版式中

(74)如果对一张幻灯片使用系统提供的版式，对其中各个对象的占位符( )。

A.能用具体内容去替换，不可删除

B.能移动位置，但也不能改变格式

C.可以删除不用，也可以在幻灯片中插入新的对象(√)

D. 可以删除不用, 但不能在幻灯片中插入新的对象

(75) 在 PowerPoint 中, 若要更换另一种幻灯片的版式, 下列操作正确的是(　　)。

A. 单击"插入"功能区中"幻灯片"组中的"版式"按钮

B. 单击"开始"功能区中"幻灯片"组中的"版式"按钮(√)

C. 单击"设计"功能区中"幻灯片"组中的"版式"按钮

D. 以上说法都不正确

(76) 在 PowerPoint 中, 将某张幻灯片版式更改为"垂直排列标题与文本", 应选择的功能区是(　　)。

　　A. 文件　　　　　　　B. 动画　　　　　　　C. 插入　　　　　　　D. 开始(√)

(77) 在 PowerPoint 中插入图表是用于(　　)。

A. 演示和比较数据(√)　　　　　　　B. 可视化地显示文本

C. 可以说明一个进程　　　　　　　D. 可以显示一个组织结构图

(78) 对于幻灯片中文本框内的文字, 设置项目符号可以采用(　　)。

A. "格式"功能区中的"编辑"命令

B. "开始"功能区中的"项目符号"命令

C. "格式"功能区中的"项目符号"命令(√)

D. "插入"功能区中的"符号"命令

(79) 在 PowerPoint 中, 当要改变一个幻灯片的设计模板(即主题)时(　　)。

A. 只有当前幻灯片采用新主题

B. 所有幻灯片均采用新主题(√)

C. 所有的剪贴画均丢失

D. 除已加入的空白幻灯片外, 所有的幻灯片均采用新主题

(80) 在 PowerPoint 中, 若只需放映全部幻灯片中的四张(如第 1、3、5、7 张), 可以进行的操作是(　　), 然后设置幻灯片放映方式(默认下是全部放映幻灯片的)。

A. 在"幻灯片放映"功能区中单击"设置幻灯片放映"按钮

B. 在"幻灯片放映"功能区中单击"自定义幻灯片放映"按钮(√)

C. 在"设计"功能区中单击"自定义幻灯片放映"按钮

D. 以上说法都不正确

(81) 在 PowerPoint 中, 幻灯片放映时使光标变成"激光笔"效果的操作是(　　)。

A. 按【Ctrl】+【F5】键

B. 按【Shift】+【F5】键

C. 单击"幻灯片放映"功能区中的"自定义幻灯片放映"按钮

D. 按住【Ctrl】键的同时, 按住鼠标的左键(√)

(82) 在 PowerPoint 中, 若要使幻灯片按规定的时间实现连续自动播放, 应进行(　　)。

　　A. 设置放映方式　　　　　　　B. 打包操作

　　C. 排练计时(√)　　　　　　　D. 幻灯片切换

(83) 在 PowerPoint 中, 以下的说法中正确的是(　　)。

A. 可以将演示文稿中选定的信息链接到其他演示文稿幻灯片中的任何对象

B. 可以对幻灯片中的对象设置播放动画的时间顺序(√)

C. PowerPoint 演示文稿的缺省扩展名为. potx

D. 在一个演示文稿中能同时使用不同的设计模板(或主题)

(84)在演示文稿中插入超链接时,所链接的目标不能是(　　)。

A. 另一个演示文稿　　　　　　　　B. 同一演示文稿的某一张幻灯片

C. 其他应用程序的文档　　　　　　D. 幻灯片中的某一个对象(√)

(85)在 PowerPoint 中,若要使幻灯片在播放时能每隔 3 秒自动转到下一页,应在"切换"功能区中的(　　)组中进行设置。

A. 预览　　　　　　　　　　　　　B. 切换到此幻灯片

C. 计时(√)　　　　　　　　　　　D. 以上说法都不对

(86)在 PowerPoint 中,下列有关幻灯片放映的叙述错误的是(　　)。

A. 可自动放映,也可人工放映

B. 放映时可只放映部分幻灯片

C. 可以将动画出现设置为"在上一动画之后"

D. 无循环放映选项(√)

(87)在 PowerPoint 中,若需将幻灯片从打印机输出,可以用的快捷键是(　　)。

A.【Shift】+【P】　　　　　　　　B.【Shift】+【L】

C.【Ctrl】+【P】(√)　　　　　　　D.【Alt】+【P】

(88)将编辑好的幻灯片保存到 Web,需要进行的操作是(　　)。

A."文件"选项卡中的"保存并发送"选项卡中选择(√)

B. 直接保存幻灯片文件

C. 超级链接幻灯片文件

D. 需要在制作网页的软件中重新制作

(89)下述关于插入图片、文字、自选图形等对象的操作描述,正确的是(　　)。

A. 在幻灯片中插入的所有对象,均不能组合

B. 在幻灯片中插入的对象如果有重叠,可以通过"叠放次序"调整显示次序(√)

C. 在幻灯片备注页视图中无法绘制自选图形

D. 若选择"标题幻灯片"版式,则不可以向其中插入图形或图片

(90)在 PowerPoint 中,一位同学要在当前幻灯片中输入"你好"字样,采用操作的第一步是(　　)。

A. 单击"开始"功能区中的"文本框"按钮

B. 单击"插入"功能区中的"图片"按钮

C. 单击"插入"功能区中的"文本框"按钮(√)

D. 以上说法都不对

(91)在 PowerPoint 中,格式刷位于(　　)功能区中。

A. 设计　　　　B. 切换　　　　C. 审阅　　　　D. 开始(√)

(92)在 PowerPoint 中,能够将文本中的简体字符转换成繁体字符的设置(　　)。

A. 在"格式"功能区中　　　　　　B. 在"开始"功能区中

C. 在"审阅"功能区中(√)　　　　D. 在"插入"功能区中

(93)将 PowerPoint 幻灯片中的所有汉字"电脑"都替换为"计算机",应使用的操作是
(　　)。

A. 单击"开始"功能区中的"替换"按钮(√)

B. 单击"插入"功能区中的"替换"按钮

C. 单击"开始"功能区中的"查找"按钮

D. 单击"插入"功能区中的"查找"按钮

(94)在 PowerPoint 中要选定多个图形或图片时,需(　　)然后用鼠标单击要选定的
图形对象。

A. 先按住【Alt】键　　　　　　　　　　B. 先按住【Home】键

C. 先按住【Shift】键(√)　　　　　　　D. 先按住【Delete】键

(95)在幻灯片中插入声音元素,幻灯片播放时(　　)。

A. 用鼠标单击声音图标,才能开始播放

B. 只能在有声音图标的幻灯片中播放,不能跨幻灯片连续播放

C. 只能连续播放声音,中途不能停止

D. 可以按需要灵活设置声音元素的播放(√)

(96)要为所有幻灯片添加编号,下列方法中正确的是(　　)。

A. 单击"插入"功能区中的"幻灯片编号"按钮即可(√)

B. 在母版视图中,单击"插入"功能区中的"幻灯片编号"按钮

C. 单击"视图"功能区中的"页眉和页脚"命令

D. 以上说法全错

(97)在 PowerPoint 中插入的页眉和页脚,下列说法中正确的是(　　)。

A. 能进行格式化　　　　　　　　　　B. 每一页幻灯片上都有显示

C. 其中的内容不能是日期　　　　　　D. 插入的日期和时间可以更新(√)

(98)在 PowerPoint 的页面设置中,能够设置(　　)。

A. 幻灯片页面的对齐方式　　　　　　B. 幻灯片的页脚

C. 幻灯片的页眉　　　　　　　　　　D. 幻灯片编号的起始值(√)

(99)在 PowerPoint 编辑中,想要在每张幻灯片相同的位置插入某个学校的校标,最好
的设置方法是在幻灯片的(　　)中进行。

A. 普通视图　　　　　　　　　　　　B. 浏览视图

C. 母版视图(√)　　　　　　　　　　D. 备注视图

(100)在 PowerPoint 中,设置幻灯片背景格式的填充选项中包含(　　)。

A. 字体、字号、颜色、风格　　　　　　B. 纯色、渐变、图片或纹理、图案(√)

C. 设计模板、幻灯片版式　　　　　　D. 以上都不正确

(101)在 PowerPoint 中,设置背景时,若要使所选择的背景仅适用于当前所选的幻灯
片,应该按(　　)。

A. "全部应用"按钮　　　　　　　　　B. "关闭"按钮(√)

C. "取消"按钮　　　　　　　　　　　D. "重置背景"按钮

(102)在对 PowerPoint 的幻灯片进行自定义动画操作时,可以改变(　　)。

A. 幻灯片间切换的速度　　　　　　　B. 幻灯片的背景

C.幻灯片中某一对象的动画效果(√) D.幻灯片设计模板

(103)在 PowerPoint 中,下列说法中错误的是( )。

A.可以动态显示文本和对象

B.可以更改动画对象的出现顺序

C.图表不可以设置动画效果(√)

D.可以设置幻灯片间的切换效果

(104)在 PowerPoint 中,若使幻灯片播放时,从"盒状展开"效果变换到下一张幻灯片,需要设置( )。

A.自定义动画　　　　　　　　B.放映方式

C.幻灯片切换(√)　　　　　　 D.自定义放映

(105)在 PowerPoint 的幻灯片切换中,不能设置幻灯片切换的是( )。

A.换片方式　　　　　　　　　B.颜色(√)

C.持续时间　　　　　　　　　D.声音

(106)在 PowerPoint 中,下列关于幻灯片主题的说法中,错误的是( )。

A.选定的主题可以应用于所有的幻灯片

B.选定的主题只能应用于所有的幻灯片(√)

C.选定的主题可以应用于选定的幻灯片

D.选定的主题可以应用于当前幻灯片

2.多选题

(1)一般来说,1个演示文稿可由( )等多部分组成。

A.幻灯片(√)　　B.备注(√)　　　C.讲义　　　　　　D.大纲(√)

(2)新建1个演示文稿,可采用( )等方法来实现。

A.幻灯片母版(√)　　　　　　B.大纲母版

C.讲义母版(√)　　　　　　　D.标题幻灯片母版(√)

(3)中文 PowerPoint 的母版有( )等几种。

A.幻灯片母版(√)　　　　　　B.版式母版

C.大纲母版　　　　　　　　　D.备注母版(√)

(4)中文 PowerPoint 中创建的超链接可以转到( )等不同的位置。

A.当前幻灯片(√)　　　　　　B.另一张幻灯片(√)

C.某一应用程序(√)　　　　　D.Internet 地址(√)

(5)在 PowerPoint 中的"动画"功能区中,可对选定对象进行( )等方面的动画效果设置。

A.动画方式(√)　　　　　　　B.动画声音

C.动画持续时间(√)　　　　　D.动画顺序(√)

(6)PowerPoint 窗口的工作区包含( )几部分。

A."幻灯片"窗格(√)　　　　　B."备注"窗格(√)

C."放映"窗格　　　　　　　　D."大纲"窗格(√)

(7)幻灯片放映效果是指( )。

A.幻灯片的切换(√)　　　　　B.幻灯片的声音(√)

C.幻灯片内部符号和对象动画   D.幻灯片背景(√)

(8)PowerPoint 可用于(   )。

A.制作投影机幻灯片及 35mm 幻灯片(√)

B.做屏幕演示(√)

C.制作黑白、彩色幻灯片和打印效果(√)

D.以上都是(√)

(9)要停止正在放映的幻灯片,只要选择(   )即可。

A.【Esc】键(√)   B.【Ctrl】+【X】组合键

C.【Ctrl】+【Q】组合键   D.单击鼠标右键,选择"结束放映"(√)

(10)PowerPoint 提供的多种模板,主要解决幻灯片上的(   )。

A.文字格式(√)   B.文字颜色(√)   C.背景图案(√)   D.以上全是(√)

(11)如果将演示文稿放在另外一台没有安装 PowerPoint 软件的电脑上播放,需要进行(   )。

A.复制/粘贴操作   B.安装 PowerPoint 软件(√)

C.打包操作(√)   D.新建幻灯片文件

(12)PowerPoint 提供的视图方式有(   )。

A.普通视图(√)   B.大纲视图(√)

C.幻灯片视图(√)   D.幻灯片浏览视图(√)

(13)正在编辑的演示文稿可以通过(   )随时放映。

A.按【Esc】   B.单击"放映"按钮(√)

C.按【Shift】按键盘   D.按【F5】键(√)

(14)对幻灯片中的对象可以完成的动画设置有(   )。

A.各个对象出现的顺序(√)   B.对象出现时的声音(√)

C.对象出现时的动画效果(√)   D.对象启动的方式

3.判断题

(1)不启动 PowerPoint 也能放映幻灯片。(√)

(2)演示文稿中的幻灯片顺序不能改变。(   )

(3)放映幻灯片时可以配上旁白。(√)

(4)放映幻灯片时,可以将光标变成"笔"在幻灯片上写写画画。(√)

(5)PowerPoint 提供了很多内容模板,方便用户制作各种内容的幻灯片。(√)

(6)任何用户都可以将 PowerPoint 提供的设计模板作为自己幻灯片的模板。(√)

(7)在 PowerPoint 的幻灯片中,可插入 Excel 数据图表。(√)

(8)PowerPoint 可将文字、图形、声音等多媒体综合运用,但不能将原有 Word 文档插入幻灯片中。(   )

(9)制作演示文稿的封面是第一张幻灯片,且版式必须为"标题幻灯片"。(   )

(10)幻灯片间"动画"指的是幻灯片在放映时出现的方式。(√)

(11)幻灯片间的"切换效果"指的是幻灯片在放映时出现的方式。(√)

(12)在 PowerPoint 中,1 个演示文稿中的幻灯片同一时刻可采用多个模板。(   )

4. 填空题

(1) 在 PowerPoint 的幻灯片中，每一个对象将对应一个 _____ 符。

(2) 在 PowerPoint 的幻灯片中录入文本内容的方法与 Word _____。

(3) 在对 PowerPoint 的幻灯片的背景设置中，在"设置背景格式"对话框中所进行的相关参数设置将直接作用于正在编辑的幻灯片，而"全部应用"是作用于 _____。

(4) 在 PowerPoint 的幻灯片中，▦ 是 _____ 按钮，▦ 是 _____ 按钮，● 是 _____ 按钮。

(5) 超级链接是一种技术，使用超级链接可以在一个软件环境中打开或使用其他软件环境中的内容。与 Windows 中的其他软件一样，_____ 中也可以插入超级链接，如果在演示文稿中加入超级链接，可以在放映幻灯片时引入许多更加生动的资料。

(6) 在幻灯片浏览视图下，被选定的幻灯片周围有 1 个 _____。

(7) 在设计动画时，有两种不同的动画设计：一是幻灯片 _____；二是幻灯片 _____。

(8) 编辑幻灯片是将幻灯片作为一个 _____ 进行复制、剪切、粘贴等操作。

(9) 与文本的编辑类似，幻灯片被编辑之前也要先选择对象。如果是选择单张幻灯片，单击它即可，此时被选中的幻灯片周围有一个带色彩的框，如果是选择连续多张，则是配合按住 _____ 键，如果是选择不连续的多张，则要配合按住 _____ 键。

(10) 当需要演示文稿的某张幻灯片跳转到一个 Internet 地址时，应使用 PowerPoint 的 _____ 功能。

(11) 在 PowerPoint 中，在 _____ 视图方式下，可以编辑幻灯片。

(12) 在 PowerPoint 中，幻灯片切换分为 _____ 和自动切换两种方式。

(13) 在 PowerPoint 中，设置幻灯片切换效果可针对所选的幻灯片，也可针对 _____ 幻灯片。

(14) 在 PowerPoint 中，若要在排练时自动设置幻灯片放映时间的间距，应单击"幻灯片放映"功能区中的 _____ 按钮。

(15) 在展览会场上，若要将产品的演示文稿反复向观众播放，应选用 PowerPoint 提供的 _____ 幻灯片放映方式。

(16) 在 PowerPoint 中，若要设置幻灯片动画效果，应在 _____ 功能区中进行相关选择。

(17) 在 PowerPoint 中，设置幻灯片动画效果的方法有预设动画和 _____ 两种。

(18) 在 PowerPoint 中，若要从指定的幻灯片进行播放，应单击"幻灯片放映"功能区中的 _____ 按钮。

(19) 当需要为幻灯片输入文字，插入剪贴画、表格、图表、图片、艺术字时，PowerPoint 应工作在 _____ 视图下。

(20) 若需要查看整个演示文稿范围内所有幻灯片的外观和排列情况，应该使用 _____ 视图。

(21) 如果希望幻灯片上的背景图案具有专业设计水平，而自己又感到力不从心时，可以使用系统提供的 _____ 或 _____。

(22) 在 PowerPoint 中，幻灯片 _____ 是指一张具有特殊用途的幻灯片，其中包括已设定格式的占位符,这些占位符是为标题、主要文本及将出现在所有幻灯片中的对象而设置的。

【参考答案】

填空题

(1)占位　(2)相同(或一样)　(3)该演示文稿中的所有幻灯片　(4)幻灯片放映视图,幻灯片浏览视图,超链接　(5)PowerPoint　(6)带色彩的框　(7)间动画,内对象的动画　(8)对象　(9)【Shift】,【Ctrl】　(10)超链接　(11)幻灯片浏览　(12)手动切换　(13)所有　(14)排练计时　(15)循环播放　(16)切换　(17)自定义动画　(18)从当前幻灯片开始　(19)普通视图　(20)幻灯片浏览　(21)版式,主题　(22)母版

5. 操作题

(1)根据下列要求利用 PowerPoint 制作演示文稿。

①幻灯片页数为 3 页;所有幻灯片主题为"顶峰"。

②设置幻灯片母版:将图片"pic01. jpg"(如图 3-84 所示)插入到幻灯片右上角,并设置图片格式(图片大小为高 3 cm、宽 7 cm,图片样式为"柔化边缘矩形")。

③第 1 张幻灯片制作要求:幻灯片版式为"标题幻灯片",标题内容为"伟大的科学家",副标题内容为"爱因斯坦"。

④第 2 页幻灯片制作要求:幻灯片版式为"标题和内容",标题内容为"主要成就",内容文本为"提出相对论,质能方程式,解释光电效应,推动量子力学的发展"(内容文本请在逗号处换行)。

⑤第 3 页幻灯片制作要求:幻灯片版式为"两栏内容",标题内容为"爱因斯坦",左栏插入图片"pic02. jpg"(如图 3-85 所示),右栏插入文本"阿尔伯特·爱因斯坦(1879—1955),德裔犹太人,因为对理论物理的贡献,特别是解释了光电效应而获得 1921 年诺贝尔物理学奖,现代物理学的开创者、奠基人,相对论——质能关系的创立者,决定论量子力学诠释的捍卫者(振动的粒子)——不掷骰子的上帝"。

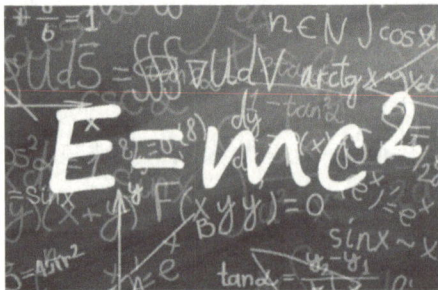

图 3-84　pic01. jpg

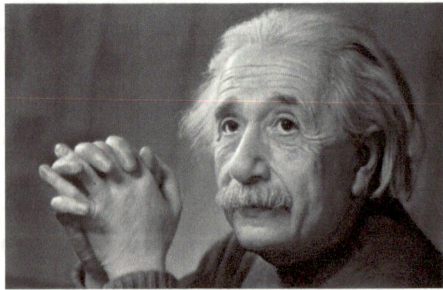

图 3-85　pic02. jpg

⑥设置超级链接和动作按钮:为第 1 张幻灯片的副标题"爱因斯坦"设置超级链接,链接到第 3 张幻灯片。在第 3 张幻灯片的左下角插入一个动作按钮"开始"。

⑦设置动画：为第 3 页幻灯片设置动画效果，标题进入效果为"飞入、自左侧"；左栏图片进入效果为"楔入"；右栏文本进入效果为"曲线向上、作为一个对象"；动画进入顺序为标题、左栏、右栏，进入方式均为"自动出现"。

⑧设置所有幻灯片的切换方式为"旋转、自底部"，换片方式为自动换片，时间为 2 秒。

（2）打开"PowerPoint 操作题"文件夹下的演示文稿 ppt1.pptx，如图 3-86 所示，按照下列要求完成对此文稿的修改并保存。

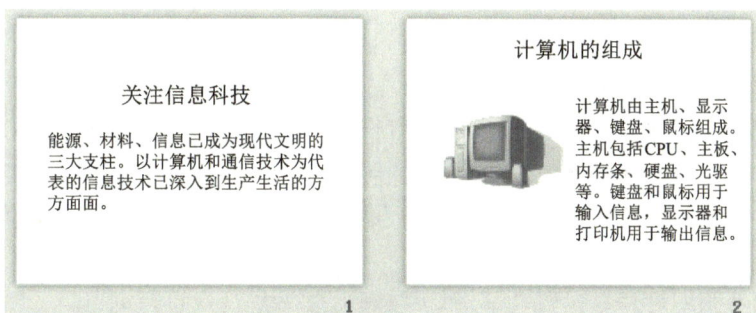

图 3-86　演示文稿

①将第 2 张幻灯片的版式改为"标题和内容"，文本部分的动画效果设置为"向内溶解"；在演示文稿的开始处插入 1 张版式为"仅标题"的幻灯片，作为文稿的第 1 张幻灯片，键入标题"家电价格还会降吗？"设置标题的字体为"加粗、66 磅"。

②设置第 1 张幻灯片背景填充预设颜色为"麦浪滚滚"，底纹样式为"线性向下"。全部幻灯片的切换效果设置为"形状"。

（3）打开"PowerPoint 操作题"文件夹下的演示文稿 ppt2.pptx，如图 3-87 所示，按照下列要求完成对此文稿的修饰并保存。

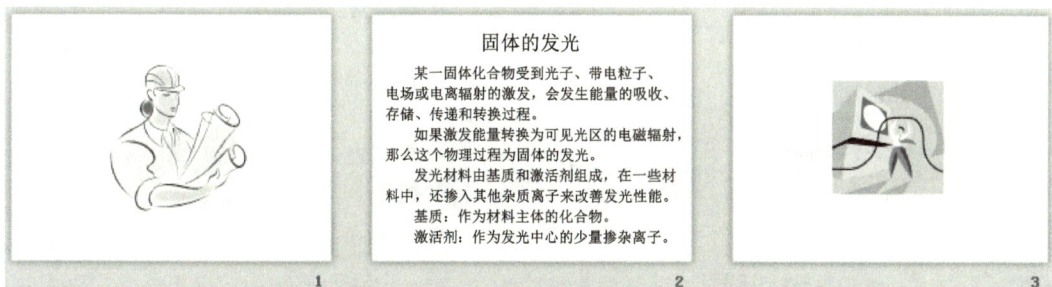

图 3-87　演示文稿

①将整个演示文稿设置为"华丽"主题；将全部幻灯片切换效果设置为"覆盖"。

②将第 2 张幻灯片版式改为"垂直排列标题与文本"，然后将这张幻灯片移动为演示文稿的第 1 张幻灯片；第 3 张幻灯片中对象的动画效果设置为"飞入""自左侧"。

（4）打开"PowerPoint 操作题"文件夹下的演示文稿 ppt3.pptx，如图 3-88 所示，按照下列要求完成对此文稿的修饰并保存。

奥运会
奥林匹克格言

1

奥运会
奥林匹克格言

2

现代奥运会的起源

现代奥运会起源于1896年，由法国教育家皮埃尔·德·顾拜旦倡导复出，其灵感源自古希腊奥运会。顾拜旦希望通过体育促进国际理解与和平。首届现代奥运会在希腊雅典举办，有14个国家的运动员参与了9个项目。奥运会遵循"相互理解、友谊长久"的精神，每4年举办一届(两次世界大战期间曾停办)，逐渐发展为全球规模最大的综合性体育盛会。它象征着人类对团结与卓越的追求。

3

图3-88　演示文稿

①在第3张幻灯片的剪贴画区域中插入 Office 收藏集中"academics，crayons，photographs…"类的剪贴画。然后将该幻灯片版式改为"内容与标题"，文本部分字体设置为"宋体"，字号为"32磅"。剪贴画动画设置为"缩放""幻灯片中心"。将第1张幻灯片的背景填充设置为"纹理""花束"。

②删除第2张幻灯片。设置全部幻灯片放映方式为"观众自行浏览"。

(5)打开"PowerPoint 操作题"文件夹下的演示文稿 ppt4.pptx，如图3-89所示，按照下列要求完成对此文稿的修改并保存。

单击此处添加标题

•7月5日，演员们在敦煌莫高窟标志性建筑
九层楼前进行表演。当日，北京奥运会圣
火在甘肃敦煌传递。
在圣火盆点燃不久，空中飘起了一朵"祥
云"，正好在圣火盆的上空。有人说像飞
天，有人说像圣火，在人们的欢腾声中，
天空的这块"祥云"在快速的变幻着。

第1张幻灯片

单击此处添加标题

• 单击此处添加文本

第2张幻灯片

单击此处添加标题

单击此处添加副标题

第3张幻灯片

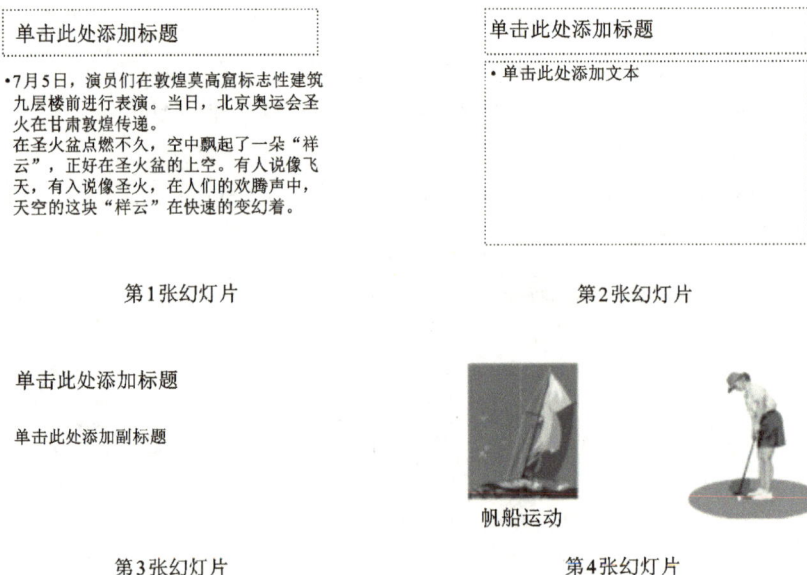

帆船运动

第4张幻灯片

图3-89　演示文稿

①将第2张幻灯片的版式改为"内容与标题"，将第4张幻灯片的右图移到剪贴画区域，图片的动画设置为"飞入""缩放""幻灯片中心"。

②将第一张幻灯片的文本"当圣火盆点燃不久……在快速的变动着。"移到第二张幻灯片的文本区域。将第一张幻灯片的版式改为"两栏内容"，将第四张幻灯片的左图复制到第一张幻灯片的内容区域。

③将第 3 张幻灯片的版式改为"空白"，插入艺术字样式"填充-深蓝，文本 2，轮廓-背景 2"，可将"奥运圣火在甘肃敦煌传递"转换成艺术字，使第 3 张幻灯片成为第 1 张幻灯片，删除第 4 张幻灯片。

④使用"主管人员"模板修饰全文，设置放映方式为"观众自行浏览"。

（6）打开"PowerPoint 操作题"文件夹下的演示文稿 ppt5. pptx，如图 3-90 所示，按照下列要求完成对此文稿的修饰并保存。

⑤将第 3 张幻灯片版式改变为"标题和内容"，把第 1 张幻灯片向后移动，作为演示文稿的最后一张幻灯片，并将最后一张幻灯片的动画效果设置为"进入""向内溶解"。

⑥使用"华丽"演示文稿设计模板修饰全文，全部幻灯片的切换效果设置为"百叶窗"。

期中考试没考好怎么办？

家长论坛

名师帮你解析3+X

"名师帮你解析3+X"大型高考咨询讲座，受到了学生与家长的广泛欢迎，让备战高考的学生们受益匪浅。

第1张幻灯片　　　　第2张幻灯片　　　　第3张幻灯片

图 3-90　演示文稿

项目四

网络与信息安全

任务一 计算机网络基础

本任务涉及的知识点及考点：计算机网络的基本概念、发展历史和分类；计算机网络的体系结构、拓扑结构；计算机网络常用的硬件设备及其功能；Internet 的起源与发展；Internet 的 IP 地址和域名系统；Internet 提供的主要服务；电子邮件系统的使用方法。

一、重点知识

1.计算机网络的基本概念

计算机网络是指将地理位置不同的具有独立功能的多台计算机及其外部设备，通过通信线路连接起来，在网络操作系统、网络管理软件及网络通信协议的管理和协调下，实现资源共享和信息传递的计算机系统。

计算机网络通俗地讲就是由多台计算机(或其他计算机网络设备)通过传输介质和软件、物理(或逻辑)连接在一起组成的。总的来说，计算机网络的组成基本上包括：计算机、网络操作系统、传输介质(可以是有形的，也可以是无形的，如无线网络的传输介质是电磁波等)及相应的应用软件 4 部分。

虽然网络类型的划分标准各种各样，但是按地理范围划分是大家都认可的一种通用网络划分标准。按这种标准可以把各种网络类型划分为局域网、城域网、广域网三种。局域网一般来说只能是在一个较小区域内，城域网是不同地区的网络互联，不过在此要说明的一点就是这里的网络划分并没有严格意义上地理范围的区分，只能是一个定性的概念。

(1)局域网(local area network，LAN)。

通常说的"LAN"就是指局域网，它是最常见、应用最广的一种网络。现在局域网随着整个计算机网络技术的发展和进步得到了充分的应用和普及，几乎每个单位都有自己的局域网，有的家庭甚至都有自己的小型局域网。

顾名思义，所谓局域网，就是在局部地区范围内的网络，它所覆盖的地区范围较小。局域网在计算机数量配置上没有太多的限制，少的可以只有两台，多的可达几百台。一般来说，在企业局域网中，工作站的数量在几十台至两百台之间。在网络所涉及的地理距离，上一般来说是几米至 1 km。局域网一般位于 1 个建筑物或 1 个单位内，不存在寻径问题，不包括网络层的应用。

局域网的特点为：连接范围窄、用户数少、配置容易、连接速率高。目前拥有最快速率的局域网是 10 G 以太网。IEEE 的 802 标准委员会定义了多种主要的 LAN：以太网（ethernet）、令牌环网（token ring）、光纤分布式接口网络（FDDI）、异步传输模式网（ATM）及最新的无线局域网（WLAN）。

（2）城域网（metropolitan area network，MAN）。

这种网络一般来说是在一个城市，其连接距离可以在 10～100 km，它采用的是 IEEE 802.6 标准。MAN 与 LAN 相比，扩展的距离更长，连接的计算机数量更多，在地理范围上可以说是 LAN 的延伸。

在一个大型城市或都市地区，1 个 MAN 通常连接着多个 LAN。例如，连接政府机构的 LAN、医院的 LAN、电信公司的 LAN、公司企业的 LAN 等。光纤连接的引入使 MAN 中高速 LAN 互联成为可能。

城域网多采用 ATM 技术作为骨干网。ATM 是一种用于数据、语音、视频及多媒体应用程序的高速网络传输方法。ATM 包括一个接口和一个协议，ATM 协议能够在一个常规的传输信道上，在比特率不变与变化的通信量之间进行切换。ATM 也包括硬件、软件及与 ATM 协议标准一致的介质。ATM 提供一个可伸缩的主干基础设施，以便能够适应不同规模、速度及寻址技术的网络。ATM 的最大缺点就是成本太高，所以一般在政府、邮局、银行、医院等机构的城域网中应用。

（3）广域网（wide area network，WAN）。

广域网也称为远程网，它所覆盖的范围比城域网（MAN）更广，一般是在不同城市之间的 LAN 或 MAN 互联，地理范围可从几百千米到几千千米。因为距离较远，信息衰减比较严重，所以广域网一般要租用专线，通过 IMP（接口信息处理）协议和线路连接起来，构成网状结构，解决寻径问题。

广域网因为所连接的用户多，总出口带宽有限，所以用户的终端连接速率一般较低，通常为 9.6 Kbit/s～45 Mbit/s，如 CHINANET 网、CHINAPAC 网和 CHINADDN 网。

2. 计算机网络的分类

（1）根据网络的覆盖范围与规模划分：局域网、城域网、广域网。

（2）按传输介质可划分有线网、光纤网、无线网。

&有线网：采用双绞线来连接的计算机网络。

&光纤网：采用光导纤维作为传输介质的计算机网络。

&无线网：采用一种电磁波作为载体来实现数据传输的计算机网络。

（3）按数据交换方式划分：电路交换网、报文交换网、分组交换网。

（4）按通信方式划分：广播式传输网络、点到点式传输网络。

（5）按服务方式划分：客户机服务器网络、对等网。

3. 计算机网络的相关应用

（1）商业应用。

① 主要是实现资源共享，最终打破地理位置束缚，主要运用客户/服务器模型。

② 提供强大的通信媒介。例如，电子邮件、视频会议等。

③ 电子商务活动。例如，各种不同供应商购买子系统，然后将这些部件组装起来。

④ 通过 Internet 与客户做各种交易。例如，商户在网上出售各种商品或服务。

（2）家庭应用。

① 访问远程信息。例如，浏览 Web 页面以获得艺术、商务、烹饪、政府、健康、历史、爱好、娱乐、科学、运动、旅游等信息。

② 个人之间的通信。例如，即时消息（如 QQ、MSN、YY）、聊天室、对等通信（通过中心数据库共享各大网盘，但是容易造成侵犯著作权）。

③ 交互式娱乐。例如，视频点播、即时评论及参加活动（如电视直播网络互动）、网络游戏。

④ 广义的电子商务。例如，电子方式支付账单、管理银行账户、处理投资等。

（3）移动用户。

① 可移动的计算机：笔记本计算机、PDA、5G 手机。

② 军事：一场战争不可能靠局域网设备通信。

③ 运货车队、出租车、快递专车等应用。

4. 计算机网络拓扑结构

计算机网络的拓扑结构，是指网上计算机或设备与传输媒介形成的节点与连线的物理构成模式。网络的节点有两类：一类是转换和交换信息的转接节点，包括节点交换机、集线器和终端控制器等；另一类是访问节点，包括计算机主机和终端等。

常见的计算机网络拓扑结构有星形拓扑、总线型拓扑、环型拓扑、树形拓扑、混合型拓扑及网型拓扑。

（1）星形拓扑。

星形拓扑由中央节点和通过点对点连接到中央节点的各个站点组成。中央节点执行集中式通信控制策略，因此中央节点相当复杂，而各个站点的通信处理负担都很小。星形网采用的交换方式有电路交换和报文交换两种，其中以电路交换更为普遍。

星形拓扑结构的优点：

☞结构简单，连接方便，管理和维护都相对容易，而且扩展性强。

☞网络延迟时间较短，传输误差低。

☞在同一网段内支持多种传输介质，除非中心节点故障，否则网络不会轻易瘫痪。

因此，星形网络拓扑结构是目前应用最广泛的一种网络拓扑结构。

星形拓扑结构的缺点：

☞安装和维护的费用较高

☞共享资源的能力较差

☞通信线路利用率不高

☞对中心节点要求相当高，一旦中心节点出现故障，则整个网络将瘫痪。

（2）总线型拓扑。

总线型拓扑采用一个信道作为传输媒体，所有站点都通过相应的硬件接口直接连到这一公共传输媒体上（该公共传输媒体称为总线），任何一个站点发送的信号都沿着传输媒体传播,而且能被所有其他站点所接收。

因为所有站点共享一条公用的传输信道,所以一次只能由一个设备传输信号。通常采用分布式控制策略来确定哪个站点可以发送。发送时,发送站将报文分成分组,然后依次逐个发送这些分组,有时这些分组还要与其他站来的分组交替地在媒体上传输。当分组经过各站时,其中的目的站会识别到分组所携带的目的地址,然后复制这些分组的内容。

总线拓扑结构的优点:

✍总线结构所需要的电缆数量少,线缆长度短,易于布线和维护。

✍总线结构简单,又是无源工作,有较高的可靠性。传输速率高,可达 1~100 Mbps。

✍易于扩充,增加或减少用户比较方便,结构简单,组网容易,网络扩展方便。

✍多个结点共用一条传输信道,信道利用率高。

总线拓扑的缺点:

✍总线的传输距离有限,通信范围受到限制。

✍故障诊断和隔离较困难。

✍分布式协议不能保证信息的及时传送,不具有实时性。站点必须是智能的,要有媒体访问控制功能,从而增加了站点的硬件和软件开销。

(3)环形拓扑。

环形拓扑网络由站点和连接站点的链路组成一个闭合环。每个站点能够接收从一条链路传来的数据,并以同样的速率串行地把该数据沿环送到另一端的链路上。这种链路可以是单向的,也可以是双向的。

数据以分组形式发送。例如,环中的 A 站希望发送一个报文到环中的 C 站,就先将报文分成若干个分组,每个分组除了数据还要加上某些控制信息,其中包括 C 站的地址。A 站依次把每个分组送到环上,开始沿环传输,C 站识别到带有它自己地址的分组时,便将其中的数据复制下来。由于多个设备连接在一个环上,因此需要用分布式控制策略来进行控制。

环形拓扑的优点:

✍电缆长度短。环形拓扑网络所需的电缆长度和总线型拓扑网络相似,但比星形拓扑网络要短得多。

✍增加或减少工作站时,仅需简单的连接操作。

✍可使用光纤。光纤的传输速率很高,十分适合于环形拓扑的单向传输。

环形拓扑的缺点:

✍节点的故障会引起全网故障。这是因为环上的数据传输要通过接在环上的每一个节点,一旦环中某一节点发生故障就会引起全网的故障。

✍故障检测困难。这与总线型拓扑相似,因为不是集中控制,故障检测需在网上各个节点进行,因此就不太容易检测出来。

✍环形拓扑结构的媒体访问控制协议都采用令牌传递的方式。在负载很轻时,信道利用率相对来说就比较低。

(4)树形拓扑。

树形拓扑从总线型拓扑演变而来,形状像一棵倒置的树,顶端是树根,树根以下带分支,每个分支还可再带子分支。树根接收各站点发送的数据,然后再广播发送到全网。树形拓扑的特点大多与总线型拓扑的特点相同,但也有一些特殊之处。

树形拓扑的优点:

☑易于扩展。这种结构可以延伸出很多分支和子分支,这些新节点和新分支都能容易地加入网内。

☑隔离较容易。如果某一分支的节点或线路发生故障,很容易将故障分支与整个系统隔离开来。

树形拓扑的缺点:各个节点对"根"的依赖性太大,如果"根"发生故障,则全网不能正常工作。从这一点来看,树形拓扑结构的可靠性有点类似于星形拓扑结构。

(5)混合型拓扑。

将以上某两种单一拓扑结构混合起来,取两者的优点构成的拓扑称为混合型拓扑结构。

混合型拓扑的优点:

☑故障诊断和隔离较为方便。一旦网络发生故障,只要诊断出哪个集中器有故障,将该集中器与全网隔离即可。

☑易于扩展。要扩展用户时,可以加入新的集中器,也可在设计时在每个集中器中留出一些备用的可插入新站点的接口。

☑安装方便。网络的主电缆只要连通这些集中器即可,这种安装和传统的电话系统电缆安装很相似。

混合型拓扑的缺点:

☑必须选用带智能的集中器。这是为了实现网络故障自动诊断和故障节点隔离所必需的。

☑像星形拓扑结构一样,集中器到各个站点的电缆安装长度会增加。

(6)网形拓扑。

网形拓扑在广域网中得到了广泛的应用,它的优点是不受瓶颈问题和失效问题的影响。由于节点之间有许多条路径相连,可以为数据流的传输选择适当的路径,从而绕过失效的部件或过载的节点。这种结构虽然比较复杂,成本也比较高,提供上述功能的网络协议也较复杂,但由于它的可靠性高,仍然受到用户的欢迎。

5. 常用传输介质

常用的传输介质分为有线传输介质和无线传输介质两大类。

☑有线传输介质:指在两个通信设备之间实现物理连接部分,它能将信号从一方传输到另一方。常见的有线传输介质主要有电话线、双绞线、同轴电缆和光纤。

☑无线传输介质:指在两个通信设备之间不使用任何物理连接,而是通过空间传输的一种技术。无线传输介质主要有微波、红外线、无线电波和激光等。

6. 常用计算机网络设备

(1)中继器。

工作在物理层(最底层),中继器是为了解决电缆长度问题而使用的。中继器可以将传送信号放大,从而使它在网络上传输得更远。先进的中继器通过放大和再生信号可以扩展介质的传输距离。

（2）集线器。

集线器也叫 hub，工作在物理层（最底层），其实质是一种中继器。没有相匹配的软件系统，是纯硬件设备。它的作用可以简单地理解为将一些机器连接起来组成一个局域网。

集线器为共享式带宽，连接在集线器上的任何一个设备发送数据时，其他设备必须等待，此设备享有全部带宽，通信完毕，再由其他设备使用带宽。正因此，集线器连接一个冲突域。所有设备交替使用，就好像大家一起过一座独木桥一样。

集线器不能判断数据包的目的地和类型，所以如果是广播数据包都会以广播方式转发，而且所有设备发出的数据以广播方式发送到每个接口，这样集线器也连接了一个广播域网络。

（3）交换机。

交换机（switch），工作在数据链路层（第二层），稍微高端一点的交换机都有一个操作系统来支持。

交换机和集线器一样，主要用于连接计算机等网络终端设备。交换机比集线器更加先进，允许连接在交换机上的设备并行通信，好比高速公路上的汽车并行行驶一般，设备间通信不会发生冲突。因此，交换机打破了冲突域，交换机每个接口是一个冲突域，不会与其他接口发生通信冲突。系统支持的交换机可以记录 MAC 地址表，发送的数据不会再以广播方式发送到每个接口，而是直接到达目的接口，节省了接口带宽。

但是交换机和集线器一样，不能判断广播数据包，会把广播发送给全部接口，所以交换机和集线器一样连接了一个广播域网络。高端一点的交换机不仅可以记录 MAC 地址表，还可以划分 VLAN（虚拟局域网）来隔离广播，但是 VLAN 间同样不能通信。要使 VLAN 之间能够通信，必须有第三层设备介入。现在有的交换机也可以实现第三层的交换，即带有路由功能。

（4）路由器。

路由器（router），工作在网络层（第三层），所有的路由器都有自己的操作系统来维持，并且需要人工调试，否则不能工作。路由器没有那么多接口，主要用来连接不同的网络。简单地说，路由器把数据从一个网络转发到另一个网络，这个过程就叫路由。

路由器不仅能像交换机一样隔离冲突域，而且还能检测广播数据包，并丢弃广播包来隔离广播域，有效地扩大了网络的规模。在路由器中记录着路由表，路由器以此来转发数据，以实现网络间的通信。路由器的介入可以使交换机划分的 VLAN 实现互相通信。

（5）网桥。

网桥（network bridge），工作在数据链路层（第二层），将两个局域网（LAN）连起来，根据 MAC 地址（物理地址）来转发帧，可以看作一个"低层的路由器"（路由器工作在网络层，根据网络地址如 IP 地址进行转发）。

网桥可以有效地连接两个 LAN，使本地通信限制在本网段内，并转发相应的信号至另一网段，网桥通常用于连接数量不多的、同一类型的网段。简单来说，网桥的功能类似于交换机。

（6）网关。

网关（gateway），在早期的因特网中，术语"网关"即指路由器。现在路由功能也能由主机和交换集线器来行使，网关不再是神秘的概念。现在，路由器变成了多功能的网络设备,它能将局域网分割成若干网段、互联私有广域网中相关的局域网及将各广域网互联而形成因特网,这样路由器就失去了原有的网关功能。然而术语"网关"仍然沿用了下来,它被不断地应用到多种不同的功能中,定义网关已经不再是件容易的事。简单来说,网关就相当于路由器。

7. TCP/IP

TCP/IP(transmission control protocol/internet protocol),中文译名为传输控制协议/因特网互联协议,又叫网络通信协议。这个协议是 Internet 最基本的协议,是 Internet 国际互联网络的基础,简单地说,TCP/IP 是由网络层的 IP 协议和传输层的 TCP 协议组成的。

二、典型例题精解

1. 单选题

(1)局域网的英文缩写是(   )。

A. LAN   B. WAN   C. MAN   D. INTERNET

【答案】A

【解析】根据计算机网络的覆盖范围,一般将计算机网络分为局域网、城域网和广域网。局域网的英文缩写是 LAN,城域网的英文缩写是 MAN,广域网的英文缩写是 WAN。

(2)IP 地址 185.132.120.100 是(   )地址。

A. A 类   B. B 类   C. C 类   D. D 类

【答案】B

【解析】IP 地址中第 1 字节数值的大小与地址分类的对应关系为:0~127 A 类地址;128~191 B 类地址;192~223 C 类地址。

(3)在 Internet 网中,(   )是错误的域名形式。

A. www.uestc.edu.cn   B. www.hao123.com

C. sparc2.mic.cs.edu.cn   D. miclsunlcomlcn

【答案】D

【解析】域名的格式为:计算机名.组织机构名.网络名.最高层域名。

(4)使用浏览器访问 WWW 站点时,下列说法中正确的是(   )。

A. 只能输入 IP   B. 需同时输入 IP 地址和域名

C. 只能输入域名   D. 输入 IP 地址或域名

【答案】D

【解析】IP 地址用于标识 Internet 网上的计算机,域名也可以识别计算机,而且其形式更易于记忆。在访问服务器时,使用 IP 地址或域名都是正确的。

(5)Internet 网提供的 BBS 服务是指(   )。

A. 远程登录   B. 电子公告牌   C. 文件传输   D. 网络浏览

【答案】B

【解析】BBS 即电子公告牌服务,telnet 即远程登录服务,FTP 即文件传输服务,WWW 即网络浏览服务。

(6)下面关于 Internet 上的计算机地址,(　　)是不正确的。

A.使用域名或 IP 地址表示　　　　　B.所有域名的长度是固定的、相同的

C.IP 地址是唯一的　　　　　　　　　D.域名也是唯一的

【答案】B

【解析】Internet 网上的计算机地址可以使用 IP 地址和域名表示,两者都必须是唯一的。域名一般是有意义的字符串,其长度是不固定的,可以有不同的长度。

(7)组建以太网不需要(　　)。

A.网卡　　　　　B.双绞线　　　　　C.集线器　　　　　D.调制解调器

【答案】D

【解析】调制解调器是使用拨号方式访问 Internet 网的设备之一,在组建以太网时不需要调制解调器。

(8)不属于计算机网络常用设备的是(　　)。

A.网桥　　　　　B.路由器　　　　　C.交换机　　　　　D.IE

【答案】D

【解析】IE 是一款浏览器软件。

(9)不属于 TCP/TP 分层模型的是(　　)。

A.应用层　　　　　B.会话层　　　　　C.TCP 层　　　　　D.IP 层

【答案】B

【解析】TCP/IP 模型分为 4 层,分别是应用层、TCP 层、IP 层和网络接口层。

(10)关于调制解调器的描述不正确的是(　　)。

A.可以将模拟信号转换为数字信号

B.可以将数字信号转换为模拟信号

C.不用调制解调器,直接将计算机与电话线相连接即可

D. modem

【答案】C

【解析】电话线上传输的是模拟信号,计算机使用的是数字信息,只有通过调制解调器进行两种信号的转换,计算机才能正常访问 Internet,调制解调器的英文名称就是 modem。

(11)在域名系统中,中国的最高层域名是(　　)。

A.EDU　　　　　B.CN　　　　　C.CHINA　　　　　D.UK

【答案】B

【解析】除美国以外,其他国家的最高层域名都是该国家代码缩写,所以,中国最高层域名是 CN。

(12)以下关于拨号上网,正确的说法是(　　)。

A.只能用音频电话系统　　　　　B.音频和脉冲电话系统都不能用

C.只能用脉冲电话系统　　　　　D.能用音频或脉冲电话系统

【答案】D

【解析】Windows 支持音频拨号和脉冲拨号系统,但在设置拨号属性时,需要根据实际使用的电话系统,选择其中之一。

(13)使用 FTP 工具下载文件,当连入 FTP 服务器后,可以使用(　　)命令下载需要

的某个文件。

A. ?　　　　　　　B. get　　　　　　　C. put　　　　　　　D. bye

【答案】B

【解析】上述几个 FTP 命令的功能为：? 命令用于列出 FTP 的所有命令，帮助用户了解 FTP 命令；get 命令用于下载文件；put 命令用于上传文件；bye 命令用于退出 FTP。

(14)电子邮件系统不具有的功能是(　　)。

A. 撰写邮件　　　　B. 发送邮件　　　　C. 接收邮件　　　　D. 自动删除邮件

【答案】D

【解析】电子邮件系统不允许自动删除用户邮件。

(15)URL 地址中的 HTTP 是指(　　)。

A. 超文本传输协议　　　　　　　B. 文件传输协议

C. 计算机主机名　　　　　　　　D. TCP/IP 协议

【答案】A

【解析】HTTP 是超文本传输协议；FTP 是文件传输协议。

(16)下面(　　)肯定是一个错误的 Email 地址。

A. gue−123@ ihw. com. cn　　　　　B. liu#uestc. edu. cn

C. tom@ 263. net　　　　　　　　　D. jerry@ I63. net

【答案】B

【解析】Email 地址包括用户名和主机名，使用"@"符号连接两个部分。

(17)关于发送电子邮件的说法不正确的是(　　)。

A. 可以发送文本文件　　　　　　B. 可以发送非文本文件

C. 可以发送可执行文件　　　　　D. 只能发送超文本文件

【答案】D

【解析】电子邮件可以发送多种格式的文件，不局限于超文本文件。

(18)关于网页的描述,(　　)是错误的。

A. 制作网页必须使用 Front Page

B. 网页保存在 WWW 服务器上

C. 浏览器可以向服务器请求网页，并显示网页

D. 网页文件实际上是包含 HTML 标签的纯文本文件

【答案】A

【解析】Front Page 是众多网页制作工具中的一种，制作网页也可以使用其他工具。

2. 多选题

(1)计算机网络的特点是(　　)。

A. 能够实现数据信息的快速传输和集中处理

B. 可共享计算机系统资源

C. 提高计算机的可靠性及可用性

D. 能均衡负载及相互协作

【答案】ABCD

【解析】计算机网络的基本功能是数据通信和资源共享。

(2)下列属于有线介质的是(　　)。

A. 电话线　　　　B. 双绞线　　　　C. 同轴电缆　　　　D. 光纤

【答案】ABCD

【解析】有线传输介质是指在两个通信设备之间实现的物理连接部分,它能将信号从一方传输到另一方,常见的有线传输介质主要有电话线、双绞线、同轴电缆和光纤。

(3)下列属于无线介质的是(　　)。

A. 红外线　　　　B. 无线电波　　　　C. 微波　　　　D. 激光

【答案】ABCD

【解析】无线传输介质是指在两个通信设备之间不使用任何物理连接,而是通过空间传输的一种传输介质。无线传输介质主要有微波、红外线、无线电波和激光等。

(4)对 TCP/IP 的描述,(　　)是正确的。

A. TCP/IP 协议定义了如何对传输的信息进行分组

B. TCP/IP 协议包括有关路由选择的协议

C. TCP/IP 协议包括传输控制协议和网际协议等

D. TCP/IP 协议是一种计算机语言

【答案】ABC

【解析】TCP/IP 协议是 Internet 上计算机通信的一组约定,不是计算机语言。

3. 判断题

(1)计算机网络只与计算机设备有关,与通信设备没有任何关系。(　　)

【答案】×

【解析】计算机网络就是把分布在不同地理区域的计算机与专门的外部设备用通信线路互联成一个规模大、功能强的复合系统,所以,网络离不开通信设备。

(2)计算机网络的发展过程大致可以分为三个阶段:具有通信功能的批处理系统、具有通信功能的多机系统和计算机网络。

【答案】√

【解析】前两个阶段是计算机网络的雏形,第三阶段是真正的网络时代。

(3)网桥是工作在网络层的网络设备。(　　)

【答案】×

【解析】网桥(network bridge),工作在数据链路层(第二层),将两个局域网(LAN)连起来,根据 MAC 地址(物理地址)来转发帧,可以看作一个"低层的路由器"。

(4)ISO 定义的网络协议 OSI 参考模型使用层次结构,共分为8层。(　　)

【答案】×

【解析】ISO 组织定义的 OSI 模型共有7层:物理层、数据链路层、网络层、传输层、会话层、表示层和应用层。

(5)在 Internet 中,IP 地址没有必要保持唯一性,也不需要专门机构统一分配,任何人都可以随意地使用 IP 地址。(　　)

【答案】×

【解析】IP 地址用来唯一识别 Internet 中的计算机。在整个 Internet 中,要求任意两台计算机不能具有相同的 IP 地址。为了保证 IP 地址的唯一性,IP 地址由网络信息中心

(NIC)统一分配。

(6)URL 是 Internet 上各种信息资源的地址。（　　）

【答案】√

【解析】URL 称为统一资源定位器，用于确定 Internet 的信息资源所在位置。

(7)在 OSI 模型中，FTP 不是应用层协议。（　　）

【答案】×

【解析】OSI 的应用层协议包括 FTP、HTTP 和 telnet 等协议。

(8)使用 Outlook Express 撰写的邮件只能发送给一个收件人，而不能把同一封邮件发送给多个收件人。（　　）

【答案】×

【解析】在撰写邮件时，只要将其他收件人的地址输入到"抄送"栏，同一封电子邮件就可以发送给多个收件人。

(9)FTP 文件传输就是把文件从一台计算机转移到另一台计算机上。（　　）

【答案】√

【解析】FTP 的功能就是在计算机之间传送文件。把客户机的文件传送给 FTP 服务器，称为上传文件；把 FTP 服务器的文件传送到客户机，称为下载文件。

(10)电子公告牌 BBS 是 Internet 提供的一种常用服务。（　　）

【答案】√

【解析】Internet 提供的常用服务包括网络浏览、电子邮件、文件传输、远程登录和电子公告牌等。

(11)HTML 是 Internet 站点共同的语言，所有的网页都是带有 HTML 格式的文件。（　　）

【答案】√

【解析】超文本标记语言(HTML)是设计网页的语言。

(12)WWW 服务器是一台提供信息查询与浏览服务的计算机，用户可以使用浏览器访问 WWW 服务器，获取信息。（　　）

【答案】√

【解析】只有同时存在服务器和浏览器，才能提供网络浏览服务。

4. 填空题

一般家用路由器默认的用户名是_____，密码是_____。

【答案】admin，admin

【解析】一般情况下，家用路由器默认的用户名和密码都是 admin。

三、上机实战精练

1. 网络设置

在 D 盘根目录下建立一个文件夹，文件夹的名字为"自己的名字_win10_04"（例如，张三_win10_04），并按下述要求完成作业，将所有操作结果放在该文件夹下，再打包上传至服务器。

（1）打开网络和共享中心，并将窗口画面保存为"网络和共享中心.jpg"。

（2）查看本地连接状态，并将窗口画面保存为"本地连接状态.png"。

（3）查看网络连接的详细信息，并将窗口画面保存为"详细信息.bmp"。

（4）设置 Internet 连接共享，允许其他网络用户通过此计算机的 Internet 连接来连接，并将窗口画面保存为"连接共享.jpg"。

（5）打开 TCP/IP 设置窗口，设置 IP 地址为 192.168.100.200，子网掩码为 255.255.0.0，默认网关为 192.168.100.1，DNS 为 202.103.0.117（一定不要保存，否则网络会中断），并将窗口画面保存为"IP 设置.bmp"。

（6）修改计算机名称为自己的名字拼音，工作组名称为 class001（不要单击"确定"按钮确认），并将窗口画面保存为"设置计算机名.bmp"。

（7）打开设置网络位置的界面窗口，并将窗口画面保存为"设置网络位置.jpg"。

（8）在桌面上新建一个文件夹，名字为"我的共享"，设置该文件夹共享名为"共享文件夹"，选择用户为"Everyone"，权限为"读取"，并将窗口画面保存为"共享设置.jpg"。

（9）在网络中找到同桌电脑的共享文件夹（同桌已完成共享），并将窗口画面保存为"共享文件夹.bmp"。

2. 在网易注册一个免费的电子邮箱。

【答案】操作步骤如下。

步骤 1：用 IE 打开网址 http：//www.163.com/，进入网易 163，如图 4-1 所示。

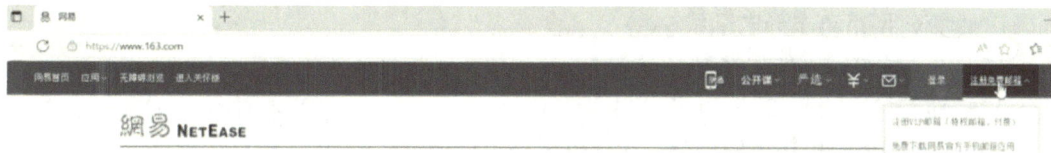

图 4-1　进入网易

步骤 2：单击图 4-1 箭头所指的"注册免费邮箱"，打开如图 4-2 所示页面。

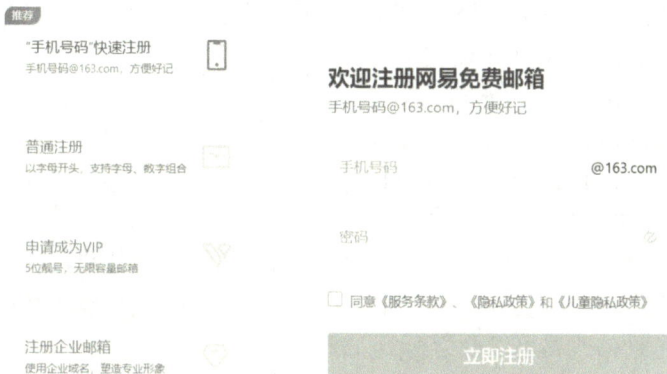

图 4-2　免费邮箱注册界面

步骤3：可选择"手机号码"快速注册或普通注册，并按要求填写注册信息。

步骤4：填写完注册信息后单击下方的"立即注册"，完成邮箱的注册。

阶段知识检测(一)

1. 单选题

(1)强调网络中的计算机是独立的，这是指(　　)。

A. 网络中每台计算机都能够独立地使用网络中的各种资源(√)

B. 网络中每台计算机都有一个单独的代号

C. 拆除网络之后，原有网络中的每台计算机都能够独立运行

D. 网络中每台计算机都有不受限制的权限

(2)下面(　　)不属于网络软件。

A. 迅雷　　　　　　B. Office 2016(√)　C. FTP　　　　　　　D. TCP

(3)下面的(　　)协议是目前应用最广的协议。

A. IPX/SPX　　　　B. IBM DLC　　　　C. NetBEUI　　　　　D. TCP/IP(√)

(4)以下关于计算机网络系统的叙述中，错误的是(　　)。

A. 计算机网络是计算机技术与通信技术结合的产物

B. 计算机网络是通过电缆线和某些通信设备连接在一起的许多台计算机的组合

C. 计算机网络的出现是计算机应用技术发展到一定阶段的必然产物

D. 计算机网络离不开电话线(√)

(5)IP 地址与域名的关系是(　　)。

A. 一对一　　　　　B. 一对多(√)　　　C. 多对一　　　　　D. 多对多

(6)按照网络中拓扑结构划分，计算机网络可以分为(　　)。

A. 总线网、平面网、立体网、树状网和网状网

B. 总线网、环状网、星状网、树状网和网状网(√)

C. 星状网、树状网、网状网和环状网

D. 双绞线网、同轴电缆网、光纤网、微波及卫星网等

(7)用户可以使用(　　)程序，登录到远程计算机上，把其中的文件传回到自己的计算机上，反之也可以把自己计算机中的文件传送到远程计算机上。

A. PING　　　　　　B. FTP(√)　　　　C. telnet　　　　　　D. Outlook

(8)OSI 参考模型的最高层是(　　)。

A. 表示层　　　　　B. 网络层　　　　　C. 应用层(√)　　　D. 会话层

(9)以下关于进入 Web 站点的叙述中，正确的是(　　)。

A. 只能输入 IP　　　　　　　　　　B. 需要同时输入 IP 地址和域名

C. 只能输入域名　　　　　　　　　D. 可以通过输入 IP 地址或域名(√)

(10)Internet 中的通信线路可以分为两类，即(　　)。

A. 国内通信线路与国际通信线路　　B. 有线通信线路与无线通信线路(√)

C. 广域网线路与局域网线路　　　　D. 光缆通信线路与同轴电缆通信线路。

(11)星形结构网络的特点是( )。

A.其连接线构成星形形状

B.每一台计算机都直接相互连通

C.是彼此互联的分层结构

D.所有结点均通过独立的线路连接到一个中心交会节点上(√)

(12)在 Internet 中,以下( )IP 地址是不可能的。

A.202.96.13.25　　　　　　　B.176.78.89.67

C.123.256.36.2(√)　　　　　D.189.76.56.156

(13)下列( )不属于网络操作系统。

A.DOS(√)　　　　　　　　　B.Unix

C.Windows NT　　　　　　　D.NetWare

(14)下列程序中( )不属于 TCP/IP 协议。

A.电子邮件　　　　　　　　　B.文件传输

C.WWW 浏览　　　　　　　　D.字处理(√)

(15)modem 在计算机中的作用是( )。

A.计算　　　　　　　　　　　B.做存储设备

C.分担 CPU 的功能　　　　　　D.进行数字/模拟信号转换(√)

(16)计算机网络是计算机技术和( )结合的产物。

A.电话　　　　　　　　　　　B.通信技术(√)

C.线路　　　　　　　　　　　D.各种协议

(17)计算机网络是按照( )相互通信的。

A.信息交换方式　　　　　　　B.传输装置

C.网络协议(√)　　　　　　　D.分类标准

(18)下列不属于互联网的是( )。

A.ChinaNET　　　　　　　　　B.Novell 网(√)

C.CERnet　　　　　　　　　　D.Internet

(19)一座大楼内的一个计算机网络系统,属于( )。

A.PAN　　　　　B.LAN(√)　　　　C.MAN　　　　　D.WAN

(20)局域网通常只包括( )。

A.物理层和网络层　　　　　　B.物理层和数据链路层(√)

C.会话层和传输层　　　　　　D.数据链路层和传输层

(21)OSI 开放式网络系统互联标准参考模型由( )层组成。

A.2　　　　　　B.7(√)　　　　　C.5　　　　　　D.3

(22)所谓传输速率,指的是( )。

A.每秒可以传输的字符数　　　B.每秒可以传输的比特数(√)

C.每秒可以传输的中文字符数　D.每秒可以传输的文件数量

(23)和电子邮件有关的应用层协议是( )。

A.SMTP 和 POP3(√)　　　　　B.SMTP 和 IMAP

C.POP3 和 IMAP　　　　　　　D.SMTP 和 MIME

（24）Internet 主机既可以是大型计算机，也可以是(　　)。

A. 集线器或路由器　　　　　　　　B. 普通的微型计算机或便携机(√)

C. 微型计算机或计算机终端　　　　D. 数字程控交换机或路由器

（25）目前我国直接接入 Internet 的四大网络中，(　　)是最大的互联网，且出口频带最宽。

A. ChinaNET(√)　　　　　　　　　B. CERnet

C. CSTnet　　　　　　　　　　　　D. ChinaGBN

（26）域名 ftp. beijing. gov. cn 中计算机名是(　　)。

A. ftp. beijing. gov. cn　　　　　　B. ftp. beijing

C. ftp. beijing. gov　　　　　　　　D. ftp(√)

（27）下面域名中表示商业系统的是(　　)。

A. edu　　　　　B. com(√)　　　　C. gov　　　　　D. mil

（28）下面域名中表示教育网的是(　　)。

A. net　　　　　B. com　　　　　　C. org　　　　　D. edu(√)

（29）下面哪种因特网服务的交互性最强(　　)。

A. E-mail　　　　B. FTP　　　　　C. WWW　　　　D. BBS(√)

（30）下面域名中表示政府机构的是(　　)。

A. net　　　　　B. org　　　　　　C. edu　　　　　D. gov(√)

（31）现在的网页中信息多是文本、声音、图像的结合，这种含有多媒体信息的超文本称为(　　)。

A. 动态网页　　　B. 超媒体(√)　　C. Web 页　　　D. 超级链接

（32）Internet 主要是由(　　)。

A. 个人电脑和电话线路等部分组成

B. 通信线路、路由器、主机与信息资源等部分组成(√)

C. 鼠标、键盘和虚拟数字空间等部分组成

D. 电子邮件和浏览器等部分组成

（33）浏览器是运行于(　　)上的一种浏览 Web 页面的软件。

A. 客户机(√)　　　　　　　　　　B. 服务器

C. WWW 服务器　　　　　　　　　D. 仿真终端

（34）下面(　　)是不正确的 URL 资源地址类型。

A. HTTP　　　　B. FTP　　　　　C. NEWS　　　　D. WWW(√)

（35）Web 服务的 URL 资源地址类型是(　　)。

A. HTTP(√)　　　B. FTP　　　　　C. NEWS　　　　D. WWW

（36）下列中(　　)主页地址是有效的。

A. www：//www：sina. com. cn　　　B. http：\\www. sina. com. cn

C. http：//www. 163. net/index. htm(√)　D. ftp：//www. 163. net

（37）文件传输主要应用于 Internet 的(　　)。

A. 终端与终端之间　　　　　　　　B. 主机与终端之间

C. 主机与主机之间　　　　　　　　D. B、C 都对(√)

(38)下列服务选项中(　　)不是实时的联机服务。

A. E-mail(√)　　　　B. FTP　　　　　C. BBS　　　　　D. 网上聊天

(39)使用 FTP 在网上可以传输(　　)类型的文件。

A. 二进制　　　　　B. 图形　　　　　C. 视频　　　　　D. 任何(√)

(40)(　　)的文件传输 URL 是有效的。

A. www：//ftp. sina. com. cn　　　　　　B. ftp：\\www. sina. com. cn

C. http：//ftp. 163. net　　　　　　　　D. ftp：//www. 163. net/pub(√)

(41)FTP 与 telnet 的区别在于(　　)。

A. FTP 把用户的计算机当成远端计算机的一台终端

B. telnet 用户完成登录后,具有和远端计算机本地用户一样的权限(√)

C. FTP 用户允许对远端计算机进行任何操作

D. telnet 只允许远端计算机进行有限的操作,包括查看文件、改变文件目录等

(42)要改变 IE 的起始页,应单击(　　)菜单下的"Internet 选项"菜单项。

A. 工具(√)　　　　　　　　　　　B. 查看

C. 编辑　　　　　　　　　　　　　D. Internet

(43)在 Web 页中,超级链接可以是(　　)。

A. 文字　　　　　　　　　　　　　B. 图形

C. 文字或图形(√)　　　　　　　　D. 经特殊处理的符号

(44)国内一家高校要建立 WWW 网站,其域名的后缀应该是(　　)。

A. com　　　　　B. edu. cn(√)　　　C. com. cn　　　　D. ac

(45)为连入 Internet,(　　)是不必要的。

A. 一个 Internet 账号　　　　　　　B. 一条电话线

C. 一部传真机(√)　　　　　　　　D. 一个 modem

(46)关于上网的速度,(　　)是正确的。

A. 只与机器的配置有关　　　　　　B. 只与接入带宽的速率有关

C. 上网速度不会有太大的变化　　　D. 上网速度与很多因素有关(√)

(47)访问 Internet 的某一网址时,浏览器首先显示的那个文档,叫作(　　)。

A. 主页(√)　　　　B. 域名　　　　　C. 站点　　　　　D. 网点

(48)FTP 服务是指(　　)。

A. 远程登录服务　　　　　　　　　B. 网页浏览服务

C. 电子邮件服务　　　　　　　　　D. 文件传输服务(√)

(49)以下关于 Internet 的叙述中,错误的是(　　)。

A. Internet 使用 TCP/IP 协议

B. 主机都有 IP 地址

C. 要实现计算机与 Internet 的连接,就必须使用调制解调器(√)

D. 路由器是 Internet 中最重要的设备之一

(50)HTTP 是一种(　　)。

A. 高级程序设计语言　　　　　　　B. 域名

C. 超文本传输协议(√)　　　　　　D. 网址

(51)用户要在网上查看 WWW 信息,要安装并运行一个(　　　)软件。

A. HTTP　　　　　　　　　　　　　B. YAHOO

C. 浏览器(√)　　　　　　　　　　　D. 万维网

(52)Internet 的 IP 地址分为三类,C 类地址的网络标识占(　　　)字节。

A. 1　　　　　　B. 2　　　　　　C. 3(√)　　　　　　D. 4

(53)下列关于网址的说法中,不正确的是(　　　)。

A. 网址有两种表示形式　　　　　　B. IP 地址是唯一的

C. 域名的长度是固定的(√)　　　　D. 输入网址时可以使用域名

(54)单击 IE 工具栏中的"刷新"按钮的作用是(　　　)。

A. 重新打开当前网页(√)　　　　　B. 使当前网页全屏显示

C. 转到当前已打开网页的前一页　　D. 转到当前已打开网页的后一页

(55)利用拨号上网时,一般要通过(　　　)将数字信号转换成模拟信号。

A. 网卡　　　　　　　　　　　　　B. 编码解码器

C. 调制解调器(√)　　　　　　　　D. 电话

(56)Internet 上可以下载的有(　　　)。

A. 文本和图片　　　　　　　　　　B. 视频文件

C. 声音文件　　　　　　　　　　　D. 以上都可以(√)

(57)IPv4 的 IP 地址由一个(　　　)二进制数组成。

A. 2　　　　　　B. 8　　　　　　C. 32(√)　　　　　D. 128

(58)要把正在浏览的网页上的图片保存下来,正确的操作是(　　　)。

A. 选择"文件"菜单中的"保存"菜单项

B. 选择"文件"菜单中的"另存为"菜单项

C. 在图片上单击左键,然后选择"图片另存为"菜单项

D. 在图片上单击右键,然后选择"图片另存为"菜单项(√)

(59)一封电子邮件可以发送(　　　)附件。

A. 多个(√)　　　　B. 2 个　　　　C. 4 个　　　　D. 8 个

(60)Internet 中,IP 地址的组成是(　　　)。

A. 国家代号和国内电话号码　　　　B. 国家代号和主机号

C. 网络号和邮政编码　　　　　　　D. 网络号和主机号(√)

(61)DNS 指的是(　　　)。

A. 动态主机　　　　　　　　　　　B. 接收邮件的服务器

C. 发送邮件的服务器　　　　　　　D. 域名系统(√)

(62)关于发送邮件的说法中不正确的是(　　　)。

A. 可以发送文本文件　　　　　　　B. 可以发送非文本文件

C. 可以发送所有格式的文件　　　　D. 只能发送超文本文件(√)

(63)(　　　)是正确的邮件地址。

A. gary zhang@ sina. com　　　　　B. garyzhang@ 21cn. com(√)

C. an. yang@ sohu. com　　　　　　D. gary. zhang@ 163. com

(64)下列各邮件信息中,(　　　)是在发送邮件时,由邮件服务系统自动添加上的。

A.邮件发送时期和时间(√)   B.收信人的 E-mail 地址

C.邮件主体内容   D.附件

(65)发送邮件服务器和接收邮件服务器(　　)。

A.必须是同一台主机   B.可以是同一台主机(√)

C.必须是两台主机   D.以上说法都不对

(66)在 Outlook Express 窗口中,如果某邮件前有曲别针图标,表示(　　)。

A.该邮件为未读状态   B.该邮件为已读状态

C.是一封回复的邮件   D.该邮件含有附件(√)

(67)电子邮件地址一般由两个基本内容组成,即(　　)。

A.用户名@ 邮件服务器名(√) B.姓名@ 地址

C.用户名@ 计算机所在地址   D.文件名@ 主机名

(68)下面错误的支付宝账号是(　　)。

A.13687854456   B.123@ 153. com

C.ytsm4546   D.ktm/. 7678(√)

(69)阿里巴巴创始人是(　　)。

A.马云(√)   B.陈天桥

C.张学友   D.雷军

(70)百度的网址是(　　)。

A.http://www. baidu. com(√) B.http://www. baidu. com. cn

C.http://www. baidu. cn   D.http://www. baidu. edu

2.多选题

(1)计算机网络的基本功能是(　　)。

A.数据传输(√)   B.资源共享(√)

C.协同处理(√)   D.分布式计算(√)

(2)下列哪些是浏览器(　　)。

A.IE(√)   B.火狐(√)   C.必应(√)   D.迅雷

(3)下列说法错误的是(　　)。

A.Internet 属于美国(√)   B.Internet 属于联合国(√)

C.Internet 不属于某个国家或组织 D.Internet 属于国际红十字会(√)

(4)在 Internet 中收发 E-mail 的协议包括(　　)。

A.SMTP(√)   B.POP3(√)

C.IMAP(√)   D.ARP

(5)下面(　　)不是 FTP 服务器的地址。

A.http://192. 168. 113. 13(√) B.ftp://192. 168. 113. 13

C.http://192. 256. 113. 13(√) D.ftp://192. 256. 113. 13(√)

(6)在 Internet 中,(　　)协议不用于文件传输。

A.ARP(√)   B.POP(√)   C.SMTP(√)   D.FTP

(7)常用网络即时交流软件有(　　)。

A.QQ(√)   B.陌陌(√)   C.微信(√)   D.MSN(√)

(8)下面属于网络用语的是(　　　)。

A. 十动然拒(√)　　　B. 不明觉厉(√)　　　C. 稀饭(√)　　　　　D. 小鲜肉(√)

(9)网上购物的支付方式有(　　　)。

A. 微信支付(√)　　　　　　　　　　　B. 网银支付(√)

C. 支付宝支付(√)　　　　　　　　　　D. 刷脸支付

3. 判断题

(1)Internet 采用的是 TCP/IP 协议模型。(√)

(2)国家代码顶级域名由专门的机构管理,不能随便指定。(√)

(3)使用 FTP 工具软件不仅可以下载软件,还可以上传软件。(√)

(4)Guest 是安全的账户。(　　　)

(5)安全的网络一定是坚不可摧的。(　　　)

(6)黑客指精通计算机网络技术的人。(√)

(7)WWW 的页面文件存放在客户机上。(　　　)

(8)Internet 网络主要是通过 FTP 协议实现各种网络的互联。(　　　)

(9)在计算机网络中只能共享软件资源,不能共享硬件资源。(　　　)

(10)局域网的地理范围一般在几千米之内,具有结构简单、组网灵活的特点。(√)

(11)Web 浏览器的默认电子邮件程序只能是 Outlook Express。(　　　)

(12)用电缆连接多台计算机就构成了计算机网络。(　　　)

(13)收发电子邮件时必须运用 Outlook Express 软件。(　　　)

(14)电子邮件就是利用 Internet 收发邮件,具有快速、便宜、功能强大的特点。(√)

(15)IP 地址包括网络地址和网内计算机,必须符合 IP 通信协议,具有唯一性,共含有 64 个二进制位。(　　　)

(16)在计算机网络中,KAN 网指的是广域网。(　　　)

(17)通过拨号电话线连接到 Internet 的计算机都需要安装 modem。(√)

(18)Outlook Express 只能发送 HTML 格式的邮件,其他任何类型的文件都不能正确发送。(　　　)

4. 填空题

(1)从计算机网络系统组成的角度看,计算机网络可以分为_____和_____。

(2)在 Internet 与 Intranet 之间,由_____负责对网络服务请求的合法性进行检查。

(3)互联网络涉及三个基本概念,它们是_____、_____和_____。

(4)当数据从一个网络传输到路由器时,需要根据数据所要到达的_____,由_____为数据选择一条最佳的输出路径

(5)与计算机系统类似,计算机网络也是由_____和_____两大部分组成。

(6)网址又称为_____,这是因为 Internet 中把信息从一处传到另一处所遵循的协议是_____。

(7)电子邮件由_____和_____两大部分组成。

(8)Web 是采用_____方式来组织信息的。

(9)UDP 是一个_____,不提供错误恢复能力,不要求确认等。

(10)基于 Web 的工作模式是客户/服务器模式，其中提出服务请求的一方是_____，接受请求的一方是_____。

(11)每一个 WWW 站点在 Internet 上都有唯一地址，简称_____或_____，其地址格式应符合 URL 约定。

(12)提出 FTP 请求的用户应首先_____到对方的计算机上，_____后才可以进行文件搜索和文件传输的操作。

(13)匿名 FTP 服务器不要求用户有合法户头，通常用户只能从匿名服务器上_____文件，而不能_____文件到服务器上。

(14)威胁网络安全的因素主要来自_____、_____和_____三方面。

(15)_____是标准的 WWW 传输协议。

(16)在 Internet 上通常使用_____程序实现远程登录。

(17)电子公告牌_____是 Internet 上的一种_____系统，它提供一块公共电子白板，每个用户都可以在上面书写、发布信息或提出看法。

(18)在 Outlook Express 中，可以用_____来发送文档、声音与图像文件。但是，邮件的_____不能像邮件正文一样被显示出来。

(19)在 Internet 上，专门对主页进行分类、搜索与检索的站点称为_____。

(20)直接使用 IP 地址就可访问 Internet，但是，IP 地址很难记忆。故 Internet 规定了一套命名机制，称为_____。

【参考答案】

填空题

(1)通信子网，资源子网　(2)防火墙　(3)网络连接，网络互连，网络互通　(4)目的地，路由器　(5)网络硬件，网络软件　(6)IP 地址，IP 协议　(7)邮件头，邮件体　(8)超链接　(9)无连接协议　(10)客户，服务器　(11)网址，主页地址　(12)登录，注册　(13)下载，上传　(14)网络病毒，网络黑客，网络分析软件　(15)HTTP　(16)telnet　(17)BBS，电子信息服务　(18)邮件，附件　(19)搜索引擎　(20)域名

5. 操作题

按照要求进行上机操作实践。

(1)网络上关于求职与招聘信息发布的网站比较多。试以"前程无忧"人才招聘求职网（http：//www.51job.com/）为例，在该网站新注册一个用户，填写求职简历，并在该网站按职位、行业和地区等进行搜索，搜索理想的职位。

(2)使用 IE 浏览器访问 http：//www.uestc.edu.cn 服务器，并同时打开 1 个新窗口访问 http：//www.pku.edu.cn 站点。

(3)用 IE 浏览器访问 http：//www.uestc.edu.cn 站点，并把显示的主页地址保存到收藏夹中，输入名称为"电子科技大学主页"，再访问该站点(要求通过"收藏"菜单直接访问该站点)。

(4)用 IE 浏览器访问 http：//www.uestc.edu.cn 站点，把电子科技大学的主页保存到

C 盘根目录中，文件名为"uestc. htm"。

（5）用 IE 浏览器访问 http：//www. uestc. edu. cn 站点，选择其中任一幅图片，把该图片保存到 C 盘根目录中，文件名为"uestc_pic"，并保持原扩展名不变。

（6）启动 IE，为 IE 设置起始访问页为空白网页。

（7）给 stul@ uestc. edu. cn 发 1 封电子邮件，同时把该邮件发送给 stu2@ uestc. edu. cn，邮件主题为"测试邮件"，内容为"这是一封测试邮件"。

（8）设置电子邮件账号。要求：用户的电子邮件地址为 student@ uestc. edu. cn，发送邮件服务器和接收邮件服务器域名都为 mail. uestc. edu. cn，其他输入信息任选。

（9）向项目组成员小王和小李分别发送 E-mail，具体内容为"于本星期三上午在会议室开项目讨论会，请准时出席。"主题填写"通知"。两位的电子邮件地址分别为：wangwb @ mail. jmdx. edu. cn 和 ligf@ home. com。

（10）接收来自班主任的邮件，主题为"关于期末考试的通知"，并将其转发给同学丁丁和张欣，他们的 E-mail 地址分别是 ding_ding@ sina. com、zhangxin123456@ sina. com。在正文内容中加上"请务必仔细阅读有关通知，并转达通知内容给同宿舍的同学，收到请回复。"

（11）设置 Internet 临时文件占用磁盘空间为 80 MB，并设置每次自动检查所存网页的较新版本。

（12）请将 IE 设置成当发送电子邮件时使用的联系人列表程序为通信簿。

（13）将网站 www. yeduu. com 设置成受限站点。

（14）请将 Internet 区域的隐私设置为"低"，并且总是允许会话 cookie。

（15）将 IE 的主页和搜索页还原为最初的默认设置，并重置主页。

（16）请将 IE 设置为在打开 E-mail 链接时，使用的默认程序是 Hotmail。

（17）设置 IE，让打开网页后 Windows 记住的密码被清除。

（18）请将浏览器显示的网页背景颜色改为红色。

（19）请将 IE 浏览器的连接方式设置成"从不进行拨号连接"的方式。

（20）请打开网页 http//www. dzvtc. edu. cn，并将其加入收藏夹，将收藏夹中的"达州职业技术学院"设置为允许脱机浏览，且下载的网页层数为 2 层。

（21）从地址栏中键入"go internet"来搜索包含"internet"单词的网页。

（22）用百度搜索"什么是拓扑结构"，关闭搜索页，只查看搜索到的第一个网站发布的包含关键字的信息。

（23）请将 IE 的默认主页设置为新浪（网址为：www. sina. com. cn）。

（24）请将浏览器设置为显示网页时不使用网页中指定的颜色、字体的样式和大小。

（25）通过整理收藏夹在收藏夹中创建 1 个新文件夹，并将其命名为"搜索类"。

（26）使用 IE 的搜索功能来搜索包含"计算机网络"单词的网页，并打开搜索到的第一个相关网站。

（27）请将 IE 的搜索功能设置为搜索时记录前 10 次搜索记录。

（28）在 IE 浏览器中使用谷歌地图搜索"达州火车站"的地图，谷歌的网址为：http：// www. google. cn。

（29）利用谷歌查找包含"网上信息资源库"的网页，在查找此短语时要精确匹配。

（30）利用百度通过"网络"的拼音来搜索包括"网络"的网页。

（31）利用百度搜索包含关键词"计算机等级考试"的网页，并设定搜索的网页中要包含"考前准备"的完整关键词。

（32）利用百度搜索"达州新闻"，设定搜索结果每页显示 50 条，并且只搜索最近 1 个月内的网页。

（33）查看本地 IP 地址、子网掩码和默认网关。

（34）网络连接后，禁止在任务栏的通知区域显示网络连接图标。

（35）添加 1 个 IP 地址为"192.168.2.69"的 DNS 服务器。

任务二　信息检索

本任务涉及的知识点及考点：信息检索的基本概念、信息检索的基本流程、利用网络获取有效信息的方法。

一、重点知识精讲

1. 信息检索的定义

广义的信息检索全称为"信息存储与检索"，是指将信息按一定的方式组织和存储起来，并根据用户的需要找出有关信息的过程；狭义的信息检索为"信息存储与检索"的后半部分，通常称为"信息查找"或"信息搜索"，是指从信息资源的集合中查找所需文献或查找所需文献中包含的信息内容的过程。

2. 信息检索的基本原理

信息检索的基本原理为：通过对大量分散、无序的信息（包括文档、图片、音频、视频等）进行收集、加工、组织、存储，建立各种各样的检索系统，并通过一定的方法和手段使存储与检索这两个过程所采用的特征标识达到一致，以便有效地获取和利用信息。其中，存储是检索的基础，检索是存储的目的。

3. 信息检索的基本流程

包括分析信息需求、选择检索工具、提炼检索词、构造检索式、调整检索策略和输出检索结果，如图4-3所示。

分析信息需求 → 选择检索工具 → 提炼检索词 → 构造检索式 → 调整检索策略 → 输出检索结果

图4-3　信息检索的基本流程

二、典型例题精解

1. 单选题

(1)李同学想要查看云南省近三年的气温数据,下列哪种方式最合适(   )。

A.百度搜索关键词

B.图书馆查阅资料

C.咨询地理老师

D.访问"国家气象科学数据中心"网站查看

【答案】D

【解析】本题主要考查 Internet 信息检索。想要查看云南省近三年的气温数据,结合选项可知,最合适的是访问"国家气象科学数据中心"网站查看,故本题选 D。

(2)雅虎网站是专业的搜索引擎,下列说法正确的是(   )。

A.它只提供分类搜索

B.它只提供关键词搜索

C.它是唯一的搜索引擎网站

D.多个关键词搜索用 or 或 and 连接

【答案】D

【解析】本题主要考查搜索引擎的描述。雅虎网站是专业的搜索引擎,提供分类搜索和关键词搜索,多个关键词搜索用 or 或 and 连接,故本题选 D 选项。

(3)某同学在百度搜索栏中输入"德尔塔",了解到此新冠病毒变异毒株发现于印度,这种信息检索方式属于(   )。

A.专业垂直搜索　　　　　　　B.目录搜索

C.分类搜索　　　　　　　　　D.关键词查询

【答案】D

【解析】本题主要考查信息检索。某同学在百度搜索栏中输入"德尔塔",了解到此新冠病毒变异毒株发现于印度,这种信息检索方式属于关键词查询,也称全文检索,故本题选 D 选项。

(4)在 Internet 中,搜索引擎其实也是一个(   )。

A.网站　　　　　　　　　　　B.操作系统

C.域名服务器　　　　　　　　D.硬件设备

【答案】A

【解析】本题主要考查 Internet 检索。在 Internet 中,搜索引擎其实也是一个网站,如百度、谷歌等,故本题选 A。

(5)在 Internet 上进行信息搜索时,经常用来缩小搜索范围的操作是(   )。

A.改变关键词　　　　　　　　B.改换其他搜索引擎

C.使用逻辑控制符号 or　　　　D.使用逻辑控制符号 and

【答案】D

【解析】本题主要考查 Internet 搜索知识点。使用逻辑控制符号 and,使多个条件同时满足要求进行限制,从而缩小搜索范围,故本题选 D 选项。

(6)目录索引类搜索也称为(   )。

A.分类搜索　　　B.关键词查询　　　C.元搜索　　　　D.全文搜索

【答案】A

【解析】本题主要考查搜索引擎相关知识点。目录索引类搜索也称为分类搜索(按目录类别进行检索)，故本题选 A。

(7)使用搜索引擎查找《鲁迅全集》，下列关键词中，最佳的是(　　)。

A. 鲁迅　　　　　B. 全集　　　　　C. 鲁迅全集　　　　　D. 周树人

【答案】C

【解析】本题主要考查信息检索。使用搜索引擎查找《鲁迅全集》，最佳的关键词是鲁迅全集，故本题选 C。

(8)张同学在百度搜索引擎中输入关键词"单车岁月歌词"，单击"百度一下"按钮后，出现的网页内容是(　　)。

A. "单车岁月"的全部信息

B. 歌曲"单车岁月"的歌词内容

C. "单车岁月歌词"相关信息的链接地址

D. "单车岁月"的完整介绍

【答案】C

【解析】本题主要考查 Internet 信息检索。在百度搜索引擎中输入关键词"单车岁月歌词"，单击"百度一下"按钮后，出现的网页内容为"单车岁月歌词"相关信息的链接地址，故本题选 C 选项。

(9)王同学使用百度查找王国维的词《采桑子》，为了提高效率，他应该使用关键词(　　)。

A. 采桑子　　　　　　　　　B. 王国维

C. 王国维诗词　　　　　　　D. 王国维采桑子

【答案】D

【解析】本题考查的是全文搜索引擎的使用技巧：关键词的提炼。输入"采桑子""王国维""王国维诗词"查找出来的结果范围比较大，而且不精确。故选项 D 正确。

(10)在中文数据库中检索有关"计算机网络在城市建设中的应用"的文献，合理的检索式为(　　)。

A. (计算机网络) and (城市规划 or 城市建设)

B. (计算机网络) and (城市规划 or 城市建设) and 应用

C. 计算机网络 and 城市建设 and 应用

D. 计算机网络 and 城市规划 and 应用

【答案】A

【解析】根据布尔逻辑检索和检索关键词选择。选取有实际检索意义的关键词，"应用"为没有检索意义的通用词。

(11)在万方数据知识服务平台中，与"高等教育信息素养框架"主题相关的文献有300篇，检索时查出240篇，其中正确180篇，请说明此次检索的查全率和查准率分别为(　　)和(　　)

A. 80%，75%　　　　　　　　B. 60%，75%(√)

C. 60%，80%　　　　　　　　D. 80%，60%

【答案】B

【解析】查全率(recall ratio)是指从数据库内检出的相关信息量与总量的比率。查准率(precision ratio)(精度)是衡量某一检索系统信噪比的一种指标，即检出的相关文献与检出的全部文献的百分比。

2. 多选题

(1)下列关于网络搜索引擎的叙述中，不正确的是(　　)。

A. 搜索结果越多，说明所使用的搜索引擎越好

B. 有些信息使用搜索引擎也找不到

C. 搜索引擎可以搜索网络内任意一台计算机中的文件

D. 目录搜索不是搜索引擎

【答案】ACD

【解析】本题主要考查网络搜索引擎。搜索结果越多，并非说明所使用的搜索引擎越好，可能是关键词限制条件比较少，有些信息使用搜索引擎也找不到；搜索引擎不能搜索网络内任意一台计算机中的文件；目录搜索也是搜索引擎，故本题选ACD选项。

(2)关于搜索引擎，下列说法错误的是(　　)。

A. 搜索引擎按其工作方式可分为蜘蛛程序和机器人

B. 全文搜索方式又称为目录搜索

C. 目录索引类搜索又称为关键词查询

D. 搜索引擎按其工作方式可分为全文搜索引擎和目录索引类搜索引擎

【答案】ABC

【解析】本题考查的是搜索引擎相关知识。搜索引擎按其工作方式可分为全文搜索引擎和目录索引类搜索引擎。全文搜索方式又称为关键词查询，目录索引类搜索又称为目录搜索。故本题应选ABC。

3. 判断题

(1)数据检索和事实检索是要检索出包含在文献中的信息本身，而文献检索则检索出包含所需要信息的文献即可。

【答案】√

【解析】数据检索和事实检索是要检索出包含在文献中的信息本身，而文献检索则检索出包含所需信息的文献即可。

(2)在信息检索过程中，查准率越高，查全率也必将越高。(　　)

【答案】√

【解析】查准率与查全率无必然正相关，通常呈反向关联，即提高一方可能可能导致另一方下降。

阶段知识检测(二)

1.单选题

(1)关于搜索引擎,不恰当的是( )。

A.搜索引擎是通过互联网接收用户的查询指令

B.常见的搜索引擎有百度、谷歌

C.搜索引擎只向用户提供符合其查询要求的信息资源网址(√)

D.搜索引擎可同时调用多种独立搜索引擎

(2)下列数据库,不支持 MeSH 检索的是( )。

A.CBM   B.PubMed   C.VIP(√)   D.HON

(3)"获得性免疫缺陷综合征"的款目词不包括( )。

A.艾滋病   B.免疫缺陷综合征,后天性

C.免疫缺陷综合征,获得性   D.免疫缺陷综合征(√)

(4)关于一般医学论文的构成,以下描述正确的是( )。

A.由前置部分、正文、后置部分构成(√)

B.由标题、作者、摘要、关键词、正文、参考文献构成

C.由标题、作者、摘要、关键词、中图分类号、文献标识码、英文摘要、正文、结论构成

D.由标题、作者、摘要、正文、参考文献构成

(5)循证医学的以下证据中,可靠性最高的是( )。

A.randomized controlled trial

B.case report

C.case serial report without a controlled group

D.systematic review&meta-analysis(√)

(6)关于搜索引擎的查询规则,正确的是( )。

A.引用(" ")的作用是括在其中的多个词被当作一个固定短语来检索

B.标题检索是在网页标题中查找输入的检索词,其命令一般用"title",其格式为 title:检索式

C.站点检索是在网站域名中检索输入的词,其命令一般用"host",其格式为 host:检索式

D.以上都正确(√)

(7)在检索策略制定中,我们常会用到截词符,其作用是( )。

A.提高查准率   B.提高查全率(√)

C.提高漏检率   D.提高误检率

(8)登录 www.cnki.net,检索的关键词中含有"图书馆"并且作者为"张久珍"的文献,其检索表达式为( )。

A.SU=图书馆 and AU=张久珍   B.SU=图书馆 and FI=张久珍

C. SU=图书馆 or AU=张久珍　　　　D. KY=图书馆 and AU=张久珍(√)

(9)《四级英语阅读理解》这本图书在中图法体系中的分类号可能是(　　)。

A. H121　　　　　　B. H319(√)　　　　C. C453　　　　　D. G231

(10)在布尔检索法中,"A and B"表示查找出(　　)。

A. 含有检索词 A 或者含有检索词 B 的文献

B. 含有检索词 A 或者含有检索词 B 的文献,或者同时含有这两个词的文献

C. 同时含有这两个检索词的文献(√)

D. 含有检索词 B 而不含检索词 A 的文献

(11)知网专业检索中,SU='高职院校 ∗ ∗图书馆' and KY=信息素养可以检索到以下哪些文献(　　)。

A. 题名包括"高职院校"及"图书馆"并且关键词中包含"信息素养"的文献

B. 主题包括"高职院校"及"图书馆"并且关键词中包含"信息素养"的文献(√)

C. 题名包括"高职院校"或"图书馆"并且关键词中包含"信息素养"的文献

D. 主题包括"高职院校"或"图书馆"并且关键词中包含"信息素养"的文献

(12)布尔逻辑表达式:在校大学生 not(女生 and 大一学生)的检索结果是(　　)。

A. 检索出除了大一女生以外的在校大学生数据(√)

B. 检索出在校大学女生的数据

C. 检索出在校大一女生的数据

D. 检索出在校大一男生的数据

(13)下面哪种逻辑不属于布尔逻辑运算符(　　)。

A. 逻辑"与"　　　　B. 逻辑"或"　　　　C. 逻辑"非"　　　　D. 逻辑"否"(√)

(14)如果想要搜索 2024 年"癌症"相关的新闻,应该输入以下哪种表达式(　　)。

A. 癌症 or 2024 年　　　　　　　　B. 癌症 and 2024 年(√)

C. 癌症 x or 2024 年　　　　　　　　D. 癌症 not 2024 年

(15)下列哪项是指科学引文索引(　　)。

A. CSCI　　　　　　B. CS SCI　　　　C. SCI(√)　　　　　D. SSCI

(16)在中文数据库中检索有关"海绵城市理念在城市建设中的应用"的文献,合理的检索式为(　　)。

A. (海绵城市+水弹性城市) ∗ (城市规划+城市建设) ∗应用

B. 海绵城市 ∗ 城市建设 ∗ 应用

C. 水弹性城市 ∗ 城市规划 ∗ 应用

D. (海绵城市+水弹性城市) ∗ (城市规划+城市建设) (√)

(17)以下检索式检索出结果最多的是(　　)。

A. a and b　　　　　　　　　　　　B. a and b or c

C. a and b and c　　　　　　　　　D. a or b or c(√)

(18)下面的检索策略可以缩小检索范围的是(　　)。

A. 同义词检索　　　　　　　　　　B. 扩大检索年代范围

C. 使用逻辑"与"检索(√)　　　　　D. 使用模糊检索

(19)学术论文写作六个步骤的正确顺序是(　　)(①搜集资料②研究资料③执笔撰写

④选择课题⑤明确论点⑥修改定稿)

A.①⑤④③②⑥   B.⑤③④②①⑥

C.④①②⑤③⑥(√)   D.②④③①⑤⑥

(20)某条文献记录的内容为"生命之线—基因与遗传工程/(英)苏珊·奥尔德里奇;喻国根等译,——南京,江苏人民出版社,2000.7?? ISBN 7-214-02750-X,14.00元",此文献为( )。

A.科技报告   B.图书(√)   C.期刊论文   D.会议论文

(21)如果分别以检索词 A.B.c 在某数据库的关键词字段进行检索,均能得到相应的检索结果(结果不为0),下面哪个检索式的检索结果数量最少( )。

A. a and b and c(√)   B. a and b or c

C. a or b or c   D. a or b and c

(22)关于知识与信息的关系,以下说法错误的是( )。

A.知识是信息的一部分,不直接等同于信息。

B.信息是知识产生与形成的基础。

C.知识是人类大脑活动的产物,是系统化、精炼化的信息。

D.就范围而言,知识大于信息(√)。

2.多选题

(1)要查找"达州职业技术学院及其周边地带的地图",可以在以下网站搜索到( )。

A. www.baidu.com(√)   B. www.google.com(√)

C. www.hon.ch   D. www.cnki.net

(2)循证医学实践中,提问的要素包括( )。

A.患者/人群(√)   B.干预措施(√)

C.对比(√)   D.结局(√)

(3)循证医学证据包括( )。

A.系统评价(√)   B.临床实践指南(√)

C.随机对照试验(√)   D.meta 分析(√)

(4)关于维普网,下列说法正确的是( )。

A.由重庆维普资讯有限公司创建(√)

B.其中的《中文科技期刊数据库》收录中国境内历年出版的中文期刊 12000 余种(√)

C.《中文科技期刊数据库》包括医药卫生在内的 8 个专辑(√)

D.支持医学主题词检索

(5)信息检索工具质量评价从以下哪方面入手( )。

A.信息收录的范围(√)   B.信息特征提示(√)

C.信息标引质量(√)   D.信息检索功能(√)

(6)当检出的文献量少于期望值时,可以尝试以下方式扩大搜索范围( )。

A.增加用 not 连接的检索词

B.删除某些用 and 连接的不重要的检索词(√)

C.选用下位主题词扩检

D. 检索词后用截词符(√)

(7)当检出文献量多时,可以尝试以下方法缩小范围(   )。

A. 增加用 and 连接的检索词(√)

B. 增加用 or 连接的检索词

C. 选用下位主题词检索(√)

D. 在原有副主题词的基础上,增加其他副主题词来检索

(8)关于主题词的说法,正确的是(   )。

A. 主题词有时也叫款目词

B. 经过严格规范的名词术语或词组(√)

C. 主题词与副主题词是严格的一对一配对关系

D. 表达同一概念只能有一个主题词(√)

(9)关于 MeSH 树状结构的描述,正确的是(   )。

A. 其对应的英文是 MeSH tree structure(√)

B. 在 CBM 数据库中有主题词的树状结构(√)

C. 用于表示主题词之间上下隶属及派生关系(√)

D. 在 CNKI 数据库中没有主题词的树状结构(√)

(10)关于零次文献的描述,正确的是(   )。

A. 会议论文是零次文献的一种

B. 可以是没有正式发表的文章(√)

C. 可以是尚未用文字记录的信息(√)

D. 它的英文术语是 zeroth document(√)

(11)医学文献发展的特点(   )。

A. 数量庞大,增长迅速(√)   B. 更新周期短、失效期加快(√)

C. 文种单一   D. 交流传播及变化速度加快(√)

(12)关于信息检索语言的说法,正确的是(   )。

A. 信息检索语言是人工语言(√)

B. 主题词、关键词属于内容特征检索语言(√)

C. 题名、作者、出处属于外部特征检索词(√)

D. 关键词属于非规范化检索语言(√)

(13)以下关于信息的描述,正确的是(   )。

A. 信息是主观的反映,由大脑来解读

B. 信息可分为自然信息、生物信息、机器信息和社会信息(√)

C. 信息一般只有书面和信息技术两种方式进行传递

D. 信息是客观事物的反映,可被人们感知和认识(√)

(14)以下关于知识的描述,正确的是(   )。

A. 人们在认识和改造客观世界的实践中获得的认识和经验的总和(√)

B. 得到认可的教科书(√)

C. 有两类,一类是专业知识,另一类是寻找知识的知识(√)

D. 被激活的信息

（15）以下关于情报的描述，正确的是（　　　）。

A.情报属于知识的一部分（√）

B.情报的唯一来源是文献

C.情报具有知识性、传递性和效用性（√）

D.情报的本质表现在它的专业性

（16）以下关于文献的描述，正确的是（　　　）。

A.文献记录知识的一切载体（√）　　　B.文献的载体有纸张、光盘、U盘等（√）

C.文献内容是知识（√）　　　　　　　D.记录科技知识的文献叫作期刊论文

（17）以下关于二次文献的描述，正确的是（　　　）。

A.它是对一次文献进行收集、分析、整理，并根据其不同的特征按一定规则编排而成（√）

B.它是可用于检索一次文献的工具（√）

C.它的英文术语是 secondary document（√）

D.综述是二次文献的一种

（18）以下关于副主题词的描述，正确的是（　　　）。

A.它对应的英文是 subheading 或者 qualifier（√）

B.同一个主题词和不同主题词的搭配检索可以在同一个界面操作（√）

C.副主题词没有独立检索意义（√）

D.目前有两万多个副主题词，且定期更新

（19）以下关于关键词的描述正确的是（　　　）。

A.从文献题名、摘要或全文中抽取出的表达文献主题概念，且具有关键作用、实质意义的名词术语（√）

B.表达同一概念的关键词可能有多个（√）

C.能及时反映新出现的主题概念（√）

D.属于自然词范畴，经过规范化程序处理

（20）以下有关布尔逻辑检索的描述，正确的是（　　　）。

A.布尔逻辑运算符包括 and、or、not（√）

B.增加由 and 连接的检索词，检索范围将缩小（√）

C.增加由 not 连接的检索词，检索范围将扩大

D.在含有不同逻辑运算符的复杂组合中，逻辑运算的先后顺序是 not>and>or（√）

（21）以下有关计算机检索的描述，正确的是（　　　）。

A.在有些数据库（如 Pubmed）中，China[ti]表示要检索标题含有 China 的文章（√）

B.AU=Smith J 表示要检索作者为 Smith J 的文章（√）

C.在 CBM 数据库中，"中文标题：青？素"的检索式可能检索出关于青霉素或青蒿素的文章（√）

D.用"蛋白质作用"进行检索，检索系统会把双引号里面的"蛋白质作用"看作是一个不可分割的整体（√）

（22）文章的被引用次数越多，说明其受同行的认可度越高。《彩色多普勒超声对高原地区胎儿脐血液变化的检测》这篇文章的被引频次（被引用次数）可以在以下网站（数据库

中)查到(　　　)。

A. 百度　　　　　　　　　　　　B. Google(√)

C. CBM(中国生物医学文献数据库)　　D. CNK I(中国知网)(√)

(23)关于中国知网，以下说法正确的是(　　)。

A. 又称 CNKI(China National Knowledge Infrastucture)(√)

B. 由清华大学、清华同方发起，始建于 1999 年 6 月(√)

C. CAJ 全文浏览器是阅读和编辑 CNKI 系列数据库文献的专用浏览器，支持中国知网的 CAJ、NH、KDH、PDF 格式文件(√)

D. 收录文献，其出版年代可追溯到 1979 年 1 月(√)

3. 判断题

(1)分类法是根据科学学科之间的逻辑归属关系，采用层次型或树形结构，列举人类所有的知识类别，并对每一知识分别标以相对固定的编码，从而形成的分类表。(√)

(2)在构建关键词时，我们尽量不要用自然语言，而要从自然语言中提炼关键词。(√)

(3)在必应网站上，想要同时搜索信息意识或信息道德相关内容，正确的检索语法格式有两种，第一种：信息意识|信息道德。第二种：信息意识 or 信息道德。(√)

(4)选择检索词时，应避免选专指词、特定概念或专业术语作为检索关键词。(　　)

(5)在我国企业信用信息公示系统中，可查询除港、澳、台地区之外其余 31 个省、直辖市、自治区的企业信用信息。(√)

任务三　计算机信息安全

本任务涉及的知识点及考点：计算机信息安全的概念；常用的信息安全技术；计算机病毒的概念、分类、特征，常见的病毒防控方法；防火墙技术的基本工作原理；个人信息安全防范措施。

一、重点知识精讲

1. 信息安全的内涵

信息安全的内涵在不断地丰富和发展，从最初的信息保密性发展到信息的完整性、可用性、可控性和不可否认性，进而又发展为"攻(攻击)、防(防范)、测(检测)、控(控制)、管(管理)、评(评估)"等多方面的基础理论和实施技术。

2. 计算机病毒的一般特点

(1)传染性：传染性是计算机病毒的基本特征。病毒代码一旦进入计算机并得以执行，就会寻找符合其传染条件的程序，确定目标后将自身代码植入其中，达到自我复制的目的。只要有一台计算机感染病毒，如果不及时处理，那么病毒就会迅速扩散。

(2)破坏性：计算机病毒可以破坏系统、占用系统资源、降低计算机运行效率、删除或修改用户数据，甚至会对计算机硬件造成永久性破坏。

（3）隐蔽性：由于计算机病毒寄生在其他程序之中，故具有很强的隐蔽性，有的甚至用杀毒软件都检测不出来。

（4）潜伏性：大部分病毒感染系统后不会立即发作，它可长期隐藏在系统中，当满足其特定条件后才会发作。如"黑色星期五"病毒就是在每逢星期五又是某个月 13 日的条件下才会发作。

二、典型例题精解

1. 单选题

（1）下面不属于计算机安全要解决的问题是（　　）。

A. 安全法规的建立　　　　　　　B. 要保证操作员的人身安全

C. 安全技术　　　　　　　　　　D. 制定安全管理制度

【答案】B

【解析】对于计算机安全，国际标准化委员会给出的解释为：为数据处理系统所建立和采取的技术以及管理的安全保护，保护计算机硬件、软件、数据不因偶然的或恶意的原因而遭到破坏、更改、泄露。B 选项不属于计算机安全要解决的问题范畴，所以 B 选项正确。

（2）计算机安全中的实体安全主要是指（　　）。

A. 计算机物理硬件实体的安全　　B. 操作员人身实体的安全

C. 数据库文件的安全　　　　　　D. 应用程序的安全

【答案】A

【解析】计算机实体安全又称物理安全，是指主机、计算机网络的硬件设备、各种通信线路和信息存储设备等物理介质的安全。

（3）系统安全主要是指（　　）。

A. 应用系统安全　　　　　　　　B. 硬件系统安全

C. 数据库系统安全　　　　　　　D. 操作系统安全

【答案】D

【解析】系统安全是指主机操作系统本身的安全，如系统中用户账号和口令设置、文件和目录存取权限设置、系统安全管理设置、服务程序使用管理及计算机安全运行等保障安全的措施。故选 D。

（4）拒绝服务破坏的是信息的（　　）。

A. 可靠性　　　　B. 可用性　　　　C. 完整性　　　　D. 保密性

【答案】B

【解析】可用性是指得到授权的实体在需要时能访问资源和得到服务。拒绝服务禁止对通信工具的正常使用或管理。另一种形式是整个网络的中断，这显然破坏的是信息的可用性。故答案 B 正确。

（5）计算机安全在网络环境中并不能提供安全保护的是（　　）。

A. 信息的载体　　　　　　　　　B. 信息的处理、传输

C. 信息的存储、访问　　　　　　D. 信息语义的正确性

【答案】D

【解析】信息安全是指经由计算机存储、处理、传输的信息,实体安全和系统安全的最终目的是实现信息安全。所以计算机安全在网络环境中,能给信息的载体、信息处理和传输、信息的存储和访问提供安全保护,但是并不对信息语义正确性提供安全保护。故答案为D。

(6)信息安全并不涉及的领域是(　　)。

A.计算机技术和网络技术　　　　B.法律制度

C.公共道德　　　　　　　　　　D.人身安全

【答案】D

【解析】信息安全是一门涉及计算机科学、网络技术、通信技术、密码技术、信息安全技术、应用数学、数论、信息论等多种学科的综合性学科。所以答案是D。

2. 多选题

(1)下列服务,属于可用性服务的是(　　)。

A.备份　　　　　　　　　　　　B.防病毒技术

C.灾难恢复　　　　　　　　　　D.加密技术

【答案】ABC

【解析】可用性服务是在一定条件下,计算机仍能够正常提供服务。计算机中经常用到的是系统和软件方面的服务,加密技术主要用于安全保密措施,利用技术手段将重要数据转换为乱码,属于技术层面,所以ABC正确。

(2)信息安全属性包括(　　)。

A.保密性　　　　B.可靠性　　　　C.可审性　　　　D.透明性

【答案】ABC

【解析】信息安全的属性包括保密性、完整性、可靠性、可审性、不可否认性。选项D不属于信息安全属性。故选ABC。

3. 判断题

数据在传输中途被篡改,将会破坏数据的完整性(　　)。

【答案】√

【解析】数据的完整性是指信息不被偶然或蓄意删除、修改、伪造、乱序、重放、插入等破坏。

阶段知识检测(三)

1. 单选题

(1)当个人信息泄露时,正确的做法是(　　)。

A.打击报复窃取信息的相关人员

B.有权向有关主管部门举报、控告(√)

C.调查泄密者

D. 要求赔偿

(2)关于病毒的描述不正确的是(　　)。

A. 根据病毒存在的载体，病毒可以划分为网络病毒、文件病毒、引导型病毒。

B. 病毒的宿主目标可以不是电脑系统的可执行程序(√)

C. 病毒的感染总是以某种方式改变被感染的程序段

D. 计算机病毒不但本身具有破坏性，更有害的是它具有传染性

(3)将通过从别人丢弃的废旧硬盘、U 盘等介质中获取他人有用信息的行为称为(　　)。

A. 社会工程学(√)　　　　　　　B. 搭线窃听

C. 窥探　　　　　　　　　　　D. 垃圾搜索

(4)计算机病毒具有(　　)。

A. 传播性、潜伏性、破坏性(√)　　B. 传播性、破坏性、易读性

C. 潜伏性、破坏性、易读性　　　　D. 传播性、潜伏性、安全性

(5)网络病毒不具有的特点是(　　)。

A. 传播速度快　　　　　　　　B. 难以清除

C. 传播方式单一(√)　　　　　　D. 危害大

(6)以下关于计算机病毒的说法，正确的有(　　)。

A. 用消毒软件杀灭病毒以后的计算机内存肯定没有病毒

B. 没有病毒活动的计算机不必杀毒

C. 最新的杀毒软件，也不一定能清除计算机内的病毒(√)

D. 良性病毒对计算机没有损害

(7)信息安全领域内最关键和最薄弱的环节是(　　)。

A. 技术　　　　　　　　　　B. 策略

C. 管理制度　　　　　　　　D. 人(√)

(8)在以下人为的恶意攻击行为中，属于主动攻击的是(　　)。

A. 数据篡改及破坏(√)　　　　B. 数据窃听

C. 数据流分析　　　　　　　D. 非法访问

(9)对利用软件缺陷进行的网络攻击，最有效的防范方法是(　　)。

A. 及时更新补丁程序(√)　　　　B. 安装防病毒软件并及时更新病毒库

C. 安装防火墙　　　　　　　　D. 安装漏洞扫描软件

(10)以下哪一种方法中无法防范蠕虫的入侵(　　)。

A. 及时安装操作系统和应用软件的补丁程序

B. 将可疑邮件的附件下载到文件夹中，然后再双击打开(√)

C. 设置文件夹选项，显示文件名的扩展名

D. 不要打开扩展名为 VBS、SHS、P IF 等邮件附件

(11)下列关于用户口令的说法错误的是(　　)。

A. 口令不能设置为空

B. 口令长度越长，安全性越高

C. 复杂口令安全性足够高，不需要定期修改(√)

D. 口令认证是最常见的认证机制

(12)以下认证方式中,最为安全的是(　　)。

A. 用户名+密码　　　　　　　　　　B. 卡+密钥

C. 用户名+密码+验证码　　　　　　　D. 卡+指纹(√)

(13)以下描述中,有助于管理员抵御针对网站的 SQL 注入的方法错误的是(　　)。

A. 编写安全的代码,尽量不用动态 SQL,对用户数据进行严格检查过滤

B. 关闭 DB 中不必要的扩展存储过程

C. 删除网页中的 SQL 调用代码,用纯静态页面(√)

D. 关闭 Web 服务器中的详细错误提示

(14)账号安全检查的主要检查项是(　　)。

A. 账号是否有弱口令　　　　　　　　B. 账号是否符合规范

C. 是否存在无主账号、内置账号(√)　　D. 是否存在权限不正确的程序账号

(15)在需求紧急等特殊情况下,如入网安全验收未通过,(　　)。

A. 不得入网

B. 维护人员确认即可入网

C. 领导认可后即可入网

D. 经安全验收执行部门及维护部门的领导特批许可后即可上线(√)

(16)关于蠕虫危害的描述,错误的是(　　)。

A. 占用了大量的计算机处理器的时间,导致拒绝服务

B. 窃取用户的机密信息,破坏计算机数据文件

C. 该蠕虫利用 Unix 系统上的漏洞传播

D. 大量的流量堵塞了网络,导致网络瘫痪(√)

(17)Windows 主机安全配置需关闭的服务是(　　)。

A. DHCP 客户端　　　　　　　　　　B. DNS 客户端

C. 安全账户管理器　　　　　　　　　D. Windows 自动播放功能(√)

(18)如果用户怀疑黑客已经进入自己的系统,首先分析当前形势,同时采取有效的措施,这些措施不包括(　　)。

A. 判断是否有可疑账号　　　　　　　B. 查看系统进程

C. 查看审计日志　　　　　　　　　　D. 直接断开电源(√)

(19)恶意代码类安全事件是指(　　)。

A. 恶意用户利用挤占带宽、消耗系统资源等攻击方法

B. 恶意用户利用系统的安全漏洞对系统进行未授权的访问或破坏

C. 恶意用户利用发送虚假电子邮件、建立虚假服务网站、发送虚假网络消息等方法

D. 恶意用户利用病毒、蠕虫、特洛伊木马等其他恶意代码破坏网络可用性或窃取网络中的数据(√)

(20)TCP/IP 协议体系结构中,IP 层对应 OSI 模型的哪一层(　　)。

A. 网络层(√)　　　　　　　　　　　B. 会话层

C. 数据链路层　　　　　　　　　　　D. 传输层

(21)现代病毒木马融合了(　　)新技术

A.进程注入　　　　　　　　B.注册表隐藏

C.漏洞扫描　　　　　　　　D.以上都是(√)

(22)口令破解的最好方法是(　　　)。

A.暴力破解　　　　　　　　B.组合破解(√)

C.字典攻击　　　　　　　　D.生日攻击

(23)网络后门的功能是(　　　)。

A.保持对目标主机长期控制(√)　　B.防止管理员密码丢失

C.定期维护主机　　　　　　D.防止主机被非法入侵

(24)为了防御网络监听,最常用的方法是(　　　)。

A.采用物理传输(非网络)　　B.信息加密(√)

C.无线网　　　　　　　　　D.使用专线传输

(25)以下关于对称密钥加密的说法正确的是(　　　)。

A.加密方和解密方可以使用不同的算法

B.加密密钥和解密密钥可以是不同的

C.加密密钥和解密密钥必须是相同的(√)

D.密钥的管理非常简单

(26)下列关于计算机病毒的说法中,正确的一项是(　　　)。

A.计算机病毒是对计算机操作人员身体有害的生物病毒

B.计算机病毒将造成计算机的永久性物理损害

C.计算机病毒是一种通过自我复制进行传染的,破坏计算机程序和数据的小程序
(√)

D.计算机病毒是一种感染在CPU中的微生物病毒

(27)蠕虫病毒属于(　　　)。

A.宏病毒　　　　　　　　　B.网络病毒(√)

C.混合型病毒　　　　　　　D.文件型病毒

(28)当前计算机感染病毒的可能途径之一是(　　　)。

A.从键盘上输入数据　　　　B.通过电源线

C.所使用的软盘表面不清洁　　D.通过Internet的E-mail(√)

(29)下列叙述中,(　　　)是正确的。

A.反病毒软件总是超前于病毒的出现,它可以查、杀任何种类的病毒

B.任何一种反病毒软件总是滞后于计算机新病毒的出现(√)

C.感染过计算机病毒的计算机具有对该病毒的免疫性

D.计算机病毒会危害计算机用户的健康

(30)下列关于计算机病毒的叙述中,错误的一项是(　　　)。

A.计算机病毒具有潜伏性

B.计算机病毒具有传染性

C.感染过计算机病毒的计算机具有对该病毒的免疫性(√)

D.计算机病毒是一种特殊的寄生程序

(31)计算机病毒最重要的特点是(　　　)。

A. 可执行   B. 可传染(√)

C. 可保存   D. 可拷贝

(32)计算机感染病毒的可能途径之一是(   )。

A. 从键盘上输入数据

B. 随意运行外来的、未经杀病毒软件严格审查的软盘上的软件(√)

C. 所使用的软盘表面不清洁

D. 电源不稳定

(33)下列叙述中，正确的是(   )。

A. 所有计算机病毒只在可执行文件中传染

B. 计算机病毒通过读写软盘或 Internet 进行传播(√)

C. 只要把带病毒软盘设置为只读状态，那么此软盘上的病毒就不会因读盘而传染给另一台计算机

D. 计算机病毒是由于软盘片表面不清洁而造成的

(34)计算机病毒主要造成(   )。

A. 磁盘片的损坏   B. 磁盘驱动器的损坏

C. CPU 的损坏   D. 程序和数据的损坏(√)

(35)下列关于计算机病毒的叙述中，正确的一项是(   )。

A. 反病毒软件可以查、杀任何种类的病毒

B. 计算机病毒是一种被破坏了的程序

C. 反病毒软件必须随着新病毒的出现而升级，提高查、杀病毒的功能(√)

D. 感染过计算机病毒的计算机具有对该病毒的免疫性

(36)下列关于计算机病毒的叙述中，错误的一项是(   )。

A. 计算机病毒会造成计算机文件和数据的破坏

B. 只要删除感染了病毒的文件就可以彻底消除此病毒(√)

C. 计算机病毒是一段人为制造的小程序

D. 计算机病毒是可以预防和消除的

(37)下列关于计算机病毒的描述中，错误的一项是(   )。

A. 计算机病毒是一个标记或一个命令(√)

B. 计算机病毒是人为制造的一种程序

C. 计算机病毒是一种通过磁盘、网络等媒介传播、扩散，并能传染其他程序的程序

D. 计算机病毒是能够实现自身复制，并借助一定的媒介存在的具有潜伏性、传染性和破坏性的程序

2. 多选题

(1)以下说法正确的是(   )。

A. 开展常规性的补丁升级、漏洞修复、弱密码整改工作(√)

B. 要求各分支机构所有 PC 终端安装趋势防病毒软件，定期查杀病毒，实现病毒防控，落实终端防护管控策略(√)

C. 工作邮箱密码满足复杂度要求，勿点击不明邮件附件、链接等内容(√)

D. 遇到安全事件，先内部处理，无法解决后再上报安全部门

（2）以下关于内容发布管理的说法正确的（　　　）。

A.针对网站、微信公众号、微博：确认内容发布责任人，严格审核发布的信息，增加领导审批环节，同时注意保管账号和密码（确保无弱口令），避免被攻击利用或者内部员工发布不当言论造成严重后果（√）

B.LED屏幕：建议在重保时期关闭 LED 屏幕，避免被利用来投放恶意言论（√）

C.信息由自己审核自己发布

D.发布的内容只要自己看着没什么问题就能发布

（3）《计算机信息网络国际联网安全保护管理办法》规定，任何单位和个人不得制作、复制、发布、传播的信息内容有（　　　）。

A.损害国家荣誉和利益的信息（√）　　B.个人家庭住址

C.个人文学作品　　　　　　　　　　　D.淫秽、色情信息（√）

（4）威胁网络信息安全的软件因素有（　　　）。

A.外部不可抗力　　　　　　　　　　　B.缺乏自主创新的信息核心技术（√）

C.网络信息安全意识淡薄（√）　　　　D.网络信息管理存在问题（√）

（5）影响网络安全的因素有（　　　）。

A.网民自身的因素和网络信息因素（√）

B.社会政治因素

C.社会主观的环境因素

D.社会客观的环境因素（√）

（6）以下会对信息安全产生威胁的是（　　　）。

A.计算机病毒的扩散与攻击和计算机病毒的扩散与攻击（√）

B.信息系统自身的脆弱性（√）

C.有害信息被恶意传播（√）

D.黑客行为（√）

（7）下列现象中（　　　）可能是计算机病毒活动的结果。

A.某些磁道或整个磁盘无故被格式化，磁盘上的信息无故丢失（√）

B.使可用的内存空间减少，使原来可运行的程序不能正常运行（√）

C.计算机运行速度明显减慢，系统死机现象增多（√）

D.在屏幕上出现莫名其妙的提示信息、图像，发出不正常的声音（√）

（8）以下（　　　）是检查磁盘与文件是否被病毒感染的有效方法。

A.检查磁盘目录中是否有病毒文件（√）

B.用杀毒软件检查磁盘的各个文件（√）

C.用放大镜检查磁盘表面是否有霉变现象

D.检查文件的长度是否无故变化（√）

（9）以下措施中，（　　　）是预防计算机病毒的好办法。

A.使用名牌计算机系统，并经常对计算机进行防霉处理

B.经常用杀毒软件检测和消除计算机病毒（√）

C.为使用的软件增加抵御病毒入侵和报警功能（√）

D.不采用社会上广泛流行、使用的操作系统

(10)网络安全包括(　　)安全运行和(　　)安全保护两个方面的内容。这就是通常所说的可靠性、保密性、完整性和可用性。

A. 系统(√)　　　　　B. 通信　　　　　C. 信息(√)　　　　D. 传输

(11)以下关于如何防范恶意邮件的攻击,说法正确的是(　　)。

A. 拒绝垃圾邮件(√)　　　　　　　　B. 拒绝巨型邮件(√)

C. 不轻易打开来历不明的邮件(√)　　D. 拒绝国外邮件

(12)在保证密码安全性中,我们应采取正确的措施有(　　)。

A. 不用生日做密码(√)

B. 不要使用少于5位的密码(√)

C. 不要使用纯数字(√)

D. 将密码设得非常复杂并保证在20位以上

(13)在上网查阅、下载网络信息时,以下做法正确的是(　　)。

A. 网络信息是共享的,可以随意使用

B. 按照相关法律法规,正确使用网络信息(√)

C. 不通过非法手段窃取网络信息(√)

D. 使用网络信息时要标明详细出处(√)

(14)为了保障上网安全,我们应当(　　)。

A. 不将自己的个人信息随便告诉陌生网友(√)

B. 不在公共上网场所保存自己的个人信息(√)

C. 安装杀毒软件,定期为电脑杀毒(√)

D. 经常更改自己的网络账户密码(√)

(15)网络安全工作的目标包括(　　)。

A. 信息机密性(√)　　　　　　　　B. 信息完整性(√)

C. 服务可用性(√)　　　　　　　　D. 可审查性(√)

(16)计算机信息系统安全保护的目标是要保护计算机信息系统(　　)。

A. 实体安全(√)　　　　　　　　　B. 运行安全(√)

C. 信息安全(√)　　　　　　　　　D. 人员安全(√)

(17)常见的网络安全攻击事件包括(　　)。

A. DDOS攻击(√)　　　　　　　　B. 网页窜改(√)

C. 恶意代码传播(√)　　　　　　　D. 域名解析劫持(√)

(18)关于重保期间的管理工作说法正确的是(　　)

A. 每日安排人员值守,加强对信息系统以及基础设施的运行维护和监控,提高监控频度和力度,强化重要系统、重点区域、关键设施的监控,并及时汇报执行情况(√)

B. 暂停重要系统、重点区域的配置变更、设备变更等(√)

C. 重保期间仍可以进行系统升级

D. 重保期间要实时分析攻击日志(√)

(19)重保应急组织架构包含哪些应急小组(　　)。

A. 重保领导小组(√)　　　　　　　B. 重保执行小组(√)

C. 重保保障小组(√)　　　　　　　D. 重保行外技术执行小组(√)

(20)在 Windows 系统下,管理员账户拥有的权限包括(　　)。

A. 可以对系统配置进行更改(√)

B. 可以安装程序并访问、操作所有文件(√)

C. 可以创建、修改和删除用户账户(√)

D. 对系统具有最高的操作权限(√)

(21)关于信息安全风险评估的时间,以下(　　)说法是不正确的。

A. 信息系统只在运行维护阶段进行风险评估,从而确定安全措施的有效性,确保安全目标得以实现(√)

B. 信息系统在其生命周期的各阶段都要进行风险评估

C. 信息系统只在规划设计阶段进行风险评估,以确定信息系统的安全目标(√)

D. 信息系统只在建设验收阶段进行风险评估,以确定系统的安全目标(√)

(22)信息安全面临哪些威胁(　　)。

A. 信息间谍(√)　　　　　　　　B. 网络黑客(√)

C. 计算机病毒(√)　　　　　　　D. 信息系统的脆弱性(√)

(23)以下(　　)不是木马程序具有的特征。

A. 繁殖性(√)　　　B. 感染性(√)　　　C. 欺骗性　　　　　D. 隐蔽性

(24)下列攻击中,能导致网络瘫痪的有(　　)。

A. SQL 攻击　　　　　　　　　　B. 电子邮件攻击(√)

C. 拒绝服务攻击(√)　　　　　　D. XSS 攻击

(25)为了避免被诱入钓鱼网站,应该(　　)。

A. 不要轻信来自陌生邮件、手机短信或者论坛上的信息(√)

B. 使用搜索功能来查找相关网站

C. 检查网站的安全协议(√)

D. 用好杀毒软件的反钓鱼功能(√)

(26)防范系统攻击的措施包括(　　)。

A. 关闭不常用的端口和服务(√)

B. 定期更新系统或打补丁(√)

C. 安装防火墙(√)

D. 系统登录口令设置不能太简单(√)

(27)为了保护个人电脑隐私,应该(　　)。

A. 删除来历不明的文件(√)

B. 使用"文件粉碎"功能删除文件(√)

C. 废弃硬盘要进行特殊处理(√)

D. 给个人电脑设置安全密码,避免让不信任的人使用你的电脑(√)

(28)智能手机感染恶意代码后的应对措施是(　　)。

A. 联系网络服务提供商,通过无线方式在线杀毒(√)

B. 把 SIM 卡换到别的手机上,删除存储在卡上感染恶意代码的短信(√)

C. 通过计算机查、杀手机上的恶意代码(√)

D. 格式化手机,重装手机操作系统(√)

(29)防范手机病毒的方法有(　　)。

A.经常为手机查杀病毒(√)

B.注意短信息中可能存在的病毒(√)

C.尽量不用手机从网上下载信息(√)

D.关闭乱码电话(√)

(30)信息安全的重要性体现在哪些方面(　　)。

A.信息安全关系到国家安全和利益(√)

B.信息安全已成为国家综合国力的体现(√)

C.信息安全是社会可持续发展的保障(√)

D.信息安全已上升为国家的核心问题(√)

(31)容灾备份的类型有(　　)。

A.应用级容灾备份(√)　　　　　　B.存储介质容灾备份(√)

C.数据级容灾备份(√)　　　　　　D.业务级容灾备份(√)

(32)网络钓鱼常用的手段是(　　)。

A.利用虚假的电子商务网站(√)

B.利用社会工程学(√)

C.利用假冒网上银行、网上证券网站(√)

D.利用垃圾邮件(√)

(33)以下哪几种扫描检测技术是被动式的检测技术(　　)。

A.基于应用的检测技术　　　　　　B.基于主机的检测技术(√)

C.基于目标的漏洞检测技术(√)　　D.基于网络的检测技术

(34)TCP/IP网络的安全体系结构中主要考虑(　　)。

A.IP层的安全性(√)　　　　　　　B.传输层的安全性(√)

C.应用层的安全性(√)　　　　　　D.物理层的安全性

(35)部署安全高效的防病毒系统，主要考虑以下几个方面(　　)。

A.系统防毒(√)　　　　　　　　　B.终端用户防毒(√)

C.服务器防毒(√)　　　　　　　　D.客户机防毒

(36)入侵检测系统常用的检测方法有(　　)。

A.特征检测(√)　　　　　　　　　B.统计检测(√)

C.专家检测(√)　　　　　　　　　D.行为检测

(37)数据恢复包括(　　)等几方面。

A.文件恢复(√)　　　　　　　　　B.文件修复(√)

C.密码恢复　　　　　　　　　　　D.硬件故障

(38)数据库中的故障分别是(　　)。

A.事物内部故障(√)　　　　　　　B.系统故障(√)

C.介质故障(√)　　　　　　　　　D.计算机病毒(√)

(39)下面关于计算机病毒的描述中，正确的是(　　)。

A.计算机病毒是利用计算机软、硬件所固有的脆弱性，编制具有特殊功能的程序(√)

B. 计算机病毒具有传染性、隐蔽性、潜伏性(√)

C. 有效的查、杀病毒的方法是多种杀毒软件交叉使用(√)

D. 病毒只会通过后缀为 EXE 的文件传播

(40)计算机病毒的特点为(　　　)。

A. 传染性(√)　　　　　　　　B. 潜伏性(√)

C. 破坏性(√)　　　　　　　　D. 针对性(√)

E. 生物病毒特性

(41)常见的计算机病毒按其寄生方式的不同可以分为(　　　)。

A. 引导型病毒(√)　　　　　　B. 网络病毒

C. 邮件病毒　　　　　　　　　D. 文件型病毒(√)

E. 混合型病毒(√)

3. 判断题

(1)病毒只能以软盘作为传播的途径。(　　　)

(2)计算机病毒是计算机系统中自动产生的。(　　　)

(3)用户的密码一般应设置为 8 位以上。(√)

(4)密码保管不善,属于操作失误的安全隐患。(　　　)

(5)黑客攻击属于人为的攻击行为。(√)

(6)为了防御入侵,可以使用杀毒软件进行阻拦。(　　　)

(7)计算机病毒对计算机网络系统威胁不大。(　　　)

(8)当前的防病毒技术的软、硬件还无法处理未知的病毒,也不能处理所有已经存在但未被发现的病毒。(√)

(9)查、杀病毒不能确保恢复被病毒感染破坏的文件,杀毒软件存在误报和漏报问题,杀毒软件需要经常更新、升级。(√)

(10)漏洞是指任何可能造成破坏系统或信息的弱点。(√)

(11)操作系统漏洞是可以通过重新安装系统来修复。(　　　)

(12)信息根据敏感程度一般可分为非保密的、内部使用的、保密的、绝密的几类。(　　　)

(13)数据加密可以采用软件和硬件方式加密。(√)

(14)数字证书是由 CA 认证中心签发的。(√)

(15)计算机系统的脆弱性主要来自网络操作系统的不安全性。(√)

(16)操作系统中超级用户和普通用户的访问权限没有差别。(　　　)

(17)保护账户口令和控制访问权限可以提高操作系统的安全性能。(√)

(18)定期检查操作系统的安全日志和系统状态可以有助于提高操作系统安全。(　　　)

(19)防火墙可以防范病毒,防火墙自身不会被攻破。(　　　)

(20)任何软件及系统在设计时都可能存在缺陷,防火墙也不例外。(√)

(21)网络交易的信息风险主要来自冒名偷窃、篡改数据、信息丢失等方面的风险。(　　　)

(22)基于公开密钥体制的数字证书是电子商务安全体系的核心。(√)

(23)入侵检测的信息分析方法中,模式匹配法的优点是能检测到从未出现过的黑客攻击手段。(   )

(24)TCP FIN 属于典型的端口扫描类型。(√)

(25)复合型防火墙是内部网与外部网的隔离点,起着监视和隔绝应用层通信流的作用,同时也常结合过滤器的功能。(√)

(26)漏洞只可能存在于操作系统中,数据库等其他软件系统不会存在漏洞。(   )

(27)X-Scan 能够进行端口扫描。(√)

(28)网络钓鱼的目标往往是精心选择的一些电子邮件地址。(√)

(29)防火墙规则集的内容决定了防火墙的真正功能。(√)

(30)Windows 系统中,系统中的用户账号可以由任意系统用户建立。用户账号中包含着用户的名称与密码、用户所属的组、用户的权利和用户的权限等相关数据。(   )

(31)廉价磁盘冗余陈列(RAID),基本思想就是将多块容量较小的、相对廉价的硬盘进行有机结合,使其性能超过一块昂贵的大硬盘。(√)

(32)对称密码体制的特征为:加密密钥和解密密钥完全相同,或者一个密钥很容易从另一个密钥中导出。(√)

(33)常见的操作系统包括 DOS、OS/2、Unix、XENIX、Linux、Windows、Netware、Oracle 等。(   )

(34)Unix/Linux 系统和 Windows 系统类似,每一个系统用户都有一个主目录。(√)

(35)SQL 注入攻击不会威胁到操作系统的安全。(   )

(36)入侵检测技术是一种用于检测任何损害或企图损害系统的机密性、完整性或可用性等行为的网络安全技术(√)

(37)如果采用正确的用户名和口令成功登录网站,则证明这个网站不是仿冒的。(   )

(38)对网页请求参数进行验证,可以防止 SQL 注入攻击。(√)

(39)计算机病毒的传播离不开人的参与,遵循一定的准则就可以避免感染病毒。(   )

(40)由于网络钓鱼通常利用垃圾邮件进行传播,因此,各种反垃圾邮件的技术也都可以用来反网络钓鱼。(√)

(41)计算机病毒是因程序长时间运行使内存无法负担而产生的。(   )

(42)计算机病毒可以通过网络进行传播。(√)

(43)计算机病毒是一种可以自我繁殖的特殊程序。(√)

(44)从数据的安全性考虑,应该对硬盘中的重要数据定期备份。(√)

(45)我们可以通过杀毒软件来清除计算机上的病毒。(√)

(46)无论当前工作的计算机上是否有病毒,只要格式化某个硬盘分区,则该硬盘分区上一定是不带病毒的。(   )

(47)计算机病毒只能通过可执行文件进行传播。(   )

任务四　信息素养与社会责任

本任务涉及的知识点及考点：信息素养的概念与构成、信息安全与保护、信息伦理与法律法规等。

一、重点知识精讲

信息素养的定义：信息素养（information literacy）的本质是全球信息化需要人们具备的一种基本能力。信息素养这一概念是信息产业协会主席保罗·泽考斯基于 1974 年在美国提出的。1989 年美国图书馆协会（American Library Association，ALA）对信息素养进行了定义，它包括文化素养、信息意识和信息技能三个层面，能够判断什么时候需要信息，并且懂得如何去获取信息，如何去评价和有效利用所需的信息。

二、典型例题精解

1. 单选题

（1）下列不属于可用性服务的技术是（　　）。

A. 备份　　　　　B. 身份鉴别　　　　　C. 在线恢复　　　　　D. 灾难恢复

【答案】B

【解析】可用性服务是在一定的条件下，计算机还能够正常提供服务。计算机里经常用到的是系统和软件方面的技术服务，备份、在线恢复和灾难恢复属于软件方面的技术服务，身份鉴别技术采用的是密码技术，主要是设计安全性高的协议，侧重的是技术手段，不是使用服务。因此答案 B 不属于可用性服务技术。

2. 多选题

（2）1989 年，美国图书馆协会给信息素养下的定义包括（　　）。

A. 信息意识　　　　　　　　B. 文化素养

C. 信息技能　　　　　　　　D. 阅读能力

【答案】ABC

【解析】信息素养（information literacy）的本质是全球信息化需要人们具备的一种基本能力。信息素养这一概念是信息产业协会主席保罗·泽考斯基于 1974 年在美国提出的。1989 年美国图书协会（American Library Association，ALA）对信息素养进行了定义，它包括：文化素养、信息意识和信息技能三个层面，能够判断什么时候需要信息，并且懂得如何去获取信息，如何去评价和有效利用所需的信息。

3. 判断题

（3）牛顿把自己的成就归因于"站在巨人的肩膀上"，这句话说明信息素养是提高创新能力的基础。

【答案】√

【解析】通过提升信息素养来获取、利用、甄别、创造信息的能力，就是在前人已有的基础上有所创新。

(3)某同学认为"只要不断强化技术手段就可以保障信息安全及信息环境优良"的说法对吗？

【答案】×

【解析】除了技术手段，也要提高思想认识。

阶段知识检测(四)

1. 单选题

(1)信息伦理是信息素养教育的重要内容之一，下列行为不属于信息伦理范畴的有(   )。

A. 了解并遵守信息传播与利用的相关法律、政策

B. 信息利用及创造过程中，尊重和保护知识产权

C. 根据问题需求合理选择信息源(√)

D. 学术研究与交流中，遵守学术规范，杜绝学术不端

(2)EPS(Economy Prediction System)数据平台通过云分析为用户提供高质量、高效率、低成本的数据处理、可视化展示、分析预测等软件服务，为科学研究或论文撰写提供专业强大的工具支持。据此回答，云分析中的时间序列数据集不会包含以下哪项(   )。

A. 时分时序数据集(√)   B. 月度时序数据集

C. 季度时序数据集   D. 年度时序数据集

(3)中国经济信息网(中经网)数据库不可以检索的数据是(   )。

A. 宏观数据   B. 金融数据

C. 上市公司数据(√)   D. 行业数据

(4)在数据库进行检索时，会根据布尔逻辑表达式形成最终的检索结果。在布尔逻辑表达式中不会出现的运算是(   )。

A. 与   B. 或

C. 与非   D. "非"(√)

(5)以下检索平台不能检索到报纸资料的是(   )。

A. 中国知网   B. EPS 全球统计数据/分析平台(√)

C. 读秀学术搜索   D. 博看畅销期刊数据库

(6)以下选项中，哪项不属于信息素养的内涵(   )。

A. 信息意识素养   B. 信息能力素养

C. 信息职业素养(√)   D. 信息道德素养

(7)下列哪种方法不能积极应对操作系统的安全漏洞(   )。

A. 对默认安装进行必要的调整   B. 给所有用户设置严格的口令

C. 及时安装最新的安全补丁   D. 更换到另一种操作系统(√)

(8)下列哪个平台不能直接检索到中文大数据方面的博士和硕士论文（　　）。

A. CNKI B. 维普期刊资源整合服务平台(√)

C. 读秀学术搜索 D. 万方数据平台

(9)发现感染计算机病毒后，下列哪种应对措施是不正确的（　　）。

A. 断开网络

B. 使用杀毒软件检测、清除

C. 不能清除的，上报国家计算机病毒应急处理中心

D. 格式化系统(√)

(10)在信息检索中，效率最低的方法是（　　）。

A. 顺查法 B. 随机法(√)

C. 倒查法 D. 抽查法

2. 多选题

(1)培养大学生的信息意识涉及很多方面，以下属于大学生信息意识培养范畴的是（　　）。

A. 信息价值意识(√) B. 图书馆意识(√)

C. 信息自律意识(√) D. 以上都不对

(2)某医院的多名医生和护士，在为某一名垂危病人做手术时，通过一些医疗监护设备了解病人的心电图、血压等情况，从而采用不同的救治措施，最后成功挽救了病人的生命。这主要体现了信息的（　　）。

A. 传递性 B. 共享性(√)

C. 价值性(√) D. 可存储性

(3)下列选项中，可以提高查全率的方法是（　　）。

A. 提高检索词的专指度 B. 选用截词检索(√)

C. 增加和调整检索途径(√) D. 减少和调整检索途径

(4)下列哪些属于信息道德的范畴（　　）。

A. 不侵犯他人的知识产权(√)

B. 不侵犯他人的隐私权(√)

C. 不非法进入未经允许的系统(√)

D. 不制作、不传播、不消费不良信息(√)

(5)广义的信息检索包含的过程有（　　）。

A. 存储(√) B. 利用 C. 检索(√) D. 报道

(6)下列属于一次文献的是（　　）。

A. 百科全书 B. 学位论文(√)

C. 科技报告(√) D. 专利文献(√)

(7)关于 OA(open access)，下列说法正确的有（　　）。

A. OA 是一种"作者付费，读者免费"的学术出版模式(√)

B. OA 期刊会把出版的学术论文全文在互联网上发布，供读者免费下载(√)

C. DOAJ 是一个检索 OA 资源的学术搜索引擎(√)

D. 必应学术是一个专门检索 OA 文献的学术搜索引擎

(8)从中国期刊网查找文献,下载所需要的文献使用的格式是( )。

A. CAJ 格式(√)   B. PDF 格式(√)

C. Word 格式   D. Excel 格式

(9)应用软件从其服务对象的角度,可分为( )。

A. 通用软件(√)   B. 服务软件

C. 管理软件   D. 专用软件(√)

(10)通过谷歌(Google)查得的结果过多,可通过( )方法,优化检索结果。

A. 词组检索(√)   B. 字段限定(√)

C. 增加同义词(√)   D. 使用优先运算符(√)

(11)搜索引擎具有( )。

A. 综合性   B. 语言限制(√)

C. 地域性(√)   D. 权威性

(12)据信息源的范围,可将信息源分为( )。

A. 内部信息源、外部信息源(√)   B. 公开信息源、秘密信息源(√)

C. 文献信息源、非文献信息源(√)   D. 电子信息源、实体信息源(√)

(13)下列几组概念之间属于上下位关系的是( )。

A. 番茄与西红柿   B. 局域网与无线局域网(√)

C. 家用电器与电视机(√)   D. 计算机与电脑

3. 判断题

(1)具有良好的信息意识是指能充分认识到信息在学习、工作和生活中的重要作用,在遇到问题时,应该能够想到通过信息的获取和利用来解决所遇到的问题。(√)

(2)具有良好的信息意识,应具有对信息敏锐的感知力和洞察力,能高效、快速地识别有价值的信息,善于从所获取的信息中找出解决问题的思路、线索或方案。(√)

(3)重大计算机信息系统安全事故和计算机违法案件可由案发地市级公安机关公共信息网络安全监察部门受理。(√)

(4)重大计算机信息系统安全事故和计算机违法案件可由案发地当地公安派出所受理。( )

(5)重大计算机信息系统安全事故和计算机违法案件可由案发地当地县级(区、市)公安机关公共信息网络安全监察部门受理。(√)

(6)在 CNKI 中的期刊论文数据库中,选择检索点"来源期刊",输入检索词"经济研究",后面的匹配方式由"模糊"改为"精确"的检索策略能提升信息的查准率。(√)

(7)对一个上市公司进行尽职调查,可以通过国家企业信用信息公示系统查询该公司的工商登记信息。(√)。

(8)某些磁道或整个磁盘无故被格式化,磁盘上的信息无故丢失,可能是计算机病毒活动的结果。(√)

(9)计算机运行速度明显减慢,系统死机现象增多,可能是计算机病毒活动的结果。(√)

(10)在屏幕上出现莫名其妙的提示信息、图像,发出不正常的声音,可能是计算机病毒活动的结果。(√)

项目五
算法与程序设计

任务一　计算与计算思维

本任务涉及的知识点及考点、计算和计算思维的概念、计算思维的本质和思维方式、计算机求解问题的基本过程、利用计算思维解决简单计算问题的方法。

一、重点知识精讲

1.计算思维的概念

2006年3月，美国卡内基·梅隆大学周以真(Jeannette M. Wing)教授提出：计算思维是运用计算机科学的基础概念进行问题求解、系统设计，以及人类行为理解等方面的涵盖计算机科学领域的一系列思维活动。她指出，计算思维是每个人的基本技能，不仅属于计算机科学家，也应当使每个学生在培养解析能力时掌握阅读、写作和算术(reading,writing, and arithmetic，3R)，还要学会计算思维。

近年来，移动通信、普适计算、物联网、云计算、大数据等新概念和新技术的出现，在社会经济、人文科学、自然科学的许多领域引发了一系列革命性的突破，极大改变了人们对于计算和计算思维的认识。无处不在、无时不用的计算思维成为人们认识和解决问题的基本能力之一。

2.计算思维的特性

一般来说，计算思维具有以下特性。

(1)计算思维是人的思维。

思维是人所特有的一种属性，也是由疑问引发并以问题解决为终点的一种思想活动。计算思维是用人的思维驾驭以计算设备为核心的技术工具来解决问题的一种思维方式，它以人的思维为主要源泉，而计算设备仅仅是问题求解的一种必要的物质基础。所以，计算思维是人在解决问题的过程中所反映的思想、方法，并不是计算机或其他计算设备的思维。

(2)计算思维具有双向运动性。

计算思维属于思维的一种,具有归纳和演绎的双向运动性。但是,计算思维中的归纳和演绎更多地表现为"抽象"和"分解",其中,"抽象"是将待求解的问题进行符号标识或系统建模的一种思维过程,算法便是"抽象"的典型代表;"分解"是将复杂问题合理分解为若干待求解的小问题,逐个予以击破,进而解决整个问题的一种思维过程。

(3)计算思维具有可计算性。

计算思维具有计算机学科所独有的可计算特性。采用计算方法进行问题求解的计算思维,要求问题求解步骤具备确定性、有效性、有限性、机械性等可计算特性。

计算思维中的计算并不仅限于信息加工处理,从计算过程的角度出发,计算是指依据一定法则对有关符号串进行变换的过程,即从已有的符号开始,一步一步地改变符号串,经过有限步骤,最终得到一个满足预定条件的符号串。基于此,可以说计算的本质就是递归。

3.计算思维的本质

计算思维的本质是抽象(abstraction)和自动化(automation)。抽象指的是将待求解的问题用特定的符号语言表示并使其形式化,从而达到机械执行的目的(即自动化),算法就是抽象的具体体现,自动化就是自动执行的过程,它要求被自动执行的对象一定是抽象的、形式化的,只有抽象的、形式化的对象经过计算后才能被自动执行。

二、典型例题精解

1.单选题

(1)人类应具备的三大思维能力是指(   )。

A.抽象思维、逻辑思维和形象思维

B.实验思维、理论思维和计算思维

C.逆向思维、演绎思维和发散思维

D.计算思维、理论思维和辩证思维

【答案】B

【解析】本题考查对计算思维重要性的了解。人类应具备的三大思维能力就是实验思维、理论思维和计算思维。虽然其他思维也很重要(读者可参阅相关文献了解),尤其是对学生创新思维的形成很重要,但相比之下,这三种思维更具有普适性。故B是正确的。

(2)计算机科学中的计算思维是指(   )。

A.计算机相关的知识

B.算法与程序设计技巧

C.蕴含在计算学科知识背后的具有贯通性和联想性的内容

D.知识与技巧的结合

【答案】C

【解析】本题考查对计算思维的理解程度,思维与知识和技巧的关系。将各种知识和技巧贯通起来,形成脉络,便被认为是思维。计算思维是指蕴含在计算学科知识中的具有贯通性和联想性的内容。因此 C 是正确的。

（3）计算机科学的计算研究是指（　　）。

A.面向人可执行的一些复杂函数的等效、简便计算方法

B.面向机器可自动执行的一些复杂函数的等效、简便计算方法

C.面向人可执行的求解一般问题的计算规则

D.面向机器可自动执行的求解一般问题的计算规则

【答案】D

【解析】本题考查对计算的理解。A 和 C 是数学要研究的内容；B 的含义有些狭窄；D 是正确的，即计算学科的计算研究主要是面向机器可自动执行的、求解一般问题的计算规则。

（4）自动计算需要解决的基本问题是（　　）。

A.数据的表示

B.数据和计算规则的表示

C.数据和计算规则的表示与自动存储

D.数据和计算规则的表示、自动存储和计算规则的自动执行

【答案】D

【解析】本题考查对自动计算需要解决问题的理解。自动计算需要解决的基本问题就是数据和计算规则的表示、自动存储与自动执行。这几个方面缺一不可。故此 D 是正确的。

（5）计算机的基本目标是（　　）。

A.能够辅助人们进行计算

B.能够执行简单的四则运算规则

C.能够执行特定的计算规则，例如能够执行差分计算规则等

D.能够执行一般任意复杂的计算规则

【答案】D

【解析】本题考查对计算机基本目标的理解程度。A 虽是目的但不是可操作的基本目标；B 作为基本目标有些太狭窄；C 虽比 B 能力更强一些，但仍旧属于狭义的计算；D 属于广义的计算范畴，即计算机器的基本目标确实是能够执行一般的任意复杂的计算规则。所以 D 是正确的。

2. 多选题

（1）"人"计算与"机器"计算的差异包括（　　）。

A."人"计算倾向于使用复杂的计算规则，以便能够减少计算量获取结果

B."机器"计算则需使用简单的计算规则，以便于能够做出执行规则的机器

C."机器"计算使用的计算规则可能很简单，但计算量却很大，尽管这样，对于越来越多的计算，机器也能够获得计算结果的获得

D."机器"可以采用"人"所使用的计算规则，也可以不采用"人"所使用的规则

【答案】ABCD

【解析】本题考查对计算的理解。A 规则复杂，但计算量却可能很小，"人"能够做出来；B 规则简单的"机器"确实更容易制造；C"机器"的优势就是可以机械地重复执行，不

怕计算量大；D 如发现"人"可以使用的规则，当然可以将其用于"机器"使用，而由于"机器"能够机械地重复执行，所以其可以不采用"人"所使用的规则。综上，ABCD 是正确的。

(2)计算思维的学习方法是指(　　)。

A.为思维而学习知识而不是为知识而学习知识

B.只有不断训练，才能将思维转换为能力

C.先从贯通知识的角度学习思维，再学习更为细节性的知识，即用思维引导知识的学习

D.先学习细节性的知识，再从贯通知识的角度学习思维，即用细节性的知识学习思维

【答案】ABC

【解析】本题考查对计算思维学习方法的了解。需要树立正确的学习态度，即应当为思维而学习知识而不是为知识而学习知识；应当不断训练，只有这样才能将思维转化为能力；应当先从贯通知识的角度学习思维，再学习更为细节性的知识，即用思维引导知识的学习。因此 ABC 是正确的。

任务二　算法与程序设计

本任务涉及的知识点及考点：算法的概念和基本特征；算法复杂度(时间复杂度、空间复杂度)；算法的描述方法；常用算法设计策略。

程序设计语言的发展历史和分类；指令、源程序、目标程序、可执行程序、汇编程序、编译程序、解释程序的概念；程序翻译(编译、解释) 的过程；程序设计的基本思想；程序设计的基本结构(顺序结构、选择结构、循环结构)。

一、重点知识精讲

1.算法的概念

在使用计算机解决问题前，需要将解题方法转换成一系列具体的、在计算机上可执行的步骤。这些步骤能清楚地反映解题方法一步步"怎样做"的过程，这个过程就是通常所说的算法，即解决问题的方法和步骤，解决问题的过程就是算法执行的过程。

2.算法的特性

著名计算机科学家 Donald E. Knuth 把算法的性质归纳为以下 5 点。

(1)有穷性：任意一个算法在执行有穷个计算步骤后必须终止。

(2)确定性：每一个计算步骤必须是精确的定义，无二义性。

(3)可行性：一个算法包含的步骤必须是有限的，并在一个合理的时间限度内可以执行完毕。

(4)输入：一般有 0 个或多个输入，它们来自某一个特定的集合。

(5)输出：一般有若干个输出信息，是反映对输入数据加工后的结果。由于算法需要给出解决特定问题的结果，没有输出结果的算法是毫无意义的。

3. 算法复杂度

算法复杂度是指算法在编写成可执行程序后运行时所需要的资源，资源包括时间资源和内存资源。一个算法的评价主要从时间复杂度和空间复杂度来考虑。

（1）时间复杂度。

算法的时间复杂度是指计算机执行算法所需要的计算工作量。与算法执行时间相关的因素包括：问题中数据存储的数据结构、算法采用的数学模型、算法设计的策略、问题的规模、实现算法的程序设计语言、编译算法产生的机器代码的质量、计算机执行指令的速度等。

一般来说，计算机算法是问题规模 n 的函数 $f(n)$，算法的时间复杂度也因此记作 $T(n) = O(f(n))$。

一个算法的执行时间大致等于其所有语句执行时间的总和，语句的执行时间是指该条语句的执行次数与执行一次所需时间的乘积。一般随着 n 的增大，$T(n)$ 增长较慢的算法为最优算法。

（2）空间复杂度。

算法的空间复杂度是指算法需要消耗的内存空间，其计算和表示方法与时间复杂度类似，一般都用复杂度的渐进性来表示。同时间复杂度相比，空间复杂度的分析要简单得多。考虑程序的空间复杂度的原因主要有：多用户系统中运行时，需指明分配给该程序的内存大小；可提前知道是否有足够可用的内存来运行该程序；一个问题可能有若干个内存需求各不相同的解决方案，从中择取；利用空间复杂度来估算一个程序所能解决问题的最大规模。

二、典型例题精解

1. 单选题

（1）下面关于算法的描述，正确的是（　　　）。

A. 一个算法只能有一个输入

B. 算法只能用框图来表示

C. 一个算法的执行步骤可以是无限的

D. 一个完整的算法，不管用什么方法来表示，都至少有一个输出结果。

【答案】D

【解析】算法的特征包括：有穷性，即一个算法必须保证它的执行步骤是有限的；确定性，即算法中的每个步骤必须有确切的含义，不应当有模棱两可的；可行性，即算法中的每一个步骤都要足够简单，能实际操作的，而且能在有限的时间内完成；输入，有 0 个或多个输入；输出，有一个或多个输出。根据以上特征可判断 D 是正确的。

（2）算法描述可以有多种表达方法，下面哪些方法不可以描述"闰年问题"的算法（　　　）。

A. 自然语言　　　　B. 流程图　　　　C. 伪代码　　　　D. 机器语言

【答案】D

【解析】在描述算法时,通常用自然语言、流程图、伪代码等方法来表示。

①自然语言:就像写文章时所列的提纲一样,可以用简洁的自然语言和数学符号有序地描述算法。

②流程图:用国家颁布的标准(GB 1526—1989、ISO 5807—1985)中规定的图示及方法来画流程图。

③伪代码:使用某些程序设计语言的控制结构,来描述算法中各步骤的执行次序和模式,使用自然语言、数学符号或其他符号来表示计算步骤完成的处理或涉及的数据。

(3)算法与程序的关系是(   )。

A.算法是对程序的描述　　　　　　B.算法决定程序,是程序设计的核心

C.算法与程序之间无关系　　　　　D.程序决定算法,是算法设计的核心

【答案】B

【解析】算法是指解题方案的准确而完整的描述,是一系列解决问题的清晰指令,它代表着用系统的方法描述解决问题的策略机制,能够对一定规范的输入,在有限时间内获得所要求的输出,它是程序设计的核心。故选B。

(4)人们利用计算机解决问题的基本过程一般有如下四个步骤(①~④),请按各步骤的先后顺序在下列选项中选择正确的答案:①调试程序;②分析问题;③设计算法;④编写程序。下列选项中步骤正确的是(   )。

A.①②③④　　　　B.②③④①　　　　C.③②④①　　　　D.②③①④

【答案】B

【解析】使用计算机解决问题的一般过程为:①分析问题确定要使用计算机来"做什么",即确定解题的任务;②寻求解决问题的途径和方法,即设计算法;③编写程序并再次进行调试;④用计算机执行处理。故选B。

(5)在三角形 OAB 中,$\angle AOB = 120°$,$OA = OB = 2\sqrt{3}$,边 AB 的四等分点分别为 A_1、A_2、A_3,A_1 靠近 A,执行图 5-1 算法后的结果为(   )。

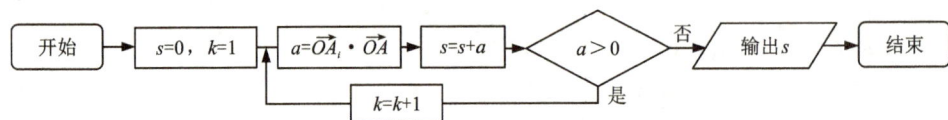

图 5-1　题(5)图

A.6　　　　　　　　B.7　　　　　　　　C.8　　　　　　　　D.9

【答案】D

【解析】根据程序框图运行,得到不满足条件的取值,即可得到结论。详解如下(图 5-2):

因为在 $\triangle OAB$ 中,$\angle AOB = 120°$,$OA = OB = 2\sqrt{3}$,

所以,$AA_2 = 3$,$AA_1 = 3/2$,$AA_3 = 9/2$,$OA_2 = \sqrt{3}$,

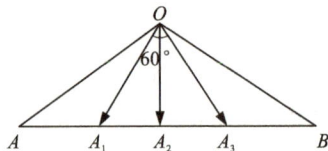

图 5-2　解析

则由余弦定理得 $OA = \sqrt{21}/2$,$\cos\angle AOA_3 = -1/2\sqrt{7} < 0$,

所以,三次运行的结果是 $s = \overrightarrow{OA_1} \cdot \overrightarrow{OA} + \overrightarrow{OA_2} \cdot \overrightarrow{OA} + \overrightarrow{OA_3} \cdot \overrightarrow{OA} = (\overrightarrow{OA_1} + \overrightarrow{OA_2} + \overrightarrow{OA_3}) \cdot \overrightarrow{OA} =$

$3\overrightarrow{OA_2} \cdot \overrightarrow{OA} = 3 \times \sqrt{3} \times 2\sqrt{3} \times \dfrac{1}{2} = 9$。故选 D。

2. 多选题

下列关于算法的描述中正确的是(　　　　)。

A. 算法强调动态的执行过程，不同于静态的计算公式

B. 算法必须能在有限个步骤之后终止

C. 算法设计必须考虑算法的复杂度

D. 算法的优劣取决于运行算法程序的环境

【答案】ABC

【解析】算法是指对解题方案准确而完整地描述，简单地说，就是解决问题的操作步骤。算法不同于数学上的计算方法，强调实现，A 选项正确。算法的有穷性是指算法中的操作步骤为有限个，且每个步骤都能在有限时间内完成，B 选项正确。算法复杂度包括算法的时间复杂度和算法的空间复杂度。算法设计必须考虑执行算法所需要的资源，即时间与空间复杂度，C 选项正确。算法的优劣取决于算法复杂度，与程序的环境无关，当算法被编程实现之后，程序的运行受到计算机系统运行环境的限制。本题答案为 ABC。

3. 填空题

(1)运行如图 5-3 所示的程序，若输入的是 -2025，则输出的值是_____。

```
INPUT x
IF x<0 THEN
X=-x
END IF
PRINT X
END
```

图 5-3　题(1)图

【答案】2025

【解析】直接按照算法计算输出的值。详解如下：因为 $-2025<0$，所以 $X=-(-2025)=2025$，故输出的值为 2025，故答案为 2025

(2)图 5-4 给出的伪代码运行结果 x 是_____。

```
i←1
x←4
while i<10
x←x+i
i←i+3
End while
Print x
```

图 5-4　题(2)图

【答案】16

【解析】模拟执行程序，依次写出每次循环得到的 x、i 的值，当 $i=10$ 时不满足条件，退出循环，输出 x 的值为 16。详解如下：

模拟程序的运行，可得 $i=1$，$x=4$

满足条件 $i<10$，执行循环体，$x=5$，$i=4$

满足条件 $i<10$，执行循环体，$x=9$，$i=7$

满足条件 $i<10$，执行循环体，$x=16$，$i=10$

此时，不满足条件 $i<10$，退出循环，输出 x 的值为 16。

故答案为：16。

任务三　程序流程图

本任务涉及的知识点及考点：流程图的基本概念和应用；累加、累乘、顺序查找、二分查找、冒泡排序算法的思想；根据流程图判断算法功能、得出算法结果。

一、重点知识精讲

1. 流程图的概念

流程图是描述算法的常用工具，采用一些图框、线条及文字说明来形象、直观地描述算法处理过程。美国国家标准化协会（American National Standard Institute，ANSI）规定了一些常用的流程图符号，如图 5-5 所示。

符号名称	图形	功能
起止框	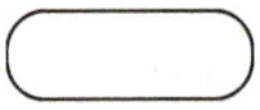	表示算法的开始和结束
输入输出框		表示算法的输入输出操作
处理框		表示算法中的各种处理操作
判断框	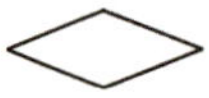	表示算法中的条件判断操作
流程线		表示算法的执行方向
连接点		表示流程图的延续

图 5-5　流程图的常用符号

2. 编写程序的一般过程

编写程序解决问题的过程一般包括分析问题、确定数学模型、算法设计、程序编写、程序运行与测试等。

二、典型例题精解

1.单选题

（1）执行如图 5-6 所示的程序框图，输出的结果是（   ）。

A. 8   B. 6

C. 5   D. 3

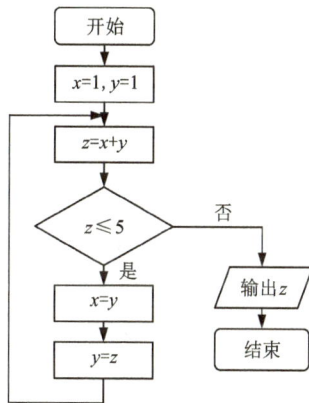

图 5-6 题（1）图

【答案】A

【解析】

根据程序框图和循环结构算法原理，计算过程如下：

$x=1$，$y=1$，$z=z+y$

①$z=2$，$x=1$，$y=2$

②$z=3$，$x=2$，$y=3$

③$z=5$，$x=3$，$y=5$

④$z=8$

所以选 A。

（2）图 5-7 是把二进制数 11111B 转换为十进制数的一个程序框图，则判断框内应填入的条件是（   ）。

A. $i>4$ B. $i\leq5$

C. $i\leq4$ D. $i>5$

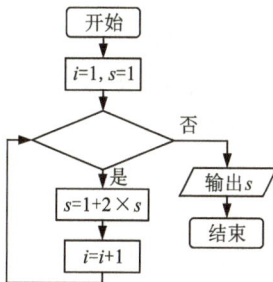

图 5-7 题（2）图

【答案】C

【解析】由题意输出的 $s=1+1\times2+1\times2^2+1\times2^3+1\times2^4$，

按照程序运行：$s=1$，$i=1$；$s=1+1\times2$，$i=2$；$s=1+1\times2+1\times2^2$，$i=3$；$s=1+1\times2+1\times2^2+1\times2^3$，$i=4$；$s=1+1\times2+1\times2^2+1\times2^3+1\times2^4$，$i=5$，此时跳出循环输出结果，故判断框内的条件应为 $i\leq4$。故选 C。

（3）我国元朝著名数学家朱世杰的《四元玉鉴》中有一首诗："我有一壶酒，携着游春走，遇店添一倍，逢友饮一斗，店友经三处，没有壶中酒，借问此壶中，当原多少酒？"用程序框图表达如图 5-8 所示，即最终输出的 $x=0$。请问一开始输入的 $x=$（   ）。

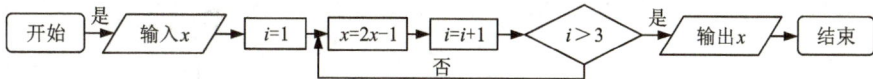

图 5-8 题（3）图

A. 31/32   B. 15/16   C. 7/8   D. 3/4

【答案】C

【解析】略。

由题意，解方程：$2[2(2x-1)-1]-1=0$，解得 $x=7/8$，故选 C。

（4）中国有个名句"运筹帷幄之中，决胜千里之外"，其中的"筹"原意是指《孙子算经》中记载的算筹，古代是用算筹来进行计算，算筹是将几寸长的小竹棍摆在平面上进行运算，算筹的摆放形式有纵横两种形式，如表 5-1 所示。

表 5-1　算筹的摆放方式

方式	1	2	3	4	5	6	7	8	9
纵式	Ⅰ	Ⅱ	Ⅲ	ⅢⅠ	Ⅲ|Ⅰ	丅	丅	皿	皿
横式	－	=	≡	≣	≣	⊥	⊥	⊥	⊥

表示一个多位数时，像阿拉伯数字一样，把各个数位的数码从左到右排列，但各位数码的筹式需要纵横相间，个位、百位、万位都用纵式表示，十位、千位、十万位都用横式表示，以此类推，例如，2268 用算筹表示就是 =Ⅱ⊥皿。执行如图 5-9 所示的程序框图，若输入的 $x=1$，$y=2$，则输出的 S 用算筹表示为(　　)。

A. ⊥丅≡丅　　　　B. 丅⊥皿⊥

C. －丅⊥皿　　　　D. Ⅰ⊥丅≡

【答案】C

【解析】模拟执行程序框图，只要按照程序框图规定的运算方法逐次计算，直到达到输出条件即可得到输出 S 的值，再利用表格中的对应关系可得结果。详解如下：

第一次循环，$i=1$，$x=1$，$y=3$；

第二次循环，$i=2$，$x=2$，$y=8$；

第三次循环，$i=3$，$x=14$，$y=126$；

第四次循环，$i=4$，$s=1764$，满足 $s=xy$，推出循环，输出 $s=1764$；

因为 1746 对应 －丅⊥皿，故选 C。

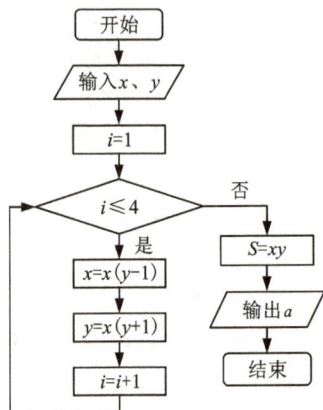

图 5-9　题(4)图

2. 填空题

我国南北朝时期的数学家张丘建是世界数学史上解决不定方程的第一人，他在《张丘建算经》中给出一个解不定方程的百鸡问题，问题如下：鸡翁一，值钱五，鸡母一，值钱三，鸡雏三，值钱一，百钱买百鸡，问鸡翁母雏各几何？用代数方法表述为：设鸡翁、鸡母、鸡雏的数量分别为 x，y，z，则鸡翁、鸡母、鸡雏的数量即为方程组

$$\begin{cases} 5x+3y+\dfrac{z}{3}=100 \\ x+y+z=100 \end{cases}$$ 的解，其解题过程可用框图表示如图

5-10 所示，则框图中正整数 m 的值为_____。

【答案】4

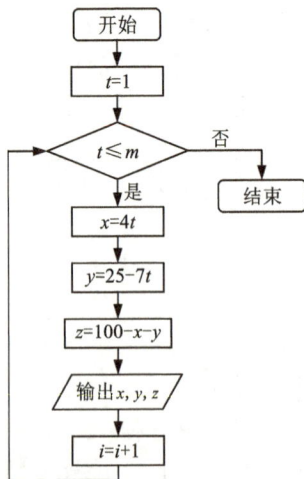

图 5-10　填空题图

【解析】由 $\begin{cases} 5x+3y+\dfrac{z}{3}=100 \\ x+y+z=100 \end{cases}$，得 $y=25-\dfrac{7x}{4}$，结合 $x=4t$，可得框图中正整数 m 的值。详

解如下：

由 $\begin{cases} 5x+3y+\dfrac{z}{3}=100 \\ x+y+z=100 \end{cases}$ 得：$y=25-\dfrac{7x}{4}$，故 x 必为 4 的倍数。

当 $x=4t$ 时，$y=25-7t$，

由 $y=25-7t>0$ 得，t 的最大值为 3，故判断框应填入的是 $t<4$，即 $m=4$，故答案为 4。

3. 判断题

在聚类分析中，簇内的相似度越大，簇间的差别越大，聚类的效果就越差。

【答案】×

【解析】该表述错误，簇内的相似度越大，簇间的差别越大，聚类的效果就越好。

阶段知识检测

1. 单选题

(1)一位爱好程序设计的同学，想通过程序设计解决"韩信点兵"的问题，他设计的如下过程中，更恰当的是(   )。

A. 设计算法，编写程序，提出问题，运行程序，得到答案

B. 分析问题，编写程序，设计算法，运行程序，得到答案

C. 分析问题，设计算法，编写程序，运行程序，得到答案（√）

D. 设计算法，提出问题，编写程序，运行程序，得到答案

(2)在常见的流程图符号中，表示流程的开始或结束的是(   )。

A. ▭   B. ▢（√）

C. ◇   D. →

(3)信息编程加工的核心是对解决问题的方法进行描述，也就是(   )。

A. 算法设计（√）   B. 界面设计

C. 代码编写   D. 调试运行

(4)下列选项中，不属于计算机程序设计语言的是(   )。

A. C++   B. VB   C. PASCAL   D. Excel（√）

(5)在使用流程图描述算法时，表示变量的计算与赋值时应使用的符号框为(   )。

A. 矩形框（√）   B. 菱形框

C. 平行四边形   D. 椭圆形框

(6)在日常生活中，我们常常会碰到许多需要解决的问题，以下描述中最适合用计算机编程来处理的是(   )。

A. 确定放学回家的路线

B. 计算某个学生期中考试各科成绩总分

C. 计算 10000 以内的奇数的平方和(√)

D. 在因特网上查找自己喜欢的歌曲

(7)下列关于算法的叙述不正确的是(   )。

A. 一个算法必须保证它的执行步骤是有限的

B. 算法有 0 个或多个输入及 1 个或多个输出(√)

C. 算法具有输入、输出、确定性、可行性、有限性等基本特征

D. 算法的表示方法主要有自然语言、流程图、伪代码等

(8)流程图中表示判断的是(   )。

A. 矩形框　　　　　　　　　　B. 菱形框(√)

C. 圆形框　　　　　　　　　　D. 椭圆形框

(9)下列说法正确的是(   )。

A. 任何一个算法都包含顺序结构(√)

B. 条件结构中一定包含循环结构

C. 循环结构中不一定包含条件结构

D. 算法可以无休止地执行

(10)下列关于算法的说法中，正确的是(   )。

A. 算法是某个问题的解决过程

B. 算法执行后可以不产生确定的结果

C. 解决某类问题的算法不是唯一的(√)

D. 算法可以无限地操作下去

(11)计算机算法是指(   )。

A. 排序方法　　　　　　　　　　B. 计算方法

C. 调度方法　　　　　　　　　　D. 解决问题的运算序列(√)

(12)用不同的计算机语言编写程序来求解同一个计算问题，必定相同的是(   )。

A. 结构　　　　B. 结果(√)　　　　C. 维护　　　　D. 效率

(13)下列说法中，能称为算法的是(   )。

A. 物理真的好难学

B. 物理真的好有趣

C. 中医需要望、闻、问、切这些步骤(√)

D. 物理和数学一样难

(14)下列叙述中正确的是(   )。

A. 算法的复杂度与问题的规模无关

B. 算法的优化主要通过程序的编制技巧来实现

C. 对数据进行压缩存储会降低算法的空间复杂度(√)

D. 数值型算法只需考虑计算结果的可靠性

(15)下列叙述中正确的是(   )。

A. 解决一个问题的算法是唯一的

B. 算法的时间复杂度与计算机系统有关

C. 解决一个问题可以有不同的算法，但它们的时间复杂度必定是相同的

D. 解决一个问题可以有不同的算法，且它们的时间复杂度可以是不同的(√)

(16)算法空间复杂度的度量方法是(　　)。

A. 算法程序的长度　　　　　　　　B. 算法所处理的数据量

C. 执行算法所需要的工作单元　　　D. 执行算法所需要的存储空间(√)

(17)下列叙述中正确的是(　　)。

A. 算法复杂度是指算法控制结构的复杂程度

B. 算法复杂度是指设计算法的难度

C. 算法的时间复杂度是指设计算法的工作量

D. 算法的复杂度包括时间复杂度与空间复杂度(√)

(18)下列叙述中正确的是(　　)。

A. 所谓算法就是计算方法

B. 程序可以作为算法的一种描述方法(√)

C. 算法设计只需考虑得到计算结果

D. 算法设计可以忽略算法的运算时间

(19)算法的有穷性是指(　　)。

A. 算法程序所处理的数据量是有限的

B. 算法必须在有限步内结束(√)

C. 算法程序只能被有限的用户使用

D. 算法程序的运行时间是比较短的

(20)下列叙述中错误的是(　　)。

A. 算法的时间复杂度与实现算法过程中的具体细节无关

B. 算法的时间复杂度与使用的计算机系统无关

C. 算法的时间复杂度与使用的程序设计语言无关

D. 对于各种特定的输入，算法的时间复杂度是固定不变(√)

(21)一个良好算法的基本单元为顺序结构、循环结构和(　　)。

A. 线性结构　　　　B. 离散结构　　　　C. 数据结构　　　　D. 选择结构(√)

(22)已知某程序框图如图5-11所示，则执行该程序后输出的结果是(　　)。

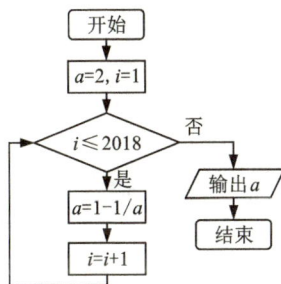

图5-11　题(22)图

A. -1(√)　　　　　B. 1/2　　　　　C. 1　　　　　D. 2

(23)宋元时期名著《算学启蒙》中有关于"松竹并生"的问题:松长五尺,竹长五尺,若输入的 a、b 分别是 5、2(图 5-12),则输出的 n=(　　)。

A. 2　　　　　　　　　　　　B. 3

C. 4(√)　　　　　　　　　　　D. 5

(24)如图 5-13 所示的程序框图,输出的 S=(　　)。

A. 18　　　　　　　　　　　　B. 41

C. 88(√)　　　　　　　　　　D. 183

(25)执行图 5-14 的程序框图,则 S 的值为(　　)。

A. 16　　　　　B. 32　　　　　C. 64　　　　　D. 128(√)

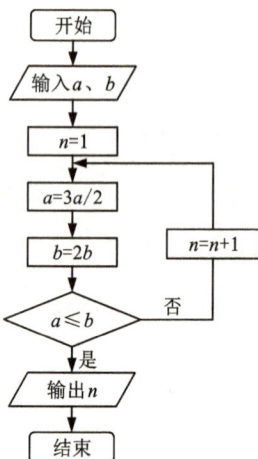

图 5-12　题(23)图

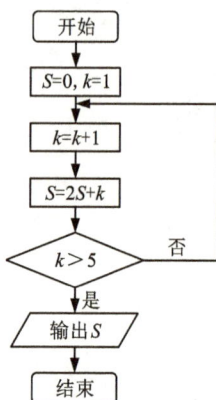

图 5-13　题(24)图

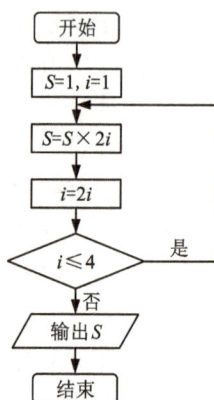

图 5-14　题(25)图

2. 填空题

(1)如图 5-15 所示是一个算法的流程图,则输出的 n 值是_____。

(2)执行如图 5-16 所示的程序框图,输出的值为_____。

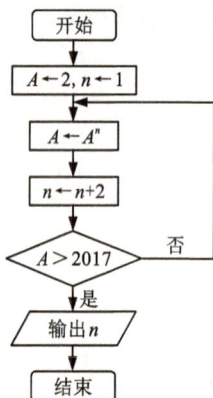

图 5-15　题(1)图

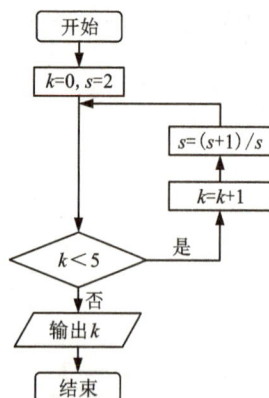

图 5-16　题(2)图

（3）如图 5-17 所示是一算法的伪代码，执行此算法时，输出的结果是_____。

```
n←6
s←0
while s<15
    s←s+n
    n←n-1
End while
Print n
```

图 5-17　题（3）图

（4）执行如图 5-18 所示的程序框图，若输出的 a 值大于 2015，那么判断框内的条件应为_____。

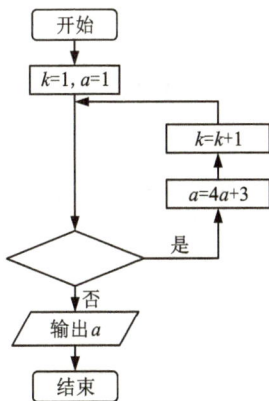

图 5-18　题（4）图

（5）执行如图 5-19 所示的程序框图，若 $M=1$，则输出的 $S=$____；若输出的 $S=14$，则整数 $M=$_____。

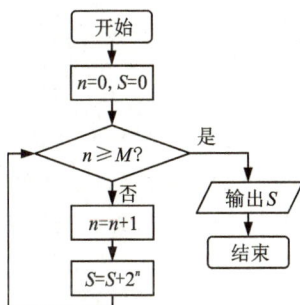

图 5-19　题（6）图

3. 编程题

(1)编写一个程序,求满足 $1+\frac{1}{2}+\frac{1}{2}+\cdots+\frac{1}{n}>10$ 的 n 的最小值。

(2)在音乐唱片超市里,每张唱片售价 25 元,顾客购买 5 张(含 5 张)以上但不足 10 张唱片,则按九折收费。顾客购买 10 张以上(含 10 张)唱片,则按八五折收费,编写程序,输入顾客购买唱片的数量 a,输出顾客要缴纳的金额 c,并画出程序框图。

(3)以下是某次考试中某班 15 名同学的数学成绩:72、91、58、63、84、88、90、55、61、73、64、77、82、94、60。要求将 80 分以上的同学的平均分求出来,画出程序框图。

(4)函数 $y=\begin{cases} -x+1, & x>0 \\ 0, & x=0 \\ x+1, & x<0 \end{cases}$,试写出给定自变量 x,求函数值 y 的算法。

【参考答案】

填空题

(1)7

【解析】由程序框图(图 5-15)可得,运行过程如下: $A=2^2=4$, $n=3$; $A=4^3=64=2^6$, $n=5$; $A=64^5=2^{30}>2017$, $n=7$; 结束循环,即输出的 n 的值是 7。

(2)21/13

【解析】模拟程序运行,观察运行中变量的值,判断是否结束程序运行即可。程序运行中变量值依次为:

$k=0$, $s=2$,满足循环条件,

$k=1$, $s=3/2$,满足循环条件,

$k=2$, $s=5/3$,满足循环条件,

$k=3$, $s=8/5$,满足循环条件,

$k=4$, $s=13/8$,满足循环条件,

$k=5$, $s=21/13$,不满足循环条件,退出循环,结束程序,输出 $s=21/13$。

(3)3

【解析】根据题中的程序框图(图 5-17)可得,该程序经过第一次循环,因为 $s=0<15$,所以得到新的 $s=0+6=6$, $n=5$。

然后经过第二次循环,因为 $s=6<15$,所以得到新的 $s=6+5=11$, $n=4$。

然后经过第三次循环,因为 $s=11<15$,所以得到新的 $s=11+4=15$, $n=3$。

接下来判断:因为 $s=15$,不满足 $s<15$,所以结束循环体并输出最后的 n。

综上所述,可得最后输出的结果是 3。

(4) $k \leq 5$

【解析】模拟程序框图(图 5-18)的运行过程,如下: $k=1$, $a=1$,

满足条件,执行循环体, $a=7$, $k=2$

满足条件,执行循环体, $a=31$, $k=3$

满足条件，执行循环体，$a=127$，$k=4$

满足条件，执行循环体，$a=511$，$k=5$

满足条件，执行循环体，$a=2047$，$k=6$

由题意，此时应该不满足条件，退出循环，输出 $a=2047>2015$

故判断框内的条件应为 $k\leq5$，答案为 $k\leq5$。

（5）2；3

【解析】先根据循环，列出 n，s 的值，再根据条件确定对应结果。

n	s	
0	0	
1	2	$M=1$ 时，$s=2$
2	6	
3	14	当 $n=13$ 时跳出循环，故 $M=3$。

编程题

（1）【解析】叠加求和，设计一个累加变量即可，可用 while 语句，也可用 until 语句。用 while 语句编写的程序如下：

$s=1$

$n=1$

while $S\leq10$

$n=n+1$

$s=s+1/n$

wend

print n

end

用 until 语句编写的程序如下：

$s=1$

$n=1$

do

$n=n+1$

$s=s+1/n$

Loop until $s>10$

print n

end

（2）【解析】根据题意写出分段函数，写出程序框图，再写出程序。注意：分段函数需要条件分支结构来实现。

由题意得 $C=\begin{cases}25a, & a<0\\22.5a, & 5\leq a<10\\21.25a, & a\geq10\end{cases}$，程序框图如图 5-20 所示。

程序如图 5-21 所示。

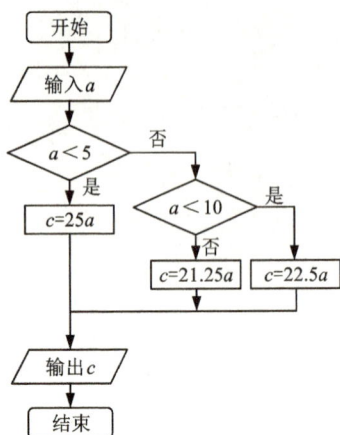

图5-20　题(2)图1

图5-21　题(2)图2

(3)【解析】用条件循环结构来判断成绩是否高于80分,用循环结构控制输入的次数,同时引进两个累加变量 s、m,分别计算高于80分的成绩的总和 s 和人数 m。

程序框图如图5-22所示。

(4)【解析】本题考查的知识点是设计程序框图解决实际问题。根据解析式 $y = \begin{cases} -x+1, & x>0 \\ 0, & x=0 \\ x+1, & x<0 \end{cases}$,设置两个判断框及其条件,再由解析式,确定判断框的"是"与"否"分支对应的操作,由此写出算法。

因为函数是分段函数,故要先输入变量值,再进行判断,分别进行不同的计算。

算法如下:

第一步,输入 x;

第二步,若 $x>0$,则令 $y=-x+1$ 后执行第五步,否则执行第三步;

第三步,若 $x=0$,则令 $y=0$ 后执行第五步,否则执行第四步;

第四步,令 $y=x+1$;

第五步,输出 y 的值。

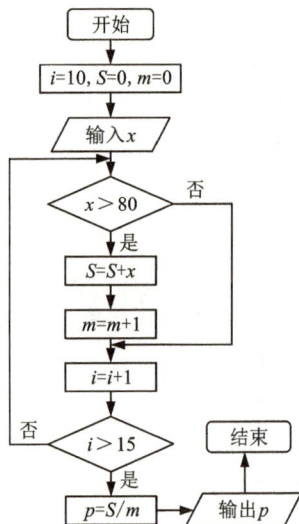

图5-22　题(4)图

项目六

数据库技术

任务一 数据库概念

本任务涉及的知识点及考点：数据管理技术的发展历史；数据库系统的基本概念(数据、记录、数据库、数据库管理系统、数据库应用系统等)；数据库系统的组成；数据模型的分类。

一、重点知识精讲

1.数据库管理系统的主要功能

数据库管理系统是位于用户与操作系统之间的数据管理软件，它的主要功能包括以下几个方面。

(1)数据定义功能。

数据库管理系统提供数据定义语言(data definition language，DDL)，用户可以方便地对存储在数据库中的数据对象的组成与结构进行定义。

(2)数据组织、存储和管理功能。

数据库管理系统不仅能够组织、存储和管理各种数据，包括数据字典、用户数据、数据存取路径等，还要确定以何种文件结构和存取方式在存储设备上组织这些数据，以及如何实现数据之间的联系。数据组织和存储的基本目标是提高存储空间利用率和方便存取，可提供多种存取方法(如索引查找、哈希查找、顺序查找等)来提高存取效率。

(3)数据操纵功能。

数据库管理系统还提供数据操纵语言(data manipulation language，DML)，用户可以使用它操纵数据，实现对数据库的基本操作，如查询、插入、删除和修改等。

(4)数据库的事务管理和运行管理功能。

数据库在建立、运行和维护过程中由数据库管理系统统一管理和控制，以保证事务的正确运行、数据的安全性与完整性、多用户对数据的并发使用，以及发生故障后的系统恢复。

(5)数据库的建立和维护功能。

数据库的建立和维护功能包括数据库初始数据的输入和转换功能，数据库的转储和恢复功能，数据库的重组、性能监控和数据分析等功能。这些功能通常是由一些实用程序或管理工具完成的。

（6）其他功能。

其他功能包括数据库管理系统与网络中其他软件系统的通信功能，一个数据库管理系统与另一个数据库管理系统或文件系统之间数据转换功能，异构数据库之间的互访和互操作功能等。

2. 数据模型

数据模型是数据库中数据的存储方式，是数据库系统的核心和基础。以下是数据库发展过程中出现的三种重要的数据模型。

（1）层次模型。

它用树形结构来表示实体及实体间的联系，如 1968 年 IBM 公司推出的 IMS（information management system，IMS）。

（2）网状模型。

它用网状结构来表示实体及实体间的联系，如 DBTG 系统（1969 年美国 CODASYL 组织提出了一份"DBTG 报告"，以后根据 DBTG 报告实现的系统一般称为 DBTG 系统）。

（3）关系模型。

它用一组二维表表示实体及实体间的关系，如 Microsoft Access，其理论基础是 1970 年 IBM 公司研究人员 E. F. Codd 发表的论文。

在这三种数据模型中，前两种现在已经很少见到了，目前应用最广泛的是关系数据模型。自 20 世纪 80 年代以来，软件开发商提供的数据库管理系统几乎都是支持关系模型的。

二、典型例题精解

1. 单选题

（1）关于分布式数据库描述错误的是（　　　）。

A. 应用程序可以对数据库进行透明操作

B. 数据存储在局部数据库中

C. 所有数据由 DDBS 统一管理

D. 局部数据库可以运行在不同的操作系统上

【答案】C

【解析】分布式数据库系统（DDBS）包含分布式数据库管理系统（DDBMS）和分布式数据库（DDB）。在分布式数据库系统中，一个应用程序可以对数据库进行透明操作，数据库中的数据分别在不同的局部数据库中存储、由不同的 DBMS 进行管理、在不同的机器上运行、由不同的操作系统支持、被不同的通信网络连接在一起。

2. 多选题

（2）下列关于数据库系统特点的描述正确的是（　　　）。

A. 数据结构化　　　　　　　　　B. 数据没有冗余

C. 数据独立性高　　　　　　　D. 数据共享性高

【答案】ACD

【解析】数据库系统具有下列特点：可以应用于大规模数据管理；数据由数据库管理系统统一管理和控制；可以进行联机实时处理、分布处理和批处理；数据结构化，不仅数据内部是结构化，而且数据之间有联系；数据独立性高：数据独立性包括数据的物理独立性和逻辑独立性；数据的共享性高；数据冗余度低，易扩充。

（3）下列属于关系模型数据完整性约束的是（　　　）。

A. 实体完整性　　　　　　　　B. 参照完整性

C. 用户自定义完整性　　　　　　D. 应用程序定义完整性

【答案】ABC

【解析】关系模型的数据完整性约束主要包括实体完整性约束、参照完整性约束和用户自定义完整性约束三种。

3. 判断题

数据库是可共享、具有独立性的数据集合。

【答案】√

【解析】数据库是长期保存在计算机内的、有组织的、可共享的大量数据的集合。

阶段知识检测（一）

1. 单选题

（1）在数据管理技术的发展过程中，经历了人工管理阶段、文件系统阶段和数据库系统阶段。在这几个阶段中，数据独立性最高的阶段是（　　　）。

A. 数据库系统（√）　　　　　　B. 文件系统

C. 人工管理　　　　　　　　　D. 数据项管理

（2）数据库系统与文件系统的主要区别是（　　　）。

A. 数据库系统复杂，而文件系统简单

B. 文件系统不能解决数据冗余和数据独立性问题，而数据库系统可以解决（√）

C. 文件系统只能管理程序文件，而数据库系统能够管理各种类型的文件

D. 文件系统管理的数据量较少，而数据库系统可以管理庞大的数据量

（3）数据库的概念模型独立于（　　　）。

A. 具体的机器和 DBMS（√）　　B. E-R 图

C. 信息世界　　　　　　　　　D. 现实世界

（4）数据库是在计算机系统中按照一定的数据模型组织、存储和应用的 ①，支持数据库各种操作的软件系统叫作 ②，由计算机、操作系统、DBMS、数据库、应用程序及用户等组成的一个整体叫作 ③。

①A. 文件的集合　　　　　　　　B. 数据的集合（√）

C. 命令的集合　　　　　　　　D. 程序的集合

②A. 命令系统　　　　　　　　B. 数据库管理系统(√)

C. 数据库系统　　　　　　　　D. 操作系统

③A. 文件系统　　　　　　　　B. 数据库系统(√)

C. 软件系统　　　　　　　　　D. 数据库管理系统

(5)数据库的基本特点是(　　　)。

A. ①数据可以共享(或数据结构化)　②数据独立性　③数据冗余大,易移植　④统一管理和控制

B. ①数据可以共享(或数据结构化)　②数据独立性　③数据冗余小,易扩充　④统一管理和控制(√)

C. ①数据可以共享(或数据结构化)　②数据互换性　③数据冗余小,易扩充　④统一管理和控制

D. ①数据非结构化　②数据独立性　③数据冗余小,易扩充　④统一管理和控制

(6)数据库具有 ①　、最小的 ② 和较高的 ③ 。

①A. 程序结构化　　　　　　　B. 数据结构化(√)

C. 程序标准化　　　　　　　　D. 数据模块化

②A. 冗余度(√)　　　　　　　B. 存储量

C. 完整性　　　　　　　　　　D. 有效性

③A. 程序与数据可靠性　　　　B. 程序与数据完整性

C. 程序与数据独立性(√)　　　D. 程序与数据一致性

(7)在数据库中,下列说法(　　　)是不正确的。

A. 数据库避免了一切数据的重复(√)

B. 若系统是完全可以控制的,则系统可确保更新时的一致性

C. 数据库中的数据可以共享

D. 数据库减少了数据冗余

(8)(　　　)是存储在计算机内有结构的数据的集合。

A. 数据库系统　　　　　　　　B. 数据库(√)

C. 数据库管理系统　　　　　　D. 数据结构

(9)在数据库中存储的是(　　　)。

A. 数据　　　　　　　　　　　B. 数据模型

C. 数据以及数据之间的联系(√)　D. 信息

(10)数据库中,数据的物理独立性是指(　　　)。

A. 数据库与数据库管理系统的相互独立

B. 用户程序与 DBMS 的相互独立

C. 用户的应用程序与存储在磁盘上的数据库中的数据是相互独立的(√)

D. 应用程序与数据库中数据的逻辑结构相互独立

(11)数据库的特点之一是数据的共享,严格地讲,这里的数据共享是指(　　　)。

A. 同一个应用中的多个程序共享一个数据集合

B. 多个用户、同一种语言共享数据

C. 多个用户共享一个数据文件

D. 多种应用、多种语言、多个用户相互覆盖地使用数据集合(√)

(12)数据库系统的核心是(　　)。

A. 数据库　　　　　　　　B. 数据库管理系统(√)

C. 数据模型　　　　　　　D. 软件工具

(13)下述关于数据库系统的正确叙述是(　　)。

A. 数据库系统减少了数据冗余(√)

B. 数据库系统避免了一切冗余

C. 数据库系统中数据的一致性是指数据类型一致

D. 数据库系统比文件系统能管理更多的数据

(14)下述关于数据库系统的正确叙述是(　　)。

A. 数据库中只存在数据项之间的联系

B. 数据库的数据项之间和记录之间都存在联系(√)

C. 数据库的数据项之间无联系，记录之间存在联系

D. 数据库的数据项之间和记录之间都不存在联系

(15)相对于其他数据管理技术，数据库系统有　①　、减少数据冗余、保持数据的一致性、　②　和　③　的特点。

①A. 数据共享　　　　　　B. 数据模块化

C. 数据结构化　　　　　　D. 数据共享(√)

②A. 数据结构化　　　　　B. 数据无独立性

C. 数据统一管理　　　　　D. 数据有独立性(√)

③A. 使用专用文件　　　　B. 不使用专用文件

C. 数据没有安全与完整性保障　　D. 数据有安全与完整性保障(√)

(16)将数据库的结构划分成多个层次，是为了提高数据库的　①　和　②　。

①A. 数据独立性　　　　　B. 逻辑独立性(√)

C. 管理规范性　　　　　　D. 数据的共享

②A. 数据独立性　　　　　B. 物理独立性(√)

C. 逻辑独立性　　　　　　D. 管理规范性

(17)在数据库技术中，为提高数据库的逻辑独立性和物理独立性，数据库的结构被划分成用户级、(　　)和存储级三个层次。

A. 管理员级　　　B. 外部级　　　C. 概念级(√)　　　D. 内部级

(18)(　　)可以减少相同数据重复存储的现象。

A. 记录　　　　B. 字段　　　　C. 文件　　　　D. 数据库(√)

(19)在数据库中，产生数据不一致的根本原因是(　　)。

A. 数据存储量太大　　　　B. 没有严格保护数据

C. 未对数据进行完整性控制　　D. 数据冗余(√)

(20)数据库管理系统(DBMS)是(　　)。

A. 一个完整的数据库应用系统　　B. 一组硬件

C. 一组软件(√)　　　　　D. 既有硬件，也有软件

(21)数据库管理系统(DBMS)是(　　)。

A.数学软件   B.应用软件

C.计算机辅助设计   D.系统软件(√)

(22)数据库管理系统(DBMS)的主要功能是(   )。

A.修改数据库   B.定义数据库(√)

C.应用数据库   D.保护数据库

(23)数据库管理系统的工作不包括(   )。

A.定义数据库   B.对已定义的数据库进行管理

C.为定义的数据库提供操作系统(√)   D.数据通信

(24)数据库管理系统中用于定义和描述数据库逻辑结构的语言称为(   )。

A.数据库模式描述语言(√)   B.数据库子语言

C.数据操纵语言   D.数据结构语言

(25)(   )是存储在计算机内的有结构的数据集合。

A.网络系统   B.数据库系统

C.操作系统   D.数据库(√)

(26)数据库系统的核心是(   )。

A.编译系统   B.数据库

C.操作系统   D.数据库管理系统(√)

(27)数据库系统的特点是(   )、数据独立、减少数据冗余、避免数据不一致和加强数据保护。

A.数据共享(√)   B.数据存储   C.数据应用   D.数据保密

(28)数据库系统的最大特点是(   )。

A.数据的三级抽象和二级独立性(√)   B.数据共享性

C.数据的结构化   D.数据独立性

(29)数据库系统是由数据库管理系统、数据库管理员、数据库组成;而数据库应用系统是由(   )组成。

A.数据库管理系统、应用程序系统、数据库

B.数据库管理系统、数据库管理员、数据库

C.数据库系统、应用程序系统、用户(√)

D.数据库管理系统、数据库、用户

(30)数据库系统由数据库、①和硬件等组成,数据库系统是在②的基础上发展起来的。数据库系统由于能减少数据冗余,提高数据独立性,并集中检查③,由此获得广泛的应用。数据库提供给用户的接口是④,它具有数据定义、数据操作和数据检查功能,可独立使用,也可嵌入宿主语言使用。⑤语言已被国际标准化组织采纳为标准的关系数据库语言。

①A.操作系统   B.文件系统

C.编译系统   D.数据库管理系统(√)

②A.操作系统   B.文件系统(√)

C.编译系统   D.数据库管理系统

③A.数据完整性(√)   B.数据的层次性

C. 数据的操作性　　　　　　　D. 数据的兼容性

④A. 数据库语言(√)　　　　　　B. 过程化语言

C. 宿主语言　　　　　　　　　D. 面向对象语言

⑤A. QUEL　　　　　　　　　　B. SEQUEL

C. SQL(√)　　　　　　　　　　D. ALPHA

(31)数据的管理方法主要有(　　)。

A. 批处理和文件系统　　　　　B. 文件系统和分布式系统

C. 分布式系统和批处理　　　　D. 数据库系统和文件系统(√)

(32)数据库管理系统能实现对数据库中数据的查询、插入、修改和删除等操作,这种功能称为(　　)。

A. 数据定义功能　　　　　　　B. 数据管理功能

C. 数据操纵功能(√)　　　　　D. 数据控制功能

(33)数据库管理系统是(　　)。

A. 操作系统的一部分　　　　　B. 在操作系统支持下的系统软件(√)

C. 一种编译程序　　　　　　　D. 一种操作系统

(34)在数据库的三级模式结构中,描述数据库中全体数据的全局逻辑结构和特征的是(　　)。

A. 外模式　　　B. 内模式　　　C. 存储模式　　　D. 模式(√)

(35)数据库系统的数据独立性是指(　　)。

A. 不会因为数据的变化而影响应用程序

B. 不会因为系统数据存储结构与数据逻辑结构的变化而影响应用程序(√)

C. 不会因为存储策略的变化而影响存储结构

D. 不会因为某些存储结构的变化而影响其他的存储结构

(36)应用数据库的主要目的是(　　)。

A. 解决保密问题　　　　　　　B. 解决数据完整性问题

C. 共享数据问题(√)　　　　　D. 解决数据量大的问题

(37)数据库应用系统包括(　　)。

A. 数据库语言、数据库　　　　B. 数据库、数据库应用程序(√)

C. 数据管理系统、数据库　　　D. 数据库管理系统

(38)实体是信息世界中的术语,与之对应的数据库术语为(　　)。

A. 文件　　　B. 数据库　　　C. 字段　　　D. 记录(√)

(39)层次型、网状型和关系型数据库划分的原则是(　　)。

A. 记录长度　　　　　　　　　B. 文件的大小

C. 联系的复杂程度　　　　　　D. 数据之间的联系(√)

(40)按照传统的数据模型分类,数据库系统可以分为三种类型(　　)。

A. 大型、中型和小型　　　　　B. 西文、中文和兼容

C. 层次、网状和关系(√)　　　D. 数据、图形和多媒体

(41)数据库的网状模型应满足的条件是(　　)。

A. 允许一个以上的无双亲,也允许一个节点有多个双亲(√)

B. 必须有两个以上的节点

C. 有且仅有一个节点无双亲,其余节点都只有一个双亲

D. 每个节点有且仅有一个双亲

(42)在数据库的非关系模型中,基本层次联系是(   )。

A. 两个记录型以及它们之间的多对多联系

B. 两个记录型以及它们之间的一对多联系(√)

C. 两个记录型之间的多对多的联系

D. 两个记录之间的一对多的联系

(43)数据模型用来表示实体间的联系,但不同的数据库管理系统支持不同的数据模型。在常用的数据模型中,不包括(   )。

A. 网状模型   B. 链状模型(√)   C. 层次模型   D. 关系模型

(44)一个数据库系统必须能够表示实体和关系,关系可与 ① 实体有关。实体与实体之间的关系有一对一、一对多和多对多三种,其中 ② 不能描述多对多的关系。

①A. 0个   B. 1个

C. 2个或2个以上   D. 1个或1个以上(√)

②A. 关系模型   B. 层次模型(√)

C. 网状模型   D. 网状模型和层次模型

(45)按所使用的数据模型来分,数据库可分为(   )三种模型。

A. 层次、关系和网状(√)   B. 网状、环状和链状

C. 大型、中型和小型   D. 独享、共享和分时

(46)通过指针链接来表示和实现实体之间联系的模型是(   )。

A. 关系模型   B. 层次模型

C. 网状模型   D. 层次和网状模型(√)

(47)层次模型不能直接表示(   )。

A. 1:1 关系   B. 1:m 关系

C. m:n 关系(√)   D. 1:1 和 1:m 关系

(48)关系数据模型(   )。

A. 只能表示实体间的 1:1 联系   B. 只能表示实体间的 1:n 联系

C. 只能表示实体间的 m:n 联系   D. 可以表示实体间的上述三种联系(√)

(49)在数据库设计中用关系模型来表示实体和实体之间的联系。关系模型的结构是(   )。

A. 层次结构   B. 二维表结构(√)

C. 网状结构   D. 封装结构

(50)子模式是(   )。

A. 模式的副本   B. 模式的逻辑子集(√)

C. 多个模式的集合   D. 以上三者都对

(51)在数据库三级模式结构中,描述数据库中全体逻辑结构和特性的是(   )。

A. 外模式   B. 内模式   C. 存储模式   D. 模式(√)

(52)数据库三级模式体系结构的划分,有利于保持数据库的(   )。

A. 数据独立性(√)   B. 数据安全性
C. 结构规范化   D. 操作可行性

(53)数据库可按照数据分成:对于上层的一个记录,有多个下层记录与之对应,对于下层的一个记录,只有一个上层记录与之对应,这是 ① 数据库;对于上层的一个记录,有多个下层记录与之对应,对于下层的一个记录,也有多个上层记录与之对应,这是 ② 数据库;不预先定义固定的数据结构,而是以"二维表"结构来表达数据与数据之间的相互关系,这是 ③ 数据库。

① A. 关系型   B. 集中型
C. 网状型   D. 层次型(√)
② A. 关系型   B. 集中型
C. 网状型(√)   D. 层次型
③ A. 关系型(√)   B. 集中型
C. 网状型   D. 层次型

2. 多选题

(1)数据库管理系统的主要功能有(   )。
A. 数据的定义(√)   B. 数据的操纵(√)
C. 数据库的运行管理(√)   D. 数据库的建立以及维护(√)

(2)数据库管理系统包含的主要程序有(   )。
A. 语言翻译处理程序(√)   B. 系统运行控制程序(√)
C. 实用程序(√)   D. 磁盘维护程序

(3)开发、管理和使用数据库的人员主要有(   )。
A. 数据库管理员(√)   B. 系统分析员(√)
C. 应用程序员(√)   D. 最终用户(√)

(4)根据数据模型的应用目的不同,数据模型分为(   )。
A. 概念模型(√)   B. 语言模型
C. 数据模型(√)   D. 数学模型

(5)数据独立性又可分为(   )。
A. 逻辑数据独立性(√)   B. 关系数据独立性
C. 映射数据独立性   D. 物理数据独立性(√)

(6)按照数据的组成,数据模型包括(   )。
A. 数据关系   B. 数据结构(√)
C. 数据操作(√)   D. 完整性约束(√)

(7)按照数据结构的类型来命名,数据模型分为(   )。
A. 层次模型(√)   B. 网状模型(√)
C. 关系模型(√)   D. 离散模型

(8)数据库体系结构按照(   )结构进行组织。
A. 模式(√)   B. 循环   C. 外模式(√)   D. 内模式(√)

(9)现实世界的事物反映到人的头脑中经过思维加工成数据,这一过程要经过的领域包括(   )。

A. 即视世界　　　　　　　　　　B. 现实世界(√)

C. 信息世界(√)　　　　　　　　　D. 数据世界(√)

(10)实体之间的联系可抽象为(　　)关系。

A. 1∶1(√)　　　　B. 1∶m(√)　　　　C. m∶n(√)　　　　D. m∶1

(11)数据冗余可能导致的问题有(　　)。

A. 浪费存储空间及修改麻烦(√)　　　B. 潜在的数据不一致性(√)

C. 破坏数据的结构　　　　　　　　D. 对硬件造成损坏

(12)使用数据库系统的好处有(　　)。

A. 查询迅速、准确,而且可以节约大量纸质文件(√)

B. 数据结构化,并由 DBMS 统一管理(√)

C. 数据冗余度小(√)

D. 具有较高的数据独立性(√)

(13)数据库管理系统的主要功能包括(　　)。

A. 数据定义功能:DBMS 提供数据描述语言(DDL),用户可通过它来定义数据(√)

B. 数据操纵功能:DBMS 还提供数据操纵语言(DML),实现对数据库的基本操作:查询、插入、删除和修改(√)

C. 数据库的运行管理:这是 DBMS 运行时的核心部分,它包括开发控制,安全性检查,完整性约束条件的检查和执行、数据库的内容维护等(√)

D. 数据库的建立和维护功能:它包括数据库初始数据的输入及转换、数据库的转储与恢复、数据库的重组功能和性能的监控与分析功能等(√)

(14)关系数据库的主要优点有(　　)。

A. 所见即所得　　　　　　　　　　B. 概念简单清晰(√)

C. 易懂易学(√)　　　　　　　　　 D. 无须管理

3. 判断题

(1)关系模型是将数据之间的关系看成网络关系。(　　)

(2)层次数据模型中,只有一个节点,无父节点,它称为根。(√)

(3)层次模型中,根节点以外的节点至多可有 1 个父节点。(√)

(4)关系数据库是采用关系模型作为数据的组织方式。(√)

(5)数据描述语言的作用是定义数据库。(√)

(6)数据管理技术经历了人工管理、文件系统和数据库系统三个阶段。(√)

(7)数据库系统一般是由硬件系统、数据库、数据库管理系统及相关软件、数据库管理员和用户组成。(√)

(8)数据模型质量的高低不会影响数据库性能的好坏。(　　)

(9)经过处理和加工提炼而用于决策或其他应用活动的数据称为信息。(√)

(10)数据库是长期存储在计算机内、有组织的、非共享的数据集合。(　　)

(11)DBMS 是指数据库管理系统,它是位于用户和操作系统之间的一层管理软件。(√)

(12)DBMS 管理的是非结构化的数据。(　　)

任务二　关系数据库

本任务涉及的知识点及考点：E-R 图的基本构成和应用；E-R 图的绘制方法；关系型数据库系统的基本概念和基本关系运算；"选择、投影、连接、除"运算的识别和判断方法；常用数据库管理系统的应用场景，例如，Access、SQL Server、MySQL、Oracle 等。

一、重点知识精讲

1. 基本的关系运算。

基本的关系运算包括选择、投影、连接、除等运算。

（1）选择（selection）。

选择又称为限制（restriction），它是在关系 R 中选择满足给定条件的元组，记作

$$\sigma_F(R) = \{t \mid t \in R \wedge F(t) = '真'\} \tag{5-1}$$

式中：F 为选择条件，它是一个逻辑表达式，取逻辑值"真"或"假"。

逻辑表达式 F 的基本形式为

$$X_1 \theta Y_1 \tag{5-2}$$

式中：θ 表示比较运算符，它可以是 >、⩾、<、⩽、= 或 <>；X_1、Y_1 是属性名，或为常量，或为简单函数，属性名也可以用其序号来代替。在基本的选择条件上可以进一步进行逻辑运算，即进行求"非"（¬）、"与"（∧）、"或"（∨）运算。

（2）投影（projection）。

关系 R 上的投影是从 R 中选择若干属性列组成新的关系。记作

$$\prod_A(R) = \{t[A] \mid t \in R\} \tag{5-3}$$

式中：A 为 R 中的属性列。

投影操作是从列的角度进行的运算。

（3）连接（join）。

连接也称为 θ 连接，指从两个关系的笛卡尔积中选取其属性间满足一定条件的元组。记作

$$R \underset{A\theta B}{\bowtie} S = \{\widehat{t_r t_s} \mid t_r \in R \wedge t_s \in S \wedge t_r[A] \theta t_s[B]\} \tag{5-4}$$

式中：A 和 B 分别为关系 R 和 S 上列数相等且可比的属性列；θ 为比较运算符。具体来说，连接运算是从笛卡儿积 $R \times S$ 中选取关系 R 在属性列 A 上的值与关系 S 在属性列 B 上的值满足比较关系 θ 的元组。

连接运算中有两种最为重要也最为常用的连接，一种是等值连接（equijoin），另一种是自然连接（natural join）。

θ 为"="的连接运算称为等值连接。它是从关系 R 与 S 的广义笛卡尔积中选取 A、B 属性值相等的那些元组，即

$$R \underset{A\theta B}{\bowtie} S = \{\widehat{t_r t_s} \mid t_r \in R \wedge t_s \in S \wedge t_r[A] t_s[B]\} \tag{5-5}$$

自然连接是一种特殊的等值连接。它要求两个关系中进行比较的分量必须是同名的属性列，并且在结果中把重复的属性列去掉。即若 R 和 S 中具有相同的属性列 B，U 为 R 和 S 的全体属性集合，则自然连接可记作

$$R \bowtie S = \{\widehat{t_r t_s}[U-B] \mid t_r \in R \wedge t_s \in S \wedge t_r[B] t_s[B]\} \qquad (5\text{-}6)$$

一般的连接操作是从行的角度进行运算，但自然连接还需要消除重复属性列，所以其是同时从行和列的角度进行运算。

(4)除(division)。

设关系 R 除以关系 S 的结果为关系 T，则 T 包含所有在 R 中但不在 S 中的属性及其值，且 T 的元组与 S 的元组的所有组合都在 R 中。

下面用像集来定义除法。

给定关系 $R(X, Y)$ 和 $S(Y, Z)$，其中 X、Y、Z 为属性列。R 中的 Y 与 S 中的 Y 可以有不同的属性名，但必须来自相同的域。

R 与 S 的除运算得到一个新的关系 $P(X)$，P 是 R 中满足下列条件的元组在 X 属性列上的投影：元组在 X 上分量值 x 的象集 Y_x 包含 S 在 Y 上的投影。记作

$$R \div S = \{t_r[X] t_r \in \wedge \prod_Y(S) \subseteq Y_x\} \qquad (5\text{-}7)$$

式中：Y_x 为 x 在 R 中的象集，$x = t_r[X]$。

除操作是同时从行和列角度进行运算。

2. E-R 图

E-R 图提供了表示实体型、属性和联系的方法。

(1)实体型用矩形表示，矩形框内写明实体名。

(2)属性用椭圆形表示，并用无向边将其与相应的实体型连接起来。例如，学生实体型具有学号、姓名、性别、出生日期属性，用 E-R 图表示如图 6-1 所示。

图 6-1　实体型及属性 E-R 图表示示例

(3)联系用菱形表示，菱形框内写明联系名，并用无向边分别与有关实体型连接起来，同时在无向边旁标注联系的类型(如 $1:1$、$1:n$ 或 $m:n$ 等)。

提示：如果一个联系具有属性，则这些属性也要用无向边与该联系连接起来。

二、典型例题精解

1. 单选题

数据库(DB)，数据库系统(DBS)和数据库管理系统(DBMS)三者之间的关系是(　　)。

A. DBS 包含 DB 和 DBMS　　　　　　　B. DBMS 包含 DB 和 DBS

C. DB 包含 DBS 和 DBMS　　　　D. DBS 就是 DB，也就是 DBMS

【答案】A

【解析】此题目考查的是 DBS 包含 DB 和 DBMS。DBS(database system)：数据库系统，是采用了数据库技术的计算机系统，是一个实际可运行的、按照数据库方法存储、维护和向应用系统提供数据支持的系统，它是数据库、硬件和软件，以及数据库管理员的集合体；DB(database)：数据库，数据库实际上就是一个文件集合，本质就是一个文件系统，数据按照特定的格式存储到文件中，使用 SQL 语言对数据进行增、删、改、查操作；DBMS(database management system)：数据库管理系统，是指数据库系统中对数据进行管理的软件系统，用于建立，使用和维护数据库，对数据进行统一的管理和控制，用户通过 DBMS 访问数据库中的数据。选项 A 正确。

2. 多选题

下列关于索引的说法正确的是(　　)。

A. 索引创建得越多越好

B. 索引创建需谨慎

C. 索引是用来提高查询速度的技术，类似一个目录

D. 无论表中有多少数据，创建索引，就可以提高查询效率

【答案】BC

【解析】索引是用来提高查询速度的技术，类似一个目录，索引会占用磁盘空间，所以创建时需谨慎，根据查询需求和表结构来决定创建什么索引，索引需要建立在大量数据的表中，如果数据量不够大，有可能会降低查询效率。选项 BC 正确。

阶段知识检测(二)

1. 单选题

(1) 对关系模型叙述错误的是(　　)。

A. 建立在严格的数学理论、集合论和谓词演算公式的基础之上

B. 微机 DBMS 绝大部分采用关系数据模型

C. 用二维表表示关系模型是其一大特点

D. 不具有连接操作的 DBMS 也可以是关系数据库系统(√)

(2) 关系数据库管理系统应能实现的专门关系运算包括(　　)。

A. 排序、索引、统计　　　　　B. 选择、投影、连接、除(√)

C. 关联、更新、排序　　　　　D. 显示、打印、制表

(3) 在一个关系中如果有这样一个属性存在，它的值能唯一地标识关系中的每一个元组，称这个属性为(　　)。

A. 码(√)　　　B. 数据项　　　C. 主属性　　　D. 主属性值

(4) 关系模型中，一个码是(　　)。

A. 可由多个任意属性组成

B.至多由一个属性组成

C.可由一个或多个能唯一标识该关系模式中任何元组的属性组成(√)

D.以上都不是

(5)同一个关系模型的任两个元组值( )。

A.不能全同(√)   B.可全同

C.必须全同   D.以上都不是

(6)在通常情况下,下面的关系中不可以作为关系数据库的关系是( )。

A.R1(学生号,学生名,性别)   B.R2(学生号,学生名,班级号)

C.R3(学生号,学生名,宿舍号)   D.R4(学生号,学生名,简历)(√)

(7)一个关系数据库文件中的各条记录( )。

A.前后顺序不能任意颠倒,一定要按照输入的顺序排列

B.前后顺序可以任意颠倒,不影响库中的数据关系(√)

C.前后顺序可以任意颠倒,但排列顺序不同,统计处理的结果就可能不同

D.前后顺序不能任意颠倒,一定要按照码段值的顺序排列

(8)在关系代数的传统集合运算中,假定有关系 R 和 S,运算结果为 W。如果 W 中的元组属于 R 或者属于 S,则 W 为(①)运算的结果。如果 W 中的元组属于 R 而不属于 S,则 W 为(②)运算的结果。如果 W 中的元组既属于 R 又属于 S,则 W 为(③)运算的结果。

①A.笛卡尔积   B.并(√)   C.差   D.交

②A.笛卡尔积   B.并   C.差(√)   D.交

③A.笛卡尔积   B.并   C.差   D.交(√)

(9)在关系代数的专门关系运算中,从表中取出满足条件的属性的操作称为(①);从表中选出满足某种条件的元组的操作称为(②);将两个关系中具有共同属性值的元组连接到一起构成新表的操作称为(③)。

①A.选择   B.投影(√)   C.连接   D.扫描

②A.选择(√)   B.投影   C.连接   D.扫描

③A.选择   B.投影   C.连接(√)   D.扫描

(10)自然连接是构成新关系的有效方法。一般情况下,当对关系 R 和 S 使用自然连接时,要求 R 和 S 含有一个或多个共有的( )。

A.元组   B.行   C.记录   D.属性(√)

(11)如图 6-2 所示,两个关系 $R1$ 和 $R2$,要得到 $R3$,它们需要进行的运算是( )。

R1

A	B	C
A	1	X
C	2	Y
D	1	y

R2

D	E	M
1	M	I
2	N	J
5	M	K

R3

A	B	C	D	E
A	1	X	M	I
C	1	Y	M	I
C	2	y	N	J

图6-2 题(11)图

A.交   B.并   C.笛卡尔积   D.连接(√)

(12)设有属性 A、B、C、D，以下表示中不是关系的是(　　　)。

A. R(A)　　　　　　　　　　　　B. R(A，B，C，D)

C. R(A×B×C×D)(√)　　　　　　D. R(A，B)

(13)关系运算中花费时间可能最长的运算是(　　　)。

A. 投影　　　　　B. 选择　　　　　C. 笛卡尔积(√)　　　D. 除

(14)关系模式的任何属性(　　　)。

A. 不可再分(√)　　　　　　　　　B. 可再分

C. 命名在该关系模式中可以不唯一　D. 以上都不是

(15)在关系代数运算中，五种基本运算为(　　　)。

A. 并、差、选择、投影、自然连接　　B. 并、差、交、选择、投影

C. 并、差、选择、投影、乘积(√)　　D. 并、差、交、选择、乘积

(16)关系数据库用 ① 来表示实体之间的联系，其任何检索操作的实现都是由 ② 三种基本操作组合而成的。

①A. 层次模型　　　　　　　　　　B. 网状模型

C. 指针链　　　　　　　　　　　D. 表格数据(√)

②A. 选择、投影和扫描　　　　　　B. 选择、投影和连接(√)

C. 选择、运算和投影　　　　　　D. 选择、投影和比较

(17)关系数据库中的码是指(　　　)。

A. 唯一能决定关系的字段　　　　B. 不可改动的专用保留字

C. 关键的很重要的字段　　　　　D. 能唯一标识元组的属性或属性集合(√)

(18)设有关系 R，按条件 f 对关系 R 进行选择，正确的是(　　　)。

A. R'R　　　　B. R∨R　　　　C. f(R)(√)　　　　D. F(R)

(19)在关系数据模型中，通常可以把 ① 称为属性，把 ② 称为关系模式。常用的关系运算是关系代数和 ③ 。在关系代数中，对一个关系作投影操作后，新关系的元组个数 ④ 原来关系的元组个数。用 ⑤ 形式表示实体类型和实体间的联系是关系模型的主要特征。

①A. 记录　　　　B. 基本表　　　　C. 模式　　　　D. 字段(√)

②A. 记录　　　　B. 记录类型(√)　C. 元组　　　　D. 元组集

③A. 集合代数　　B. 逻辑演算　　　C. 关系演算(√)　D. 集合演算

④A. 小于　　　　B. 小于或等于(√)　C. 等于　　　　D. 大于

⑤A. 指针　　　　B. 链表　　　　　C. 码　　　　　D. 表格(√)

(20)关系数据库中可命名的最小数据单位是(　　　)。

A. 属性名(√)　　B. 关系名　　　　C. 字节　　　　D. 位

(21)关系代数中，从两个关系中找出相同元组的运算称为(　　　)运算。

A. 交(√)　　　　B. 并　　　　　　C. 补　　　　　D. 差

(22)关系代数是用对关系的运算来表达查询的，而关系演算是用(　　　)来查询的。

A. 域关系　　　　　　　　　　　B. 元组关系

C. 谓词表达(√)　　　　　　　　D. 比较关系

(23)已知系(系编号，系名称，系主任，电话，地点)和学生(学号，姓名，性别，入学

日期,专业,系编号)两个关系,学生关系的主码和外码是(　　)。

A.专业、系编号　　　　　　　　B.系名称、姓名

C.系编号、学号　　　　　　　　D.学号、系编号(√)

(24)E-R 数据模型一般在数据库设计的(　　)阶段使用。

A.需求分析　　　B.物理设计　　　C.逻辑设计　　　D.概念设计(√)

2. 多选题

(1)一个关系模式的定义主要包括(　　)。

A.关系名(√)　　　　　　　　B.属性名(√)

C.属性类型与长度(√)　　　　　　D.码(√)

(2)关系代数运算中,传统的集合运算有(　　)。

A.笛卡尔积(√)　　B.并(√)　　　　C.交(√)　　　　D.差(√)

(3)关系代数运算中,基本的运算有(　　)。

A.并(√)　　　　B.差(√)　　　　C.笛卡尔积(√)　　D.投影(√)

E.选择(√)

(4)关系代数运算中,专门的关系运算有(　　)。

A.选择(√)　　　　B.投影(√)　　　　C.连接(√)　　　　D.比较

(5)关系数据库中基于数学上的两类运算是(　　)。

A.矩阵变换　　　　　　　　　B.微分运算

C.关系代数(√)　　　　　　　　D.关系演算(√)

(6)关系代数是用对关系的运算来表达查询的,关系演算可分为(　　)。

A.耦合关系演算　　　　　　　　B.元组关系演算(√)

C.域关系演算(√)　　　　　　　　D.比较关系演算

(7)数据模型是用来描述数据库的结构和语义的,数据模型可分为(　　)。

A.物理数据模型　　　　　　　　B.概念数据模型(√)

C.结构数据模型(√)　　　　　　　D.虚拟数据模型

(8)数据库设计的几个步骤(　　)。

A.需求分析(√)　　　　　　　　B.概念设计(√)

C.逻辑设计(√)　　　　　　　　D.物理设计(√)

F.编码和调试(√)

3. 判断题

(1)关系操作的特点是集合操作。(√)

(2)一个关系模式的定义格式为:关系名(属性名 1, 属性名 2, …, 属性名 n)。(√)

(3)关系模式是关系的框架,相当于记录格式。(√)

(4)在一个实体表示的信息中,能唯一标识实体的属性或属性组称为码。(√)

(5)传统的集合"并、交、差"运算施加于两个关系时,这两个关系的属性个数必须相等,相对应的属性值可以不取自同一个域。(　　)

(6)"为哪些表,在哪些字段上,建立什么样的索引?"这一设计内容应该属于数据库物理设计阶段。(√)

项目七
计算机新技术

任务一　云计算

本任务涉及的知识点及考点：云计算的基本概念；云计算的主要应用行业和典型场景；云计算的部署模式（公有云、私有云、混合云）；云计算的服务交付模式（基础设施即服务、平台即服务和软件即服务）。

一、重点知识精讲

1. 云计算的定义

云计算（cloud computing）是一种无处不在、便捷且按需对共享的可配置计算机资源进行网络访问的模式。它将分布式计算、并行计算、网络存储、虚拟化、负载均衡等技术融合，将互联网上的资源整合成一个具有强大计算能力的系统，并借助商业模式把强大的计算能力分发到用户手中。简单来说，云计算就是通过互联网提供计算服务的（包括服务器、存储、数据库、网络、软件、分析和智能）。

云计算的"云"是服务模式和技术的形象说法，其实就是互联网上成千上万资源汇聚的资源池，并以动态按需和可度量的方式向用户提供服务，用户只需通过网络发送服务请求，云端资源就会通过高速计算将结果返回给用户，客户端只需少量的管理即可享受高效的服务。

2. 云计算的主要目标

云计算的主要目标就是资源最大化的集约化利用、个性化按需提供特色服务、网络化可扩展的运营模式。

3. 云计算的主要特点

云计算的主要特点包括超大规模、虚拟化、高可靠性、通用性、高可扩展性、按需服务、廉价性和潜在的危险等。

二、典型例题精解

1. 单选题

云计算是一种按使用量付费的模式，这种模式提供可用的、便捷的、按需的网络访问，提供可配置的（　　）。

A. 计算资源共享池　　　　　　　　B. 工作群组

C. 用户端共享资源　　　　　　　　D. 服务提供商共享资源

【答案】A

【解析】在云计算场景下，通过虚拟化技术将物理硬件虚拟化，形成计算资源池，用户可以从该资源池中获取想要的资源和服务。

2. 多选题

（1）计算的基本特征有（　　）。

A. 按需自助　　　　B. 网络访问　　　　C. 资源池化　　　　D. 服务计量

【答案】ABCD

【解析】云计算的基本特征包括按需自助、网络访问、资源池化、快速弹性和服务计量。按需自助指的是用户可以根据自己的需要自行获取和使用云计算资源，而无须与服务提供商进行人工交互；网络访问指的是用户可以通过互联网访问云计算资源；资源池化指的是服务提供商将多个物理和虚拟资源聚合成一个资源池，供多个用户共享使用；快速弹性指的是云计算资源可以根据用户的需求快速扩展或缩减；服务计量指的是云计算服务提供商根据用户实际使用的资源量进行计费。

（2）云计算在企业中的应用场景主要包括（　　）。

A. 数据存储与备份　　　　　　　　B. 应用程序托管

C. 全面管理企业业务　　　　　　　D. 高性能计算

【答案】ABD

【解析】云计算在企业中的应用场景包括数据存储与备份、应用程序托管、高性能计算、Web应用和移动应用等。企业可以将大量的数据存储在云端，实现数据的备份和恢复。同时，企业还可以将应用程序托管在云端，降低硬件和软件的维护成本。云计算还可以提供高性能计算服务，满足企业对于大规模计算资源的需求。Web应用和移动应用也可以利用云计算提供的资源进行部署和运行。

（3）云计算安全问题主要包括（　　）。

A. 经济安全　　　　　　　　　　　B. 数据安全

C. 虚拟化安全　　　　　　　　　　D. 身份认证

【答案】BCD

【解析】云计算安全问题主要包括数据安全、身份认证与访问控制、虚拟化安全、网络安全和合规性等。数据安全是云计算安全的核心问题，包括数据的保密性、完整性和可用性等；身份认证与访问控制是保证云计算资源只能被授权用户访问的重要措施；虚拟化安全是指在虚拟化环境下保障虚拟机之间的隔离和安全；网络安全是指保护云计算网络环境的安全，防止网络攻击和数据泄露；合规性是指云计算服务提供商需要遵守相关法律法规和行业标准，确保云计算服务的安全性和合规性。

2. 判断题

从云计算的服务模式分类，可分为 IaaS、PaaS 和 SaaS。（　　　）

【答案】√

【解析】从云计算的服务模式分类，可将云计算分为：基础设施即服务（IaaS）、平台即服务（PaaS）和软件即服务（SaaS）。IaaS 是指提供虚拟化计算资源的服务，包括服务器、存储设备、网络设备等；PaaS 是指提供应用程序开发和运行环境的服务，包括数据库、Web 服务器、开发工具等；SaaS 是指提供完整的软件应用程序的服务，用户无须购买和维护软件，只需通过网络访问即可使用。

任务二　大数据

本任务涉及的知识点及考点：大数据的基本概念、结构类型和核心特征；大数据的时代背景、应用场景和发展趋势；大数据应用中面临的常见安全问题和风险，以及大数据安全防护的基本措施、相关法律法规。

一、重点知识精讲

1. 大数据的基本概念

所谓大数据是指所涉及的海量数据量，规模无法通过主流软件工具在合理时间内进行采集、管理、处理、分析的数据集合。

大数据的意义不在于掌握庞大的数据信息，而是对海量数据进行专业化的挖掘，从中提取有价值的信息并加以运用。面向大数据挖掘主要包括两个方面的要求，一方面是实时性，对海量数据需要实时分析并快速反馈结果；另一方面是准确性，要从海量的数据中精准提取出隐含在其中的有价值信息，再将信息转化为有组织的知识加以分析，并应用到现实生活中。

2. 大数据的结构类型

大数据包括结构化、半结构化和非结构化数据。非结构化数据越来越成为数据的主要部分。

（1）结构化数据通常是指用关系数据库方式记录的数据，数据按表和字段进行存储，字段之间相互独立。

（2）半结构化数据是指以自描述的文本方式记录的数据，由于自描述数据无须满足关系数据库中那种非常严格的结构和关系，在使用过程中非常方便，很多网站和应用访问日志都采用这种格式，网页本身也是这种格式。

（3）非结构化数据通常是指语音、图片、视频等格式的数据。这类数据一般按照特定应用格式进行编码，数据量非常大，且不能简单地转换成结构化数据。

二、典型例题精解

1. 单选题

(1)从数据产生速度来看,传统数据采集的数据几乎都是由人操作生成的,(　　)机器生成数据的效率。

A. 远远快于　　　　　　　　　　　B. 等于

C. 远远慢于　　　　　　　　　　　D. 无法确定

【答案】C

【解析】传统数据采集的效率远远低于机器生成数据的效率。

(2)大数据在哪个领域的应用是最为成熟的(　　)。

A. 教育领域　　　　　　　　　　　B. 商业领域

C. 医疗领域　　　　　　　　　　　D. 智慧城市领域

【答案】B

【解析】目前,大数据在商业领域的应用是最为成熟的。这主要有两个原因:第一个原因是商业领域变现更快,大数据能够快速、直接地体现出来价值;另外一个原因是商业领域产生的数据量非常庞大,消费者的行为都会成为对企业非常有价值的数据来源,这也让大数据能够在商业领域落地有了非常扎实的基础。

(3)关于大数据对人类思维的影响,不正确的是(　　)。

A. 从"流程"核心转变为"数据"核心　　B. 由关注相关性转变为因果关系

C. 从抽样转变为需要全部数据样本　　D. 从关注精确性转变为关注效率

【答案】B

【解析】大数据的四个特征带来了新的思维方式,分别是全部数据样本而非抽样、效率而非精确、相关而非因果。

(4)数据采集中数据包括 RFID 数据、(　　)、社交网络交互数据及移动互联网数据等海量数据。

A. 智能设备　　　　　　　　　　　B. 传感器数据

C. 温湿度数据　　　　　　　　　　D. 日志

【答案】B

【解析】数据采集中数据包含各种传感器数据。

2. 多选题

关于大数据特征描述正确的是(　　)。

A. 数据量大　　　　　　　　　　　B. 数据价值密度低

C. 数据类型多样　　　　　　　　　D. 数据产生处理速度快

【答案】ABCD

【解析】大数据的四个特点,包括四个层面:第一,数据体量巨大,从 TB 级别跃升到 PB 级别;第二,数据类型繁多;第三,处理速度快;第四,价值密度低,商业价值高。以视频为例,连续不间断监控过程中,可能有用的数据仅有一两秒。

3. 判断题

(1)在执行下载任务时,离线浏览器不需要限定目标。( )

【答案】×

【解析】在执行下载任务时离线浏览器需要限定目标。

(2)异常数据都是需要删除处理的。( )

【答案】×

【解析】该表述错误,如何判定和处理异常值,需要结合实际。

任务三 物联网

本任务涉及的知识点及考点:物联网的概念、应用领域和发展趋势;物联网和其他技术的融合,例如,物联网与大数据技术、物联网与人工智能技术等;物联网感知层、网络层和应用层的三层体系结构,每层在物联网中的作用。

一、重点知识精讲

1. 物联网的概念

物联网即万物互联的互联网,是在互联网的基础上,通过 RFID、传感器、全球定位系统、激光扫描器等信息传感设备,按约定的协议将任何物体与网络连接,进行信息交换和通信,以实现智能化识别、定位、跟踪、监控和管理的一种网络。

2. 物联网的特征

物联网的特征包括全面感知、可靠传输和智能处理。

(1)全面感知。

全面感知是指利用 RFID、传感器、定位器等工具,随时随地获取和采集物体的信息。物体感知是物联网识别、采集信息的主要来源,它将现实世界的各类信息通过技术转化为可处理的数据。不同种类的采集设备获取的数据内容和数据格式不同,例如,摄像头获取视频数据,温度传感器感应温度,GPS 获取物体的地理位置。

(2)可靠传输。

可靠传输是指通过无线网络和有线网络的融合,对获取的感知数据进行实时远程传递,实现信息的共享和交互。由于采集到的数据是海量的,因此,传输过程中要保证数据的准确性和实时性。

(3)智能处理。

智能处理是指利用云计算、数据挖掘、模糊识别等人工智能技术,对接收的海量信息进行分析和处理,实现对物体的智能化管理、应用和服务。

3. 物联网的体系结构

物联网的体系结构主要有感知层、网络层和应用层三个层次,体现了物联网的三个基本特征。

(1)感知层。

物联网的感知层是实现物联网全面感知的基础。以 RFID 技术、摄像头、传感器等为主，通过传感器收集设备信息，利用 RFID 技术对射频卡或电子标签进行读写，实现对现实世界的智能识别和信息采集。例如，汽车能够显示剩余的汽油量，主要是由于有检测汽油液面高度的传感器。

(2)网络层。

物联网的网络层负责将收集的信息安全无误地传输给应用层。网络层由互联网、移动通信网、有线通信网、云计算、专用网络和网络管理系统组成。

(3)应用层。

物联网的应用层是物联网的智能层，将传输来的数据进行分析和处理，实现对物体的智能化控制。应用层为用户提供丰富的特定服务，用户也可以通过终端在应用层定制自己需要的服务，如查询信息、监测数据及操控设备等。

二、典型例题精解

1. 单选题

目前，物联网技术在(　　　)等领域得到了较好的应用。

A. 环境保护　　　　　　　　　　B. 社区服务

C. 商务金融　　　　　　　　　　D. 情感交流

【答案】ABC

【解析】物联网应用领域很广，几乎可以涵盖各行各业。目前在环境保护、社区服务、商务金融等方面，例如"移动支付""移动购物""手机钱包""手机银行""电子机票"等，前景广阔可观，应用潜力巨大，无论是服务经济市场，还是国家战略需要，物联网都能占据重要地位；其在情感交流方面的技术还处于探索阶段，更谈不上应用。

2. 多选题

(1)物联网的体系结构主要有(　　　)。

A. 感知层　　　　B. 网络层　　　　C. 应用层　　　　D. 核心层

【答案】ABC

【解析】物联网的体系结构主要有感知层、网络层和应用层。网络层包括无线传感网、移动通信网、互联网、信息中心、网管中心等；感知层一般包括 RFID 感应器、传感器网关、接入网关、RFID 标签、传感器节点、智能终端等；软件应用层是为了管理、维护物联网以及为完成用户的某种特定任务而编写的各种程序的总和。

(2)分析物联网的关键技术和应用难点有(　　　)。

A. RFID　　　　　　　　　　　　B. 传感技术

C. 数据安全问题　　　　　　　　D. IP 地址问题

【答案】ABCD

【解析】物联网关键技术为 RFID、无线网络技术、传感技术、人工智能技术；应用难点在于技术标准问题、数据安全问题、IP 地址问题、终端问题。

任务四　人工智能

本任务涉及的知识点及考点：人工智能的定义、基本特征和社会价值；人工智能的发展历程及其在互联网与各传统行业中的典型应用和发展趋势；人工智能在社会应用中面临的伦理、道德和法律问题。

一、重点知识精讲

1. 人工智能的概念

人工智能(artificial intelligence，AI)是研究、开发用于模拟、延伸和扩展人的智能的理论、方法、技术及应用系统的一门技术科学，其目标是生产出能以与人类智能相似的方式做出反应的智能机器。

2. 人工智能的关键技术

人工智能的关键技术主要包括机器学习、计算机视觉、生物特征识别、自然语言处理和语音识别等。

二、典型例题精解

1. 单选题

(1)晚自习下课后，小明同学回到家，喊了一句"嘿Siri，打开大灯"，客厅的灯就立刻亮了起来，这里用到了什么技术(　　)。

A. 手写识别技术　　　　　　　　B. 语音识别技术

C. 机器学习技术　　　　　　　　D. 指纹识别技术

【答案】B

【解析】本题主要考查人工智能技术的应用。人工智能研究包括机器人、语音识别、图像识别、自然语言处理和专家系统等。小明同学晚自习回到家，喊了一句"嘿Siri，打开大灯"，客厅的灯就立刻亮了起来。这里用到了语音识别技术，故本题选B。

(2)使用微信扫描二维码时，获取信息。这主要应用了人工智能技术的(　　)。

A. 模式识别　　　　　　　　　　B. 智能代理

C. 机器博弈　　　　　　　　　　D. 机器翻译

【答案】A

【解析】本题主要考查人工智能技术的应用。人工智能研究包括机器人、语言识别、图像识别、自然语言处理和专家系统等。使用微信扫描二维码获取了信息，这主要应用了人工智能技术的模式识别，故本题选A。

(3)现在很多智能手机提供了语音输入功能，从而大大提高了汉字输入的速度。语音输入法主要运用的技术是(　　)。

A.机器翻译　　　　B.多媒体　　　　C.模式识别　　　　D.专家系统

【答案】C

【解析】本题主要考查人工智能技术的应用。语音输入法主要应用的技术是语音识别技术,属于人工智能的模式识别技术,故本题选C。

(4)怎么判定机器是否具备智能,最早提出的测试方法是(　　　)。

A.机器学习　　　　B.吴氏方法　　　　C.图灵测试　　　　D.人机对弈

【答案】C

【解析】本题主要考查对人工智能技术的描述。图灵测试(Turing test)由艾伦·麦席森·图灵进行多次测试后,如果机器让每个参与者做出超过30%的误判,那么这台机器就通过了测试,并被认为具有人类智能。故本题选C选项。

(5)以下实际生活场景中:①疫情防控期间,进入公共场所通过"人脸识别登录验证"申领核酸码;②智能手机打电话;③Windows10系统中集成了个人智能助理"Cortana",它可以与用户对话并理解语义,与用户交互;④驾驶搭载自动驾驶技术的汽车;⑤利用打印机打印文稿。其中涉及人工智能技术的是(　　　)。

A.①③④　　　　　　　　　　B.①②④

C.③⑤　　　　　　　　　　　D.①②③④⑤

【答案】A

【解析】本题主要考查人工智能技术。人工智能的研究主要包括机器人、语音识别、图像识别、自然语言处理和专家系统等,①③④分别应用了人工智能模式识别技术,②⑤没有涉及人工智能技术,故本题选A。

(6)下列应用中采用了人工智能技术的是(　　　)。

A.手机采用人脸识别技术解锁

B.网络课堂直播时老师与学生进行实时语音交流

C.采用5G+8K实时直播2019年乌镇互联网大会过程

D.用Word的"拒绝修订"功能,自动恢复修订内容

【答案】A

【解析】本题考查的是人工智能。人工智能:用机器来完成某些需要人类智慧才能完成的任务。主要有以下两类:①模式识别,如指纹识别、语音识别、光学字符识别、手写识别等;②机器翻译,利用计算机把一种自然语言转换成另一种自然语言,如中英文互译。手机采用人脸识别技术解锁,利用了人工智能的模式识别技术。故选项A正确。

(7)小丽的爸爸为自家大门安装了智能锁,家人可以通过指纹、语音、人脸识别等方式解锁进入屋内。这主要应用的人工智能技术是(　　　)。

A.模式识别　　　　　　　　　B.计算机博弈

C.机器翻译　　　　　　　　　D.智能代理

【答案】A

【解析】本题主要考查人工智能技术。人工智能研究包括机器人、语音识别、图像识别、自然语言处理和专家系统等。通过指纹、语音识别、人脸识别等方式解锁进入屋内,这主要应用的人工智能技术是模式识别。故本题选A。

2. 多选题

（1）下列选项中，属于人工智能技术范畴的是（　　　）。

A. 手机的人脸识别解锁技术

B. 使用在线翻译技术，将场景中的日文翻译成中文。

C. 与好友在微信中视频聊天

D. AlphaGo 击败世界围棋冠军李世石。

【答案】ABD

【解析】本题主要考查人工智能技术的应用。人工智能研究包括机器人、语音识别、图像识别、自然语言处理和专家系统等，与好友在微信中视频聊天不属于人工智能技术范畴。故本题选 ABD。

（2）下列关于图灵测试的说法正确的是（　　　）。

A. 图灵测试是测试机器是否具有智能的唯一的方法。

B. 图灵测试在测试人与被测试者（一个人和一台机器）隔开的情况下，通过装置（如键盘）向被测试者随意提问，测试者根据回答判断被测试者是人还是机器。

C. 图灵测试由"现代计算机理论之父"图灵提出。

D. 一台机器通过问答的方式能通过图灵测试，不代表这台机器能具备像人一样的心智。

【答案】BCD

【解析】本题主要考查对图灵测试的描述。图灵测试不是测试机器是否具有智能的唯一的方法；图灵测试在测试人与被测试者（一个人和一台机器）隔开的情况下，通过装置（如键盘）向被测试者随意提问，测试者根据问答判断被测试者是人还是机器。图灵测试由"计算机科学之父"图灵提出，通过问答的方式能通过图灵测试，不代表这个机器能具备像人一样的心智。故本题选 BCD。

（3）下列属于人工智能技术应用范畴的是（　　　）。

A. 使用 OCR 软件识别文字　　　　B. 汉字语音输入系统

C. 使用文字翻译软件翻译外文　　　D. 与同学下棋

【答案】ABC

【解析】本题主要考查人工智能技术。人工智能研究包括机器人、语言识别、图像识别、自然语言处理和专家系统等。使用 OCR 软件识别文字、汉字语音输入系统、使用文字翻译软件翻译外文均属于人工智能技术。故本题选 ABC。

（4）AI 的英文缩写错误的是（　　　）。

A. artificial intelligence　　　　B. automatic intelligence

C. automatic information　　　　D. artificial information

【答案】BCD

【解析】本题考查的是人工智能。人工智能的英文：artificial intelligence，缩写为 AI。故本题应选 BCD。

阶段知识检测

1. 单选题

(1) 以下哪一个是物联网在个人用户的智能控制类应用(   )。

A. 精细农业   B. 医疗保险   C. 智能交通   D. 智能家居(√)

(2) 云计算是对(   )技术的发展与应用。

A. 并行计算   B. 网格计算

C. 分布式计算   D. 以上三个选项都对(√)

(3) 数字传输通常比模拟传输能获得更高的信号质量, 这是因为(   )。

A. 中继器再生数字脉冲, 去掉了失真; 而放大器放大模拟信号的同时也放大了失真(√)

B. 数字信号比模拟信号小, 而且不易失真

C. 模拟信号是连续的, 不容易失真

D. 数字信号比模拟信号采样容易

(4) 下列存储方式哪一项不是物联网数据的存储方式(   )。

A. 停车诱导系统   B. 实时交通信息服务(√)

C. 智能交通管理系统   D. 车载网络

(5) 智能家居的核心特性是(   )。

A. 高享受、高智能   B. 高效率、低成本(√)

C. 安全、舒适   D. 智能、低成本

(6) 节点节省能量的最主要方式是(   )。

A. 休眠机制(√)   B. 拒绝通信

C. 停止采集数据   D. 关闭计算模块

(7) 以下哪个智能农业的应用, 是基于物联网的智能控制管理系统, 主要包括水质监测、环境监测、视频监测、远程控制、短信通知等功能(   )。

A. 智能温室   B. 节水灌溉

C. 智能化培育控制   D. 水产养殖环境监控(√)

(8) (   )是指人民大众的生命、健康和财产安全, 它包括自然灾害(如地震、洪涝等)、技术灾害(如交通事故、火灾、爆炸等)、社会灾害(如骚乱、恐怖主义袭击等)和公共卫生事件(如食品、药品安全和突发疫情等)等几个方面。

A. 社会安全   B. 公共安全(√)

C. 国家安全   D. 网络安全

(9) 有几栋建筑物, 周围还有其他电力电缆, 若需将这几栋建筑物连接起来构成骨干型园区网, 则采用(   )比较合适。

A. 非屏蔽双绞线   B. 屏蔽双绞线

C. 同轴电缆(√)   D. 光缆

(10) 下列四项中, 哪一项不是传感器节点内数据处理技术(   )。

A.传感器节点数据预处理　　　　B.传感器节点定位技术

C.传感器节点信息持久化存储技术　　D.传感器节点信息传输技术(√)

(11)在传感器节点定位技术中，下列哪一项不是使用全球定位系统技术定位的缺点（　　）。

A.只适合于视距通信的场合　　　B.用户节点通常能耗高、体积大且成本较高

C.需要固定基础设施　　　D.实时性不好，抗干扰能力弱(√)

(12)以下不属于物联网关键技术的是（　　）。

A.全球定位系统　　　　B.视频车辆检测

C.移动电话技术　　　　D.有线网络(√)

(13)以下不属于智能交通实际应用的是（　　）。

A.不停车收费系统　　　　B.先进的车辆控制系统

C.探测车辆和设备(√)　　　　D.先进的公共交通系统

(14)智能与绿色建筑将环保技术、节能技术、（　　）、网络技术渗透到居民生活的各个方面，即用最新的理念、最先进的技术和最快的速度去解决生态节能与居住舒适度问题。

A.信息技术(√)　　　　B.安全技术

C.智能技术　　　　D.监控技术

(15)智能建筑的四个基本要素是（　　）。

A.结构、系统、网络和管理　　　B.结构、系统、服务和管理(√)

C.架构、智能、管理和网络　　　D.服务、管理、架构和系统

(16)下列哪项说法是正确的（　　）。

A.越多的节点休眠越好

B.越少的节点休眠越好

C.过多的节点休眠会导致网络性能急剧下降(√)

D.区域内布置的节点越多越好

(17)下列哪一选项不是典型的物联网节点（　　）。

A.计算机(√)　　　　B.汇聚和转发节点

C.远程控制单元　　　　D.传感器

(18)（　　）是用来检测被测物中氢离子浓度，并将其转换成相应的可用输出信号的传感器，通常由化学部分和信号传输部分构成。

A.温度传感器　　　　B.湿度传感器

C.PH值传感器(√)　　　　D.离子传感器

(19)智能农业系统的总体架构分为：农作物生长数据采集系统、（　　）、农作物预测与决策支持系统和现代农业技术公共服务平台四部分。

A.智能安全监测系统　　　B.农作物种植知识库系统(√)

C.农业施肥专家咨询系统　　　D.智能农业自动灌溉系统

(20)面向智慧医疗的物联网系统大致可分为终端及感知层、延伸层、应用层和（　　）。

A.传输层　　　B.接口层　　　C.网络层(√)　　　D.表示层

(21)物联网在物流领域的应用,催生出了许多智能物流方面的应用,以下哪一项不属于其在智能物流方面的应用(   )。

A.智能海关   B.智能邮政

C.智能配送   D.智能交通(√)

(22)智能物流的首要特征是(   ),其理论基础是(   )。

A.共享化;无线传感器网络技术   B.共享化;人工智能技术

C.智能化;人工智能技术(√)   D.智能化;无线传感器网络技术

(23)在生产、加工及销售的各个环节中,对食品、饲料、食用动物及有可能成为食品或饲料组成成分的所有物质的可追溯或追踪能力,称为(   )。

A.食品跟踪性   B.食品可追溯性(√)

C.食品控制性   D.食品监测性

(24)云计算就是把计算资源都放在(   )上。

A.对等网   B.因特网(√)   C.广域网   D.无线网

(25)微软于2008年10月推出云计算操作系统是(   )。

A.GoogleAppEngine   B.蓝云

C.Azure(√)   D.EC2

(26)虚拟化资源指一些可以实现一定操作,具有一定功能,但其本身是(   )的资源,如计算池、存储池、网络池和数据库资源等,通过软件技术来实现相关的虚拟化功能,包括虚拟环境、虚拟系统、虚拟平台。

A.虚拟(√)   B.真实   C.物理   D.实体

(27)云计算是对(   )技术的发展与运用。

A.并行计算   B.网格计算

C.分布式计算   D.三个选项都是(√)

(28)(   )在许多情况下,能够达到99.999%的可用性。

A.虚拟化   B.分布式   C.并行计算   D.集群(√)

(29)下列哪个特性不是虚拟化的主要特征(   )。

A.高扩展性   B.高可用性

C.高安全性   D.实现技术简单(√)

(30)(   )是公有云计算基础架构的基石。

A.虚拟化   B.分布式(√)   C.并行   D.集中式

(31)与网络计算相比,不属于云计算特征的是(   )。

A.资源高度共享   B.适合紧耦合科学计算(√)

C.支持虚拟机   D.适用于商业领域

(32)云计算按服务类型大致分为三类,下列(   )不属于这三种服务类型。

A.IaaS   B.PaaS   C.DaaS(√)   D.SaaS

(33)关于一致性哈希算法,描述错误的是(   )。

A.求出设备节点的哈希值,按逆时针方向将设备配置到环上的一个点(√)

B.计算数据对象键的哈希值,按顺时针方向将其存放到哈希环上标记值大于其哈希值的离其最近的设备节点

C.添加或删除设备节点时只会影响到其在哈希环上顺时针方向上标记值大于其哈希值的离它最近的设备节点

D.大大降低在添加或删除节点时引起的节点间的数据传输开销

(34)关于服务器虚拟化的底层实现,描述不正确的是(　　)。

A.计算资源虚拟化包括 CPU、GPU、ROM 的虚拟化(√)

B.GPU 比 CPU 有更高的并行性,更适合于海量数据的并行计算

C.内存虚拟化实现将客户的虚拟地址转换为物理机的机器地址

D.由于 I/O 设备的异构性和多样性,I/O 设备的虚拟化实现更加复杂和困难

(35)关于桌面镜像,描述不正确的是(　　)。

A.每个桌面镜像就是一个带有应用程序的操作系统

B.通过桌面镜像启动的云桌面,一模一样,用户不能进行自己的个性化配置(√)

C.通过桌面镜像,用户可以快速启动自己的云桌面

D.对桌面进行升级,只需修改桌面镜像,高效方便

(36)某超市研究销售记录数据后发现,买啤酒的人很大概率也会购买尿布,这种属于数据挖掘的哪类问题(　　)。

A.关联规则发现(√)　　　　　　　　B.聚类

C.分类　　　　　　　　　　　　　　D.自然语言处理

(37)数据挖掘通常与计算机科学有关,并通过下列(　　)等诸多方法来实现从大量的数据中搜索隐藏于其中的信息目标:①统计;②在线分析处理;③情报检索;④机器学习;⑤专家系统(依靠过去的经验法则)和模式识别

A.①②　　　　B.①②③　　　　C.④⑤　　　　D.①②⑤(√)

(38)物联网概念最早出现于(　　)1995 年《未来之路》一书,在《未来之路》中,比尔·盖茨已经提及物联网概念,只是当时受限于无线网络、硬件及传感设备的发展,并未引起世人的重视。

A.比尔·盖茨(√)　B.冯·诺依曼　　C.香农　　　　D.乔布斯

(39)物联网的定义是通过(　　)等信息传感设备,按约定的协议,把任何物品与互联网相连接,进行信息交换和通信,以实现对物品的智能化识别、定位、跟踪、监控和管理的一种网络。

A.射频识别　　　　　　　　　　　　B.红外感应器

C.全球定位系统和激光扫描器　　　　D.以上都是(√)

(40)SaaS 是(　　)的简称。

A.软件即服务(√)　　　　　　　　B.平台即服务

C.基础设施即服务　　　　　　　　D.硬件即服务

(41)云计算是对(　　)技术的发展与应用。

A.并行计算　　　　　　　　　　　　B.网格计算

C.分布式计算　　　　　　　　　　　D.三个选项都是(√)

(42)IaaS 是(　　)的简称。

A.软件即服务　　　　　　　　　　　B.平台即服务

C.基础设施即服务(√)　　　　　　　D.硬件即服务

(43)( )是公有云计算基础架构的基石。

A. 虚拟化　　　　　　B. 分布式 (√)　　　　C. 并行　　　　　　D. 集中式

(44) PaaS 是( )的简称。

A. 软件即服务　　　　　　　　　　B. 平台即服务(√)

C. 基础设施即服务　　　　　　　　D. 硬件即服务

(45)( )是私有云计算基础架构的基石。

A. 虚拟化(√)　　　B. 分布式　　　　　C. 并行　　　　　　D. 集中式

(46) 云存储的结构模型是( )。

A. 存储层　　　　　　　　　　　　B. 基础管理

C. 应用接口和访问层　　　　　　　D. 上述都是(√)

(47) Google 利用用户在网络上检索的海量关键词,例如与感冒相关的词,结合疾病相关知识,运用数据挖掘模型,判断出流感传播的途径和趋势,为公共卫生决策提供服务。此系统所预测的结果与美国疾病控制中心的预测非常接近。此项研究成果已在《Nature》上发表,Google 将其开发成一套系统,提供全世界随时查询,这是( )的应用实例。

A. 物联网(√)　　B. 云存储　　　　C. 移动互联网　　　D. 大数据

(48) 美国斯坦福大学研制的 MYCIN 系统能识别 51 种病菌,正确使用 23 种抗生素,可协助医生诊断、治疗细菌感染性血液病,为患者提供最佳处方。MYCIN 系统属于人工智能技术中的( )。

A. 模式识别　　　　　　　　　　　B. 远程医疗诊断

C. 专家系统(√)　　　　　　　　　D. 智能代理

(49) 小明同学经常借助在线翻译阅读英文资料,这是应用了人工智能技术中的( )。

A. 机器证明　　　B. 机器翻译(√)　　C. 模式识别　　　　D. 专家系统

(50) 以下应用中,不属于模式识别的是( )。

A. 指纹识别　　　　　　　　　　　B. 人脸识别

C. 图像扫描(√)　　　　　　　　　D. 手写输入

(51) 下列关于语音技术说法中,错误的是( )。

A. 语音技术的关键是语音识别和语音合成

B. 语音识别技术应用了人工智能技术

C. 多媒体技术就是语音技术(√)

D. 语音识别就是使计算机能识别声音

(52) 为了提高安全性,在办公区域安装了指纹识别门禁系统,这是应用了( )。

A. 虚拟现实技术　　　　　　　　　B. 语音技术

C. 多媒体技术　　　　　　　　　　D. 模式识别技术(√)

(53) 在飞行员培训中会采用计算机模拟飞行训练这种形式,其主要应用的技术是( )。

A. 网格计算　　　B. 网络技术　　　　C. 虚拟现实(√)　　D. 智能化社区

(54) 云盘可提供高达 2T 的存储空间,方便存储、共享文件,它采用的核心技术是( )。

A. 多媒体技术　　　B. 纳米技术　　　C. 遥感技术　　　　D. 云存储技术(√)

(55)"深蓝"刚刚诞生时与一般的专业国际象棋选手下棋经常会输,经过一段时间的下棋磨练,它可以战胜国际象棋的世界冠军,这主要归功于"深蓝"计算机应用的人工智能技术(　　)。

A.机器学习(√)　　　　　　　　B.模式识别

C.智能代理　　　　　　　　　　D.可计算认知结构

(56)智能化监狱管理为服刑人员佩戴具有监控其脉搏、血压、热量消耗变化率指标的胸牌,以便在监控中心实时监测服刑人员可能的异常举动,这种"可穿戴"胸牌与监控中心最合理的通信方式是(　　)。

A.Wi-Fi模块与无线路由器(√)　　B.红外模块与红外感应器

C.蓝牙模块与蓝牙接收器　　　　　D.通过串口进行有线通信

(57)网络购物时能方便地查询购买商品的物流信息,物流公司提供了商品各阶段的时间、地点、经办人信息,其获取信息采用的主要技术是(　　)。

A.遥感技术　　　　　　　　　　B.支付技术

C.传感技术　　　　　　　　　　D.电子标签技术(√)

(58)穿戴式智能设备可以满足人们在健身、娱乐等方面的需求。下列叙述中不属于这一类产品的是(　　)。

A.谷歌眼镜　　　　　　　　　　B.健康腕表

C.智能鞋　　　　　　　　　　　D.磁疗项圈(√)

2.多选题

(1)1995年,比尔·盖茨在《未来之路》一书中提及物联网概念,包括(　　)。

A.数字电视(√)　　　　　　　　B.购买冰箱

C.不同的电视广告(√)　　　　　D.全新的数字音乐(√)

(2)云计算的服务类型有(　　)。

A.IaaS(√)　　　B.SaaS(√)　　　C.QaaS　　　　D.PaaS(√)

(3)与一般的电子地图相比较,网络地图的不同特点是(　　)。

A.可以实现动画(√)

B.适时动态更新(√)

C.可以实现图上的长度、角度、面积等的自动化测量(√)

D.用虚拟现实技术将地图立体化、动态化,令用户有身临其境之感(√)

(4)下列哪几种通信技术属于低功耗、短距离的无线通信技术(　　)。

A.广播　　　　　　　　　　　　B.超宽带技术(√)

C.蓝牙(√)　　　　　　　　　　D.Wi-Fi(√)

(5)物联网在物流领域的应用,催生出了许多智能物流方面的应用,以下哪几项属于其在智能物流方面的应用(　　)。

A.智能海关(√)　　　　　　　　B.智能邮政(√)

C.智能配送(√)　　　　　　　　D.智能交通

(6)云计算为最终用户带来的好处包括(　　)。

A.减少了资源的浪费和闲置,降低了用户对软、硬件的投入(√)

B.资源和软件的集中管理维护,降低了对用户系统维护能力的要求(√)

C.使得普通用户能够享受到高端的计算和资源服务,提升了用户的使用体验(√)

D.用户可以无须努力就可以获得需要的知识

(7)一般来说,智慧城市所具备的特征包括(　　　)。

A.实现全面感测,智慧城市包含物联网(√)

B.智慧城市面向应用和服务(√)

C.智慧城市与物理城市融为一体(√)

D.智慧城市能实现自主组网、自维护(√)

(8)物联网数据管理具有以下(　　　)的特点。

A.与物联网支撑环境直接相关(√)

B.数据需在物联网内处理(√)

C.能够处理感知数据的误差(√)

D.查询策略需适应最小化能量消耗与网络拓扑结构的变化(√)

(9)下列选项中哪些属于云计算的特点(　　　)。

A.超大规模(√)　　　　　　　　　　B.虚拟化(√)

C.高可靠性(√)　　　　　　　　　　D.通用性(√)

(10)Google 认为监控系统设计的两个基本要求是(　　　)。

A.广泛可部署性(√)　　　　　　　　B.不间断监控(√)

C.低开销　　　　　　　　　　　　　D.可扩展性

(11)关于改进的一致性哈希算法,正确的有(　　　)。

A.引入了虚拟节点(√)

B.虚拟节点的引入考虑了设备节点的性能差异(√)

C.引入了数据分区(√)

D.一个虚拟节点负责数据分区的数量是随机分配的

(12)传统网络服务模式的缺陷有(　　　)。

A.单台网站服务器可以容纳的访问量有限,当遇到热点事件或遭到攻击时,容易崩溃(√)

B.没有考虑访问者的地域问题(√)

C.不同网络服务提供商服务的用户之间的互访速度也会受到限制(√)

D.只能访问网站的静态内容

(13)虚拟化技术已经成为构建云计算环境的一项关键技术,主要包括(　　　)。

A.服务器虚拟化(√)　　　　　　　　B.存储虚拟化(√)

C.网络虚拟化(√)　　　　　　　　　D.桌面虚拟化(√)

(14)数据中心网络虚拟化分为(　　　)三个方面。

A.核心层网络虚拟化(√)　　　　　　B.接入层网络虚拟化(√)

C.虚拟机网络虚拟化(√)　　　　　　D.边缘层网络虚拟化

(15)虚拟机网络虚拟化主要体现在(　　　)。

A.虚拟网络交换机(√)　　　　　　　B.物理网卡虚拟化(√)

C.CPU 虚拟化　　　　　　　　　　D.RAM 虚拟化

(16)通过云桌面建设的机房相较于基于 PC 建设的机房的优势有(　　　)。

A. 管理维护方便(√)　　　　　　B. 成本低(√)

C. 桌面镜像升级快速方便(√)　　D. 可以满足更多样化的应用需求

3. 判断题

（1）虚拟化技术的核心思想是利用软件或固件管理程序构成虚拟化层，把物理资源映射为虚拟资源。在虚拟资源上可以安装和部署多个虚拟机，实现多用户共享物理资源。（√）

（2）虚拟机隔离是指虚拟机之间在未经授权许可的情况下，互相之间不可通信、不可联系的一种技术。（√）

（3）云计算可以把普通的服务器或 PC 连接起来以获得超级计算机的计算和存储等功能，但是成本更低。（√）

（4）一些智能手机在锁定状态下可以通过人脸识别进行自动解锁，这属于人工智能的模式识别。（√）

（5）现在铁路、民航的售票系统都采用实名制，且可以通过网络、旅行社、售票处预订往返票，极大地方便了旅客的出行，因为其采用的信息资源管理方法是数据库管理。（√）

（6）云计算部署模式包括公有云、私有云和混合云。（√）

（7）网页属于非结构化数据。（　　　）

（8）要满足广泛可部署性的要求，监控系统设计时要达到广泛可部署性设计目标。（　　　）

（9）虚拟交换机可以连多块物理网卡，所以同一块物理网卡可以连多个虚拟交换机。（　　　）

四川省普通高等学校"专升本"大学计算机基础考试题

一、判断题(本大题共 15 小题,每小题 1 分,共 15 分。对的打"√",错的打"×")

1. ENIAC 是世界上第一台计算机。(   )

2. 木马病毒是窃取信息的,通过聊天工具和部件传递。(   )

3. Excel 只能修改水平分页符,不能修改垂直分页符。(   )

4. win+D 是返回桌面(   )

5. 格式刷可以复制字符格式和段落格式。(   )

6. 设置 Word 文档的属性不可以同时为只读和隐藏。(   )

7. 如果某用户记住 Word 文档的打开权限密码,但是忘记修改权限密码,改之后可以另存为新的文档。(   )

8. 在 PPT 中自定义动画的任务窗格中设置的是幻灯片的切换效果(   )

9. 文件夹不能同时设置只读和隐藏。(   )

10. Word 中表格不能排序。(   )

11. 在 PowerPoint 的普通视图的幻灯片窗格中,选中一张幻灯片后,按【Enter】键,可以新建一张幻灯片。(   )

12. 互联网中域名系统和 IP 地址系统是一样的,IP 地址和域名存在一一对应关系。(   )

二、单项选择题(本大题共 20 小题,每小题 1.5 分,共 30 分。从下列 A、B、C、D 四个各选答案中选出一个正确答案填写到答题纸相应位置,多选、错选、未选,该题不得分)

1. Chat GPT、文心一言属于(   )应用。
A. 大数据　　　B. 云计算　　　C. 物联网　　　D. 人工智能

2. 下列存储容量单位最大的是(   )。
A. MB　　　B. GB　　　C. PB　　　D. TB

3. 计算机存储体系由多级存储部件构成,下列部件存取速度最快的是(   )。
A. 硬盘　　　B. 寄存器　　　C. RAM　　　D. cache

4. 将十进制 104 转为二进制(   )。
A. 01100010　　　B. 01101010　　　C. 01101000　　　D. 01101011

5. 分辨率为 640×320 的 24 位真色彩,显示一张照片占用的内存(   )。
A. 550 KB　　　B. 650 KB　　　C. 500 KB　　　D. 600 KB

6. Word 段落的默认对齐方式是(   )。
A. 左对齐　　　B. 右对齐　　　C. 分散对齐　　　D. 两端对齐

7. 一个菜单项包含级联菜单的标识是(   )。
A. √　　　B. ·　　　C. ▶　　　D. …

8. 关于回收站的描述不正确的是(   )。
A. 回收站在硬盘中　　　B. 用户可以自定义大小
C. 所有删除的文件都能还原　　　D. 用【shift】+【Delete】不会放入回收站

9. 剪贴画的默认插入的文字环绕方式( )。

A. 嵌入式 B. 四周型 C. 紧密型 D. 上下型

10. 幻灯片的浏览视图不能实现的操作是( )。

A. 复制个别幻灯片 B. 删除个别幻灯片

C. 查看幻灯片切换效果 D. 编辑个别幻灯片的内容

11. 以下不能表示 A1 到 A5 单元格平均值的是( )。

A. =AVERAGE(A1：A5) B. =SUM(A1：A5)/5

C. =SUM(A1：A5)COUNT(A1：A5) D. =COUNT(A1：A5)

12. 在控制面板中查看、卸载已安装的应用是( )。

A. 设备管理 B. 操作系统

C. 程序和功能 D. 管理资源

13. 在 Internet 中，传输数据时最安全的传输的协议( )。

A. HTTP B. HTTPS C. FTP D. DNS

14. DNS 在 TCP/IP 中工作在( )层。

A. 传输层 B. 接口层 C. 应用层 D. 国际层

15. 计算机键盘上能实现屏幕辅助的功能键是( )。

A.【Esc】 B.【Insert】 C.【PrintScreen】 D.【Backspace】

三、多项选择题(本大题共 5 小题，每小题 2 分，共 10 分。从下列 A、B、C、D 四个备选答案中选出不止一个正确答案填写到答题纸相应位置，多选、错选、未选，该题不得分)

1. 属于我国自主研发的芯片有( )。

A. 麒麟 B. intel C. 龙芯 D. 申威

2. Excel 的图标类型有( )。

A. 散点图 B. 雷达图 C. 柱形图 D. 折线图

3. 中央处理器的组成部分( )。

A. 控制器 B. RAM C. 运算器 D. ROM

4. 电子邮件可以插入( )资源。

A. 图像 B. 文字 C. 视频 D. 音频

5. Word 条件输入"m[！a]s"，查询的可能结果是( )。

A. make B. most C. miss D. mess

四、填空题(本大题共 10 小题，每小题 2 分，满分 20 分，将答案填写在答题纸相应位置)

1. 计算机网络从逻辑功能划分为资源子网和_____。

2. 在 PowerPoint 中，"设置放映方式"对话框中提供了 3 种放映类型，分别是_____、观众自行浏览、在展台浏览。

3. 计算机五大部件分别为：控制器、_____、_____、输入设备，输出设备。

4. 在计算机中，IPv6 的位数为_____。

5. 处理器型号：Intel core i5-1135G7@ 2.40 Ghz 是处理器的_____性能指标。

6. 在 D1 单元格输入公式"=A1+$B1*$C$1"，将 D1 公式复制到 F2 后，F2 的公式为_____。

7. 网络传输介质中速度最快，不受电磁影响的是_____。

8. 二进制、八进制、十六进制由位权、符号集、_____三要素构成。

9. 在 Excel 中，A1 单元格为 2，A2 单元格为 4，同时选中 A1、A2 拖动至 A5 单元格，则 A5 单元格的值为_____。

10. 2 个无符号数 00110001 和 10001100 的和的十六进制数为_____。

五、简答题(本题共 4 小题，1、2 题各 3 分，第 3 题 4 分，第 4 题 5 分，共 15 分，将答案填写在答题纸相应位置)

1. C/S 和 B/S 的区别和特点。

2. 简述 URL 的名称及组成部分。

3. 简述控制器是控制计算机的各个部件；通过控制器计算机实现程序自动控制的过程。

4. 描述关机、睡眠、注销、重启、切换用户。

六、应用设计题(本题共 2 小题，每题各 5 分，共 10 分，填写在答题纸相应位置)

1. 简述分类汇总的步骤。

2. PPT 自动放映中的"添加""删除""确定""上移""下移"按钮什么时候发挥作用(见下图)。

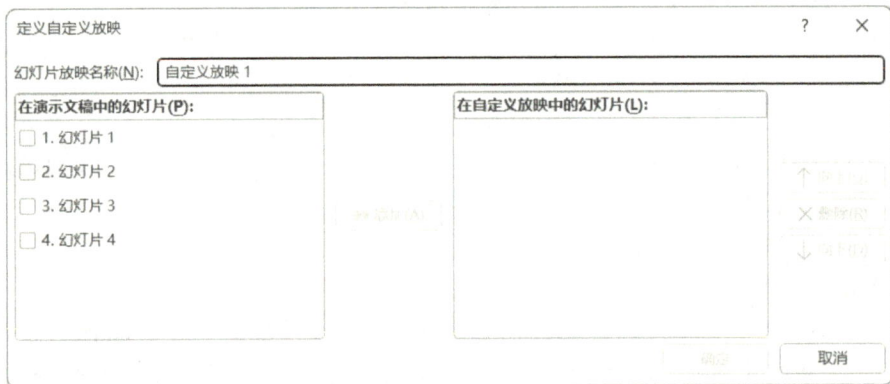

全国计算机等级考试一级考试模拟题

1. 单选题

某次数据传输共传输了 10000000 字节数据，其中有 50 bit 出错，则误码率约为(C)。

A. 5.25 乘以 10 的 -7 次方

B. 5.25 乘以 10 的 -6 次方

C. 6.25 乘以 10 的 -7 次方

D. 6.25 乘以 10 的 -6 次方

(1) 下列逻辑运算规则的描述中，(D) 是错误的。

A. 0 or 0 = 0　　　　B. 0 or 1 = 1　　　　C. 1 or 0 = 1　　　　D. 1 or 1 = 2

(2) 最大的 10 位无符号二进制整数转换成八进制数是(B)。

A. 1023　　　　B. 1777　　　　C. 1000　　　　D. 1024

(3) 一台 P4/1.5G/512MB/80G 的个人计算机，其 CPU 的时钟频率是(B)。

A. 512 MHz　　　　B. 1500 MHz　　　　C. 80000 MHz　　　　D. 4 MHz

(4) 下列各类存储器中，(C) 在断电后其中的信息不会丢失。

A. 寄存器　　　　　　　　　　　　B. Cache

C. Flash　ROM　　　　　　　　　　D. DDR　SDRAM

(5) 下列设备中可作为输入设备使用的是(A)。①触摸屏、②传感器、③数码相机、④麦克风、⑤音箱、⑥绘图仪、⑦显示器。

A. ①②③④　　　　B. ①②⑤⑦　　　　C. ③④⑤⑥　　　　D. ④⑤⑥⑦

(6) 笔记本电脑中，用来替代鼠标器的最常用设备是(C)。

A. 扫描仪　　　　B. 笔输入　　　　C. 触摸板　　　　D. 触摸屏

(7) 程序中的算术表达式，如 $X+Y-Z$，属于高级程序语言中的(B)成分。

A. 数据　　　　B. 运算　　　　C. 控制　　　　D. 传输

(8) 目前最广泛采用的局域网技术是(A)。

A. 以太网　　　　B. 令牌环　　　　C. ARC 网　　　　D. FDDI

(9) 若 CRT 的分辨率为 10241024，像素颜色数为 256 色，则显示存储器的容量至少是(B)。

A. 512 KB　　　　B. 1 MB　　　　C. 256 KB　　　　D. 128 KB

(10) 下列关于信息的叙述错误的是(D)。

A. 信息是指事物运动的状态及状态变化的方式

B. 信息是指认识主体所感知或所表述的事物运动及其变化方式的形式、内容和效用

C. 在计算机信息系统中，信息是对用户有意义的数据，这些数据可能影响到人们的行为与决策

D. 在计算机信息系统中，信息是数据的符号化表示

(11) 从应用的角度看软件可分为两类：一是管理系统资源、提供常用基本操作的软件称为(A)；二是为用户完成某项特定任务的软件称为应用软件。

A. 系统软件   B. 通用软件

C. 定制软件   D. 普通软件

(12)若中文 Windows 环境下西文使用标准 ASCII 码,汉字采用 GB 2312—1980 编码,设有一段简单文本的内码为 CB. F5D0B45043CA. C7D6B8,则在这段文本中,含有(B)。

A. 2 个汉字和 1 个西文字符

B. 4 个汉字和 2 个西文字符

C. 8 个汉字和 2 个西文字符

D. 4 个汉字和 1 个西文字符

(13)在广域网中,每台交换机都必须有一张(D),用来给出目的地址和输出端口的关系。

A. 线性表   B. 目录表

C. FAT 表   D. 路由表

(14)以下关于局域网和广域网的叙述中,正确的是(B)。

A. 广域网只是比局域网覆盖的地域广,它们所采用的技术是相同的

B. 家庭用户拨号入网,既可接入广域网,也可接入局域网

C. 现阶段家庭用户的 PC 只能通过电话线接入网络

D. 个人不允许组建计算机网络

(15)WWW 浏览器和 Web 服务器都遵循(B)协议,该协议定义了浏览器和服务器的网页请求格式及应答格式。

A. TCP   B. HTTP   C. UDP   D. FTP

(16)网络信息安全中,数据完整性是指(C)。

A. 控制不同用户对信息资源的访问权限

B. 数据不被非法窃取

C. 数据不被非法篡改,确保在传输前后保持完全相同

D. 保证数据在任何情况下不丢失

(17)当一个 PowerPoint 程序运行时,它与 Windows 操作系统之间的关系是(A)。

A. 前者(PowerPoint)调用后者(Windows)的功能

B. 后者调用前者的功能

C. 两者互相调用

D. 不能互相调用,各自独立运行

(18)下列关于操作系统处理器管理的说法中,错误的是(D)。

A. 处理器管理的主要目的是提高 CPU 的使用效率

B. 分时是指将 CPU 时间划分成时间片,轮流为多个程序服务

C. 并行处理操作系统可以让多个 CPU 同时工作,提高计算机系统的效率

D. 多任务处理都要求计算机必须有多个 CPU

(19)为了与使用数码相机、扫描仪得到的取样图像相区别,计算机合成图像也称为(C)。

A. 位图图像   B. 3D 图像

C. 矢量图形   D. 点阵图像

（20）移动通信指的是处于移动状态的对象之间的通信，下面的叙述中错误的是（C）。

A. 移动通信始于20世纪20年代初，20世纪70~80年代开始进入个人领域

B. 移动通信系统进入个人领域的主要标志就是手机的广泛使用

C. 移动通信系统由移动台、基站和移动电话交换中心等组成

D. 目前广泛使用的GSM是第三代移动通信系统

（21）目前广泛使用的GSM是为了读取硬盘存储器上的信息，必须对硬盘盘片上的信息进行定位，在定位一个扇区时，不需要以下参数中的（C）。

A. 柱面（磁道）号　　　　　　　　B. 盘片（磁头）号

C. 通道号　　　　　　　　　　　　D. 扇区号

（22）一张CD盘上存储的立体声高保真全频带数字音乐可播放约1小时，则其数据量大约是（B）。

A. 800MB　　　　B. 635MB　　　　C. 400MB　　　　D. 1GB

（23）若关系R和关系S有相同的模式和不同的元组内容，且用"−"表示关系差运算，则R−S和S−R的结果（B）。

A. 相同　　　　　　　　　　　　B. 不相同

C. 有时相同，有时不相同　　　　D. 不可比较

（24）用E−R图可建立E−R概念结构，E−R图中表达的主要内容有（C）。

A. 实体，存储结构，联系　　　　B. 主键，存储结构，联系

C. 实体，属性，联系　　　　　　D. 实体，主键，存储结构

（25）大型信息系统软件开发中常使用的两种基本方法为：软件生命周期法和原型法。在实际应用中，这两种方法之间的关系表现为（B）。

A. 相互排斥　　　　　　　　　　B. 结合使用

C. 必须以后者为主　　　　　　　D. 必须以前者为主

（26）数据库管理系统能对数据库中的数据进行查询、插入、修改和删除等操作，这种功能称为（D）。

A. 数据库控制功能　　　　　　　B. 数据库管理功能

C. 数据定义功能　　　　　　　　D. 数据操纵功能

2. 判断题

（1）在计算机网络中传输二进制信息时，经常使用的速率单位有Kbps、Mbps等。其中，1Mbps = 1000 Kbps。（√）

（2）目前市场上有些PC的主板已经集成了许多扩充卡（如声卡、以太网卡和显示卡）的功能，因此不再需要插接相应的适配卡。（√）

（3）I/O操作的启动需要CPU通过指令进行控制。（　　　）

（4）在使用配置了触摸屏的多媒体计算机时，可不必使用鼠标器。（√）

（5）程序就是算法，算法就是程序。（　　　）

（6）早期的电子技术以真空电子管作为其基础元件。（√）

（7）文档是程序开发、维护和使用所涉及的资料，是软件的重要组成部分之一。（√）

（8）指针是数据对象的地址，指针变量是存放某个数据对象地址的变量。（√）

（9）在脱机（未上网）状态下是不能撰写邮件的，因为发不出去。（　　　）

(10)防火墙是一个系统或一组系统,它可以在企业内网与外网之间提供一定的安全保障。(√)

(11)GBK 是我国继 GB 2312—1980 后发布的又一个汉字编码标准,它不仅与 GB 2312—1980 标准保持兼容,而且还增加了包括繁体字在内的许多汉字和符号。(√)

(12)信息技术与企业管理方法、企业管理技术相结合,产生了各种类型的制造业信息系统。(√)

(13)计算机信息系统的特征之一是它涉及的数据量大,数据一般需存放在辅助存储器(即外存)中。(√)

(14)声卡在计算机中用于完成声音的输入与输出,即输入时将声音信号数字化,输出时重建声音信号。(√)

3. 填空题

(1)CPU 主要由控制器、_____器和寄存器组成。

(2)PC 机的主存储器是由许多 DRAM 芯片组成的,目前其完成一次存取操作所用时间的单位是_____。

(3)IEEE1394 接口又称为 FireWire,主要用于连接需要高速传输大量数据的_____设备。

(4)喷墨打印机的耗材之一是_____,它的使用要求很高,消耗也快。

(5)CRT 显示器的主要性能指标包括:显示屏的尺寸、显示器的_____、刷新速率、像素的颜色数目、辐射和环保。

(6)在域名系统中,每个域可以再分成一系列的子域,但最多不能超过_____级。

(7)在计算机网络中,由_____台计算机共同完成一个大型信息处理任务,通常称这样的信息处理方式为分布式信息处理。

(8)在 Windows 操作系统中,可通过网络邻居把网络上另一台计算机的共享文件夹映射为本地的磁盘,用户可像使用本地磁盘一样,对其中的程序和数据进行存取,这种网络服务称为_____服务。

(9)每块以太网卡都有一个全球唯一的 MAC 地址,MAC 地址由_____字节组成。

(10)彩色显示器的彩色是由 3 个基色 R、G、B 合成得到的,如果 R、G、B 分别用 4 个二进位表示,则显示器可以显示_____种不同的颜色。

(11)IP 地址分为 A、B、C、D、E 五类,若某台主机的 IP 地址为 202.129 10.10,该 IP 地址属于_____类地址。

(12)卫星数字电视和新一代数字视盘 DVD 采用_____作为数字视频压缩标准。

(13)目前为关系数据库配备非过程关系语言最成功且应用最广的语言是_____。

【参考答案】

填空题

(1)运算 (2)微秒 (3)音视频 (4)墨盒 (5)分辨率 (6)45 (7)多 (8)文件 (9)6 (10)4096 (11)C (12)MEPG-2 (13)SQL

全国计算机等级考试一级考试题精选

(1)域名 MH. BIT. EDU. CN 中主机名是(A)。

A. MH　　　　　　B. EDU　　　　　　C. CN　　　　　　D. BIT

(2)下列叙述中,错误的是(B)。

A. 把数据从内存传输到硬盘的操作称为写盘

B. Windows 属于应用软件

C. 把高级语言编写的程序转换为机器语言的目标程序的过程叫编译

D. 计算机内部对数据的传输、存储和处理都使用二进制

(3)计算机安全是指计算机资产安全,即(D)。

A. 计算机信息系统资源不受自然有害因素的威胁和危害

B. 信息资源不受自然和人为有害因素的威胁和危害

C. 计算机硬件系统不受人为有害因素的威胁和危害

D. 计算机信息系统资源和信息资源不受自然和人为有害因素的威胁和危害

(4)组成计算机指令的两部分分别是(B)。

A. 数据和字符　　　　　　　　　B. 操作码和地址码

C. 运算符和运算数　　　　　　　D. 运算符和运算结果

(5)一个完整的计算机系统的组成部分的确切应该是(D)。

A. 计算机主机、键盘、显示器和软件　B. 计算机硬件和应用软件

C. 计算机硬件和系统软件　　　　　D. 计算机硬件和软件

(6)世界上公认的第一台电子计算机诞生的年代是(B)

A. 20 世纪 30 年代　　　　　　　B. 20 世纪 40 年代

C. 20 世纪 80 年代　　　　　　　D. 20 世纪 90 年代

(7)在微机中,西文字符所采用的编码是(B)。

A. EBCDIC 码　　　　　　　　　B. ASCII 码

C. 国标码　　　　　　　　　　　D. BCD 码

(8)把用高级程序设计语言编写的程序转换成等价的可执行程序,必须经过(C)。

A. 汇编和解释　　　　　　　　　B. 编辑和链接

C. 编译和链接　　　　　　　　　D. 解释和编译

(9)modem 是计算机通过电话线接入 Internet 时所必需的硬件,它的功能是(D)。

A. 只将数字信号转换为模拟信号　　B. 只将模拟信号转换为数字信号

C. 为了在上网的同时能打电话　　　D. 将模拟信号和数字信号互相转换

(10)下列关于计算机病毒的叙述中,错误的是(C)。

A. 计算机病毒具有潜伏性

B. 计算机病毒具有传染性

C. 感染过计算机病毒的计算机具有对该病毒的免疫性

D. 计算机病毒是一个特殊的寄生程序

(11)计算机网络分为局域网、城域网和广域网，下列属于局域网的是(B)。

A. ChinaDDN 网   B. Novell 网

C. Chiannet 网   D. Internet

(12)构成 CPU 的主要部件是(C)。

A. 内存和控制器   B. 内存和运算器

C. 控制器和运算器   D. 内存、控制器和运算器

(13)以下关于电子邮件的说法，不正确的是(C)。

A. 电子邮件的英文简称是 E-mail

B. 加入因特网的每个用户通过申请都可以得到一个电子信箱

C. 在一台计算机上申请的电子信箱，以后只有通过这台计算机上网才能收信

D. 一个人可以申请多个信箱

(14)运算器的完整功能是进行(B)。

A. 逻辑运算   B. 算术运算和逻辑运算

C. 算术运算   D. 逻辑运算和微积分运算

(15)能直接与 CPU 交换信息的存储器是(C)。

A. 硬盘存储器   B. CD-ROM   C. 内存储器   D. U 盘存储器

(16)汉字的区位码由一个汉字的区号和位号组成，其区号和位号的范围各为(B)。

A. 区号 1~95，位号 1~95   B. 区号 1~94，位号 1~94

C. 区号 0~94，位号 0~94   D. 区号 0~95，位号 0~95

(17)下列各组软件中，全部属于应用软件的是(C)。

A. 程序语言处理程序、数据库管理系统、财务处理软件

B. 文字处理程序、编辑程序、Unix 操作系统

C. 管理信息系统、办公自动化系统、电子商务软件

D. Word 2010、Windows XP、指挥信息系统

(18)以下关于编译程序的说法正确的是(C)。

A. 编译程序属于计算机应用软件，所有用户都需要编译程序

B. 编译程序不会生成目标程序，而是直接执行源程序

C. 编译程序完成高级语言程序到低级语言程序的等价翻译

D. 编译程序构造比较复杂，一般不进行出错处理

(19)20GB 的硬盘表示容量约为(C)。

A. 20 亿个字节   B. 20 亿个二进制

C. 200 亿个字节   D. 200 亿个二进制

(20)如果在一个非零无符号二进制整数之后添加一个 0，则此数的值为原数的(B)。

A. 10 倍   B. 2 倍   C. 1/2   D. 1/0

(21)计算机软件的确切含义是(A)。

A. 计算机程序、数据与相应文档的总称

B. 系统软件与应用软件的总和

C. 操作系统、数据管理软件与应用软件的总和

D. 各类应用软件的总称

（22）下列关于计算机病毒的说法中，正确的是（C）。

A. 计算机病毒是对计算机操作人员身体有害的生物病毒

B. 计算机病毒发作后，将造成计算机硬件永久性的损坏

C. 计算机病毒是一种通过自我复制进行传染的、破坏计算机程序和数据的小程序

D. 计算机病毒是一种有逻辑错误的程序

（23）上网需要在计算机上安装（C）。

A. 数据库管理软件　　　　　　　　B. 视频播放软件

C. 浏览器软件　　　　　　　　　　D. 网络游戏软件

（24）ROM 中的信息是（A）。

A. 由计算机制造厂预先写入的

B. 在系统安装时写入的

C. 根据用户的需求，由用户随时写入的

D. 由程序临时存入的

（25）计算机网络最突出的优点是（A）。

A. 资源共享和快速传输信息　　　　B. 高精度计算和必发邮件

C. 运算速度快和快速传输信息　　　D. 存储容量大和高精度

（26）度量计算机运算速度常用的单位是（A）。

A. MIPS　　　　　B. MHz　　　　　C. MB/s　　　　　D. Mbps

（27）控制器的功能是（A）

A. 指挥、协调计算机各相关硬件工作

B. 指挥、协调计算机各相关软件工作

C. 指挥、协调计算机各相关硬件和软件工作

D. 控制数据的输入和输出

（28）下列设备中，完全属于计算机输出设备的一组是（D）。

A. 喷墨打印机，显示器，键盘　　　B. 激光打印机，键盘，鼠标器

C. 键盘，鼠标器，扫描仪　　　　　D. 打印机，绘图仪，显示器

（29）现代微型计算机中所采用的电子器件是（D）。

A. 电子管　　　　　　　　　　　　B. 晶体管

C. 小规模集成电路　　　　　　　　D. 大规模和超大规模集成电路

（30）计算机操作系统的主要功能是（A）。

A. 管理计算机系统的软件硬件资源，以充分发挥计算机资源的效率，为其他软件提供良好的运行环境

B. 把高级程序设计语言和汇编语言编写的程序翻译成计算机硬件可以直接执行的目标程序，为用户提供良好的软件开发环境

C. 对各类计算机文件进行有效的管理，并提交计算机硬件高效处理

D. 为用户提供方便的操作和使用计算机

（31）造成计算机中存储数据丢失的原因主要是（D）。

A. 病毒侵蚀、人为窃取　　　　　　B. 计算机电磁辐射

C. 计算机存储器硬件损坏　　　　　D. 以上全部

(32)以太网的拓扑结构是(B)。

A.星形 B.总线型 C.环型 D.树形

(33)在下列字符中,其 ASCII 码值最小的一个是(A)。

A.空格字符 B.0 C.A D.a

(34)在计算机指令中,规定其所执行操作功能的部分为(D)。

A.地址码 B.源操作数 C.操作数 D.操作码

(35)用高级程序语言编写的程序(B)。

A.计算机能直接执行 B.具有良好的可读性和可移植性

C.执行效率高 D.依赖于具体的机器

(36)下列叙述中,错误的是(B)。

A.计算机系统由硬件系统和软件系统组成

B.计算机软件由各类应用软件组成

C.CPU 主要由运算器和控制器组成

D.计算机主机由 CPU 和内存器组成

(37)下列关于 ASCCII 编码的叙述中,正确的是(B)。

A.一个字符的标准 ASCII 码占一个字节,其最高二进制位总为 1

B.所有大写英文字母的 ASCCII 码值都小于英文字母"a"的 ASCCII 码值

C.所有大写英文字母的 ASCCII 码值都大于英文字母"a"的 ASCCII 码值

D.标准 ASCCII 码表有 256 个不同的字符编码

(38)在计算机中,组成一个字节的二进制位位数是(D)。

A.1 B.2 C.4 D.8

(39)世界上公认的第一台计算机诞生在(B)。

A.中国 B.美国 C.英国 D.日本

(40)下列关于计算机病毒的叙述中,正确的是(C)。

A.反病毒软件可以查、杀任何种类的病毒

B.计算机病毒是一种被破坏了的程序

C.反病毒软件必须随着新病毒的出现而升级,提高查、杀病毒的功能

D.感染过计算机病毒的计算机具有对该病毒的免疫性

(41)计算机的系统总线是计算机各部件传递信息的公共通道,它分为(C)。

A.数据总线和控制总线 B.地址总线和数据总线

C.数据总线、控制总线和地址总线 D.地址总线和控制总线

(42)正确的 IP 地址是(A)。

A.202.112.111.1 B.202.2.2.2.2

C.202.202.1 D.202.257.14.13

(43)如果删除一个非零无符号二进制数尾部的 2 个 0,则此数的值为原数(D)。

A.4 倍 B.2 倍 C.1/2 D.1/4

(44)下列选项属于"计算机安全设置"的是(C)。

A.定期备份重要数据 B.不下载来路不明的软件及程序

C.停掉 Guest 账号 D.安装杀(防)毒软件

(45)计算机网络的主要目标是(C)。

A. 数据处理和网络游戏 　　　　B. 文献检索和网上聊天

C. 快速通道和资源共享 　　　　D. 共享文件和收发邮件

(46)当电源关闭后,下列关于存储器的说法中,正确的是(B)。

A. 存储在 RAM 中的数据不会丢失 　　B. 存储在 ROM 中的数据不会丢失

C. 存储在 U 盘中的数据会全部丢失 　　D. 存储在硬盘中的数据会丢失

(47)计算机软件系统最核心的是(B)。

A. 程序语言处理系统 　　　　B. 操作系统

C. 数据库管理系统 　　　　D. 诊断程序

(48)下列设备组中,完全属于外部设备的一组是(B)。

A. CD-ROM 驱动器,CPU,键盘,显示器

B. 激光打印机,键盘,CD-ROM 驱动器,鼠标器

C. 内存储器,CD-ROM 驱动器,扫描仪,显示器

D. 打印机,CPU,内存储器,硬盘

(49)下列软件中,属于系统软件的是(B)。

A. 办公自动化软件 　　　　B. Windows XP

C. 管理信息系统 　　　　D. 指挥信息系统

(50)计算机网络中常用的有线传输介质有(C)。

A. 双绞线,红外线,同轴电缆 　　B. 激光,光纤,同轴电缆

C. 双绞线,光纤,同轴电缆 　　D. 光纤,同轴电缆,微波

(51)计算机的技术性能指标主要是指(D)。

A. 计算机所配备的程序设计语言、操作系统、外部设备

B. 计算机的可靠性、可维护性和可用性

C. 显示器的分辨率、打印机的性能等配置

D. 字长、主频、运算速度、内/外存容量

(52)计算机指令由两部分组成,它们是(C)。

A. 运算符和运算数 　　　　B. 操作数和结果

C. 操作码和操作数 　　　　D. 数据和字符

(53)拥有计算机并以拨号方式接入 Internet 的用户需要使用(D)。

A. CD-ROM　　B. 鼠标　　C. U 盘　　D. modem

(54)以下名称是手机中的常用软件,属于系统软件的是(B)。

A. 手机 QQ　　B. Android　　C. 抖音　　D. 微信

(55)显示或打印汉字时,系统使用的是汉字的(B)。

A. 机内码　　B. 字形码　　C. 输入码　　D. 国际交换码

(56)能保存网页地址的文件夹是(D)。

A. 收件箱　　B. 公文包　　C. 我的文档　　D. 收藏夹

(57)世界第一台计算机是 1946 年美国研制成功的,该计算机的英文缩写名为(B)。

A. MARK-Ⅱ 　　　　B. ENIAC

C. EDSAC 　　　　D. EDVAC

(58)下列叙述中，正确的是(C)。

A.内存中存放的只有程序代码

B.内存中存放的只有数据

C.内存中存放的既有程序代码又有数据

D.外存中存放的是当前正在执行的程序代码和所需的数据

(59)下列设备组中，完全属于输入设备的一组是(C)。

A.CD-ROM 驱动器，键盘，显示器　　B.绘图仪，键盘，鼠标器

C.键盘，鼠标器，扫描仪　　　　　　D.打印机，硬盘，条码阅读器

(60)十进制整数 127 转换为二进制整数等于(C)。

A.1010000　　　　B.0001000　　　　C.1111111　　　　D.1011000

(61)下列软件中，属于系统软件的是(C)。

A.航天信息系统　　　　　　　　　B.Office 2003

C.Windows Vista　　　　　　　　　D.决策支持系统

(62)已知英文字母"M"的 ASCII 码值为 6DH，那么 ASCII 码值为 71H 的英文字母是(D)。

A."M"　　　　　B."J"　　　　　C."P"　　　　　D."Q"

(63)CPU 主要技术性能指标有(A)。

A.字长、主频和运算速度　　　　　B.可靠性和精度

C.耗电量和效率　　　　　　　　　D.冷却效率

(64)防火墙是指(C)。

A.一个特定软件　　　　　　　　　B.一个特定硬件

C.执行访问控制策略的一组系统　　D.一批硬件的总称

(65)1946 年首台电子计算机 ENIAC 问世后，冯·诺伊曼(Von Neumann)在研制 EDVAC 计算机时，提出两个重要的改进，它们是(A)。

A.采用二进制和寄存器程序控制的概念

B.引入 CPU 和内存储器的概念

C.采用机器语言和十六进制

D.采用 ASCII 编码系统

(66)假设某台计算机的内存储器容量为 128 MB，硬盘容量 10 G 是内存容量的(C)。

A.40 倍　　　　　B.60 倍　　　　　C.80 倍　　　　　D.100 倍

(67)计算机系统软件中，最基本、最核心的软件是(A)。

A 操作系统　　　　　　　　　　　B.数据库管理系统

C.程序语言处理系统　　　　　　　D.系统维护工具

(68)若已知一汉字的国标码是 5E38H，则其内码是(A)。

A.DEB8H　　　　B.DE38H　　　　C.5EB8H　　　　D.7E58H

(69)计算机网络最突出的优点是(D)。

A.提高可靠性　　　　　　　　　　B.提高计算机的存储容量

C.运算速度快　　　　　　　　　　D.实现资源共享和快速通信

(70)计算机指令主要存放在(B)。

A. CPU　　　　　　B. 内存　　　　　　C. 硬盘　　　　　　D. 键盘

(71)有一个域名为 bit.edu.cu，根据域名代码的规定，此域名表示(A)。

A. 教育机构　　　　　　　　　B. 商业组织

C. 军事部门　　　　　　　　　D. 政府机关

(72)在数制的转换中，下列叙述中正确的一项是(A)。

A. 对于相同的十进制正整数，随着基数 R 的增大，转换结果的位数小于或等于原数据的位数

B. 对于相同的十进制正整数，随着基数 R 的增大，转换结果的位数大于或等于原数据的位数

C. 不同数制的数字符是各不相同的，没有一个数字符是一样的

D. 对于同一个整数值的二进制数表示的位数一定大于十进制数字的位数

(73)计算机硬件能直接识别、执行的语言是(B)。

A. 汇编语言　　　　　　　　　B. 机器语言

C. 高级程序语言　　　　　　　D. C++语言

(74)在微型计算机的硬件设备中，有一种设备在程序设计中既可以当作输出设备，又可以当作输入设备，这种设备是(D)。

A. 绘图仪　　　　　　　　　　B. 网络摄像头

C. 手写笔　　　　　　　　　　D. 磁盘驱动器

(75)在计算机中，每个存储单元都有一个连续的编号，此编号称为(A)

A. 地址　　　　　B. 位置号　　　　　C. 门牌号　　　　　D. 房号

(76)计算机操作系统通常具有的五大功能是(C)。

A. CPU 管理、显示器管理、键盘管理、打印机管理和鼠标器管理

B. 硬盘管理、U 盘管理、CPU 管理、显示器管理和键盘管理

C. 处理器(CPU)管理、存储器管理、文件管理、设备管理和作业管理

D. 启动、打印、显示、文件存取和关机

(77)一般而言，Internet 环境中的防火墙建立在(C)。

A. 每个子网的内部　　　　　　B. 内部子网之间

C. 内部网络与外部网络的交叉点　D. 以上 3 个都不对

(78)若要将计算机与局域网连接，至少需要具有的硬件是(C)。

A. 集线器　　　　　B. 网关　　　　　C. 网卡　　　　　D. 路由器

(79)下列叙述中，正确的是(B)。

A. 计算机病毒只在可执行文件中传染，不执行的文件不会传染

B. 计算机病毒主要通过读/写移动存储器或 Internet 网络进行传播

C. 只要删除所有感染了病毒的文件夹就可以彻底清除病毒

D. 计算机杀病毒软件可以查出和清除任意已知的和未知的计算机病毒

(80)下列叙述中，正确的是(B)。

A. CPU 能直接读取硬盘上的数据

B. CPU 能直接存取内存储器的数据

C. CPU 由存储器、运算器和控制器组成

D. CPU 主要用来存储程序和数据

(81)一个完整的计算机系统应该包括(B)。

A. 主机、键盘和显示器　　　　　　B. 硬件系统和软件系统

C. 主机及它的外部设备　　　　　　D. 系统软件和应用软件

(82)十进制数 18 转换成二进制数是(C)。

A.010101　　　　　B.101000　　　　　C.010010　　　　　D.001010

(83)以下关于编译程序的说法正确的是(C)。

A. 编译程序直接生成可执行文件

B. 编译程序直接执行源程序

C. 编译程序完成高级语言程序到低级语言程序的等价翻译

D. 各种编译程序构造都比较复杂，所以执行效率高

(84)假设某台式计算机的内存储器容量为 256 MB，硬盘容量为 40 GB。硬盘的容量是内存容量的(B)。

A.200 倍　　　　　B.160 倍　　　　　C.120 倍　　　　　D.100 倍

(85)下列各选项中，不属于 Internet 应用的是(C)。

A. 新闻组　　　　　B. 远程登录　　　　　C. 网络协议　　　　　D. 搜索引擎

(86)若网络的各个节点通过中继器连接成一个闭合环路，则称这种拓扑结构为(D)。

A. 总线型拓扑　　　　　　　　　　B. 星形拓扑

C. 树形拓扑　　　　　　　　　　　D. 环形拓扑

(87)在 ASCII 码表中，根据码值由小到大的排列顺序是(A)。

A. 空格字符、数字符、大写英文字符、小写英文字符

B. 数字符、空格字符、大写英文字符、小写英文字符

C. 空格字符、数字符、小写英文字符、大写英文字符

D. 数字符、大写英文字符、小写英文字符、空格字符

(88)下列各类计算机程序语言中，不属于高级程序设计语言的是(D)。

A.Java 语言　　　　　　　　　　　B.C++语言

C.Python 语言　　　　　　　　　　D. 汇编语言

(89)按电子计算机传统的分类方法，第一代至第四代计算机依次是(C)。

A. 机械计算机，电子管计算机，晶体管计算机，集成电路计算机

B. 晶体管计算机，集成电路计算机，大规模集成电路计算机，光器件计算机

C. 电子管计算机，晶体管计算机，小、中规模集成电路计算机，大规模和超大规模集成电路计算机

D. 手摇机械计算机，电动机械计算机，电子管计算机，晶体管计算机

(90)计算机网络传输介质传输速率的单位是 bps，其含义是(D)。

A. 字节/秒　　　　　　　　　　　　B. 字/秒

C. 字段/秒　　　　　　　　　　　　D. 二进制位/秒

(91)下列关于指令系统的描述，正确的是(B)。

A. 指令由操作码和控制码两部分组成

B. 指令的地址码可能是操作数，也可能是操作数的内存单元地址

C.指令的地址码部分是不可缺少的

D.指令的操作码部分描述了完成指令所需要的操作数类型

(92)在所列出的：①字处理软件，②Linux，③Unix，④学籍管理系统，⑤Windows XP 和⑥Office2010 等六个软件中，属于系统软件的有(B)。

A.①，②，③   B.②，③，⑤

C.①，②，③，⑤   D.全部都不是

(93)字长是 CPU 的主要性能指标之一，它表示(A)。

A.CPU 一次能处理二进制数据的位数

B.CPU 最长的十进制整数的位数

C.CPU 最大的有效数字位数

D.CPU 计算结果的有效数字长度

(94)在下列字符中，其 ASCII 码值最小的一个是(A)。

A.9   B.p   C.Z   D.a

(95)假设邮件服务器的地址是 email.bj163.com，则用户的正确电子邮箱地址的格式是(B)。

A.用户名#email.bj163.com   B.用户名@email.bj163.com

C.用户名 &email.bj163.com   D.用户名 $ email.bj163.com

(96)下列不是度量存储器容量的单位是(C)。

A.KB   B.MB   C.GHz   D.GB

(97)计算机网络最突出的优点是(D)。

A.精度高   B.运算速度快   C.容量大   D.共享资源

(98)计算机病毒是指能够侵入计算机系统并在计算机系统中潜伏、传播，破坏系统正常工作的一种具有繁殖能力的(B)。

A.流行性感冒病毒   B.特殊小程序

C.特殊微生物   D.源程序

(99)计算机网络中常用的传输介质中传输速率最快的是(B)。

A.双绞线   B.光纤   C.同轴电缆   D.电话线

(100)防火墙用于将 Internet 和内部网络隔离，因此它是(D)。

A.防止 Internet 火灾的硬件设施

B.抗电磁干扰的硬件设施

C.保护网线不受破坏的软件和硬件设施

D.网络安全和信息安全的软件和硬件设施

(101)CPU 的指令系统又称为(B)。

A.汇编语言   B.机器语言

C.程序设计语言   D.符号语言

(102)组成一个完整的计算机系统应该包括(D)。

A.主机、鼠标器、键盘和显示器

B.系统软件和应用软件

C.主机、显示器、键盘和音箱等外部设备

D. 硬件系统和软件系统

(103)已知三个字符为 A、X 和 5,按它们的 ASCII 码值升序排序,结果是(D)。

A. 5, a, X　　　　B. a, 5, X　　　　C. X, a, 5　　　　D. 5, X, a

(104)关于世界上第一台电子计算机 ENIAC 的叙述中,错误的是(C)。

A. ENIAC 是 1946 年在美国诞生的

B. 它主要采用电子管和继电器

C. 它是首次采用存储程序和程序控制自动工作的电子计算机

D. 研制它的主要目的是计算弹道

(105)十进制整数 64 转换为二进制整数等于(B)。

A. 1100000　　　　B. 1000000　　　　C. 1000100　　　　D. 1000010

(106)把高级程序设计语言编写的源程序翻译成目标程序的程序称为(C)。

A. 汇编程序　　　　B. 编辑程序　　　　C. 编译程序　　　　D. 解释程序

(107)操作系统的主要功能是(B)。

A. 对用户的数据文件进行管理,为用户提供管理文件的方便

B. 对计算机的所有资源进行统一控制和管理,为用户使用计算机提供方便

C. 对源程序进行编译和运行

D. 对汇编语言程序进行翻译

(108)办公自动化按计算机应用的分类,它属于(D)。

A. 科学计算　　　　　　　　　B. 辅助设计

C. 实时控制　　　　　　　　　D. 数据处理

(109)在因特网技术中,缩写 ISP 的中文全名是(A)。

A. 因特网服务提供商　　　　　　B. 因特网服务产品

C. 因特网服务协议　　　　　　　D. 因特网服务程序

(110)用来控制、指挥和协调计算机各部件工作的是(C)。

A. 运算器　　　　B. 鼠标器　　　　C. 控制器　　　　D. 存储器

(111)随机存取存储器的最大特点是(C)。

A. 存储量极大,属于海量存储器

B. 存储在其中的信息可能永久保存

C. 一旦断电,存储在其上的信息将全部消失,且无法恢复

D. 计算机只是用来存储数据的

(112)下列不属于计算机特点的是(D)。

A. 存储程序控制,工作自动化　　　　B. 具有逻辑推理和判断能力

C. 处理速度快,存储量大　　　　　　D. 不可靠、故障率高

(113)操作系统是计算机软件系统中(B)。

A. 最常用的应用软件　　　　　　B. 最核心的系统软件

C. 最通用的专用软件　　　　　　D. 最流行的通用软件

(114)面向对象的程序设计语言是一种(C)。

A. 依赖于计算机的低级程序设计语言

B. 计算机能直接执行的程序设计语言

C.可移植性较好的高级程序设计语言

D.执行效率较高的程序设计语言

(115)操作系统中的文件管理系统为用户提供的功能是(B)。

A.按文件作者存取文件　　　　　　B.按文件名管理文件

C.按文件创建日期存取文件　　　　D.按文件大小存取文件

(116)CPU 的中文名称是(D)。

A.控制器　　　　　　　　　　　　B.不间断电源

C.算术逻辑部件　　　　　　　　　D.中央处理器

(117)1KB 的准确数值是(A)。

A. 1024 Bytes　　　　　　　　　　B. 1000 Bytes

C. 1024 Bits　　　　　　　　　　 D. 1000 Bits

(118)在下列字符中,其 ASCII 码值最大的一个是(C)。

A.9　　　　　　B. Q　　　　　　C. d　　　　　　D. F

(119)下列各存储器中,存取速度最快的一种是(A)。

A. RAM　　　　　B.光盘　　　　　C. U 盘　　　　　D.硬盘

(120)下列各项中,正确的电子邮箱地址是(A)。

A. L202@ sina. com　　　　　　　B. TT202#yahoo. com

C. A112. 256. 23. 8　　　　　　　D. K201&yahoo. com. cn

(121)下列度量单位中,用来度量 CPU 时钟主频的是(C)。

A. MB/s　　　　　B. MIPS　　　　C. GHz　　　　　D. MB

(122)为了防止信息被别人窃取,可以设置开机密码,下列密码设置最安全的是(B)。

A. 12345678　　　　　　　　　　 B. nd@ YZ@ g1

C. NDYZ　　　　　　　　　　　　 D. Yingzhong

(123)下列各组软件中,属于应用软件的一组是(D)。

A. Windows XP 和管理信息系统

B. Unix 和文字处理程序

C. Linux 和视频播放系统

D. Office 2010 和军事指挥程序

(124)用来存储当前正在运行的应用程序及相应数据的存储器是(A)。

A.内存　　　　　　B.硬盘　　　　　C. U 盘　　　　　D. CD-ROM

(125)下列叙述中,正确的是(C)。

A.高级语言编写的程序可移植性差

B.机器语言就是汇编语言,无非是名称不同而已

C.指令是由一串二进制数 0、1 组成的

D.用机器语言编写的程序可读性好

(126)一般来说,数字化声音的质量越高,则要求(B)。

A.量化位数越少,采样率越低　　　B.量化位数越多,采样率越高

C.量化位数越少,采样率越高　　　D.量化位数越多,采样率越低

(127)字长是 CPU 的主要技术性能指标之一,它表示的是(B)。

A. CPU 的计算机结果的有效数字长度

B. CPU 一次能处理二进制数据的位数

C. CPU 能表示的最大有效数字位数

D. CPU 能表示的十进制整数的位数

(128)关于汇编语言程序(C)。

A. 相对于高级程序设计语言程序具有良好的可移植性

B. 相对于高级程序设计语言程序具有良好的可读性

C. 相对于机器语言程序具有良好的可移植性

D. 相对于机器语言程序具有较高的执行效率

(129)下列叙述中,错误的是(A)。

A. 硬磁盘可以与 CPU 之间直接交换数据

B. 硬磁盘在主机箱内,可以存放大量文件

C. 硬磁盘是外存储器之一

D. 硬磁盘的技术指标之一是每分钟的转速 rpm

(130)根据域名代码规定,表示政府部门网站的域名代码是(C)。

A. . net   B. . com   C. . gov   D. . org

(131)计算机网络是一个(C)。

A. 管理信息系统   B. 编译系统

C. 在协议控制下的多机互联网   D. 网上购物系统

(132)下列英文缩写和中文名字的对照中,错误的是(C)。

A. CAD—计算机辅助设计   B. CAM—计算机辅助制造

C. CIMS—计算机集成管理系统   D. CAI—计算机辅助教育

(133)下列设备中,可以作为微型计算机输入设备的是(C)。

A. 打印机   B. 显示器   C. 鼠标器   D. 绘图仪

(134)一个完整的计算机系统应该包括(B)。

A. 主机、键盘和显示器   B. 硬件系统和软件系统

C. 主机和它的外部设备   D. 系统软件和应用软件

(135)随着 Internet 的发展,越来越多的计算机感染病毒的可能途径之一是(D)。

A. 在键盘上输入数据

B. 通过电源线

C. 所使用的光盘表面不清洁

D. 通过 Internet 的 E-mail,附着在电子邮件的信息中

(136)下列软件中,不是操作系统的是(D)。

A. Linux   B. Unix   C. MS-DOS   D. MS Office

(137)下列关于 CPU 的叙述中,正确的是(B)。

A. CPU 能直接读取硬盘上的数据

B. CPU 能直接与内存储器交换数据

C. CPU 的主要组成部分是存储器和控制器

D. CPU 主要用来执行算术运算

(138)在 Internet 上浏览时,浏览器和 WWW 服务器之间传输网页使用的协议是(A)。

A. HTTP   B. IP   C. FTP   D. SMTP

(139)十进制数 59 转换成无符号二进制整数是(B)。

A. 0111101   B. 0111011   C. 0110101   D. 0111111

(140)计算机技术中,下列表示存储器容量的单位中,最大的单位是(D)。

A. KB   B. MB   C. Byte   D. GB

(141)千兆以太网通常是一种高速局域网,其网络数据传输速率大约为(B)。

A. 1000000 位/秒   B. 1000000000 位/秒

C. 1000000 字节/秒   D. 1000000000 字节/秒

(142)在标准 ASCII 码表中,已知英文字母"A"的十进制码值是 65,英文字母"a"的十进制码值是(C)。

A. 95   B. 96   C. 97   D. 91

(143)下列关于电子邮件的叙述中,正确的是(D)。

A. 如果收件人的计算机没有打开时,发件人发来的电子邮件将无法接收

B. 如果收件人的计算机没有打开时,发件人发来的电子邮件将退回

C. 如果收件人的计算机没有打开时,当收件人的计算机打开时再重发

D. 发件人发来的电子邮件保存在收件人的电子邮箱中,收件人可随时接收

(144)在标准 ASCII 码表中,已知英文字母"K"的十六进制码值是 4B,则二进制 ASCII 码 1001000 对应的字母是(B)。

A. "G"   B. "H"   C. "I"   D. "J"

(145)用 MIPS 衡量计算机性能指标是(D)。

A. 处理能力   B. 存储容量   C. 可靠性   D. 运算速度

(146)计算机中,负责指挥计算机各部分自动协调一致地进行工作的部件是(B)。

A. 运算器   B. 控制器   C. 存储器   D. 总线

(147)硬盘属于(B)。

A. 内部存储器   B. 外部存储器

C. 只读存储器   D. 输出设备

(148)下面关于操作系统的叙述中,正确的是(A)。

A. 操作系统是计算机软件系统中的核心软件

B. 操作系统属于应用软件

C. Windows 是 PC 机唯一的操作系统

D. 操作系统的五大功能为:启动、打印、显示、文件存取和关机

(149)下列选项属于面向对象的程序设计语言是(B)。

A. Java 和 C   B. Java 和 C++   C. VB 和 C   D. VB 和 Word

(150)下列软件中,属于应用软件的是(D)。

A. 操作系统   B. 数据库管理系统

C. 程序设计语言处理系统   D. 管理信息系统

(151)办公自动化(OA)是计算机的一项应用,按计算机应用的分类,它属于(D)。

A. 科学计算   B. 辅助设计   C. 实时控制   D. 信息处理

（152）显示器的主要技术指标之一是（A）。

A. 分辨率　　　　　B. 亮度　　　　　C. 重量　　　　　D. 耗电量

（153）下列叙述中，正确的是（A）。

A. 用高级语言编写的程序称为源程序

B. 计算机能直接识别、执行用汇编语言编写的程序

C. 机器语言编写的程序执行效率最低

D. 不同型号的 CPU 具有相同的机器语言

（154）目前广泛使用的 Internet，其前身可追溯到（A）。

A. ARPANET　　　　B. CHINANET　　　　C. DECNET　　　　D. NOVELL

（155）计算机网络是计算机技术和（B）。

A. 自动化技术的结合　　　　　　　　B. 通信技术的结合

C. 电缆等传输技术的结合　　　　　　D. 信息技术的结合

（156）在 CD 光盘上标"CD-RW"字样，"RW"标记表明该光盘是（B）。

A. 只能写入一次，可以反复读出的一次性写入光盘

B. 可多次擦除型光盘

C. 只能读出，不能写入的只读光盘

D. 其驱动器单倍速为 1350 KB/s 的高密度可读写光盘

（157）某 800 万像素的数码相机，拍摄照片的最高分辨率大约是（A）。

A. 3200×2400　　B. 2048×1600　　C. 1600×1200　　D. 1024×768

（158）十进制数 100 转换成无符号二进制整数是（C）。

A. 0110101　　　B. 01101000　　　C. 01100100　　　D. 01100110

（159）第二代电子计算机的主要元件是（B）。

A. 继电器　　　　　B. 晶体管　　　　C. 电子管　　　　D. 集成电路

（160）1GB 的准确值是（C）。

A. 1024×1024 Bytes　　　　　　　B. 1024 KB

C. 1024 MB　　　　　　　　　　　D. 1000×1000 KB

（161）通常所说的计算机的主机是指（A）。

A. CPU 和内存　　　　　　　　　　B. CPU 和硬盘

C. CPU、内存和硬盘　　　　　　　　D. CPU、内存和 CD-ROM

（162）下面关于随机存取存储器（RAM）的叙述中，正确的是（A）。

A. 存储在 SRAM 或 DRAM 中的数据在断电后全部消失无法恢复

B. SRAM 的集成度比 DRAM 高

C. DRAM 的存取速度比 SRAM 快

D. DRAM 常用来做 Cache 用

（163）下列软件中，属于系统软件的是（A）。

A. C++编译程序　　　　　　　　　B. Excel 2010

C. 学籍管理系统　　　　　　　　　D. 财务管理系统

（164）在标准 ASCII 码表中，已知英文字母"A"的 ASCII 码是 01000001，英文字母"D"的 ASCII 码是（B）。

A. 01000011 B. 01000100 C. 01000101 D. 01000110

(165)组成微型计算机主机的部件是(C)。

A. 内存和硬盘   B. CPU、显示器和键盘

C. CPU 和内存   D. CPU、内存、硬盘、显示器和键盘

(166)在计算机的硬件技术中,构成存储器的最小单位是(B)。

A. 字节(Byte)   B. 二进制位(bit)

C. 字(Word)   D. 双字(double word)

(167)通信技术主要是用于扩展人的(B)。

A. 处理信息功能   B. 传递信息功能

C. 收集信息功能   D. 信息的控制与使用功能

(168)"32 位微型计算机"中的 32 位指的是(D)。

A. 微型计算机型号   B. 内存容量

C. 存储单位   D. 机器字长

(169)移动硬盘或优盘连接计算机所使用的接口通常是(C)。

A. RS-232C 接口 B. 并行接口 C. USB D. UBS

(170)计算机主要技术指标通常是指(B)。

A. 所配备的系统软件的版本

B. CPU 的时钟频率、运算速度、字长和存储量

C. 扫描仪的分辨率、打印机的配置

D. 硬盘容量的大小

(171)无符号二进制整数 111111 转换成十进制数是(C)。

A. 71   B. 65   C 63   D. 62

(172)下列关于计算机病毒的描述,正确的是(D)。

A. 正版软件不会受到计算机病毒的攻击

B. 光盘上的软件不可能携带计算机病毒

C. 计算机病毒是一种特殊的计算机程序,因此数据文件中不可能携带病毒

D. 任何计算机病毒一定会有清除的办法

(173)在因特网上,一台计算机可以作为另一台主机的远程终端,使用该主机的资源,该项服务称为(A)。

A. telnet   B. BBS   C. FTP   D. WWW

(174)编译程序将高级语言程序翻译成与之等价的机器语言程序,该机器语言程序称为(D)。

A. 工作程序 B. 机器程序 C. 临时程序 D. 目标程序

(175)对一个图形来说,用位图格式文件存储与用矢量格式文件存储所占用的空间比较(B)。

A. 更小   B. 更大   C. 相同   D. 无法确定

(176)下列选项中,不属于显示主要技术指标的是(B)。

A. 分辨率   B. 重量

C. 像素的点距   D. 显示器的尺寸

(177)广域网中采用的交换技术大多是(C)。

A. 电路交换   B. 报文交换

C. 分组交换   D. 自定义交换

(178)铁路联网售票系统,按计算机应用的分类,它属于(D)。

A. 科学计算   B. 辅助设计

C. 实时控制   D. 信息处理

(179)操作系统是(B)。

A. 主机与外设的接口   B. 用户与计算机的接口

C. 系统软件与应用软件的接口   D. 高级语言与汇编语言的接口

(180)下列关于电子邮件的说法,正确的是(C)。

A. 收件人必须有 E-mail 地址,发件人可以没有 E-mail 地址

B. 发件人必须有 E-mail 地址,收件人可以没有 E-mail 地址

C. 发件人和收件人都必须有 E-mail 地址

D. 发件人必须知道收件人的邮政编码

(181)下列设备组中,完全属于外部设备的一组的是(A)。

A. 激光打印机,移动硬盘,鼠标器

B. CPU,键盘,显示器

C. SRAM 内存条,CD-ROM 驱动器,扫描仪

D. 优盘,内存储器,硬盘

(182)下列软件中,属于应用软件的是(B)。

A. Windows XP   B. PowerPoint 2010

C. Unix   D. Linux

(183)以下有关光纤通信的说法中,错误的是(C)。

A. 光纤通信是利用光导纤维传导光信号来进行通信的

B. 光纤通信具有通信容量大、保密性强和传输距离长等优点

C. 光纤线路的损耗大,所以每隔 1~2 千米就需要中继器

D. 光纤通信常用波分多路复用技术提高通信容量

(184)UPS 的中文译名是(B)。

A. 稳压电源   B. 不间断电源   C. 高能电源   D. 调压电源

(185)微机的字长是 4 个字节,这意味着(C)。

A. 能处理的最大数值为 4 位十进制数 9999

B. 能处理的字符串最多由 4 个字符组成

C. 在 CPU 中作为一个整体加以传送处理的是 32 位二进制代码

D. 在 CPU 中运算的最大结果为 2 的 32 次方

(186)KB(千字节)是度量存储器容量大小的常用单位之一,1KB 等于(B)。

A. 1000 个字节   B. 1024 个字节

C. 1000 个二进位   D. 1024 个字

(187)下列度量单位中,用来度量计算机外部设备传输率的是(A)。

A. MB/s   B. MIPS   C. GHz   D. MB

(188)操作系统的作用是(D)。

A. 用户操作规范　　　　　　　B. 管理计算机硬件系统

C. 管理计算机软件系统　　　　D. 管理计算机系统的所有资源

(189)下列描述正确的是(B)。

A. 计算机不能直接执行高级语言源程序，但可以直接执行汇编语言源程序

B. 高级语言与 CPU 型号无关，但汇编语言与 CPU 型号有关

C. 高级语言源程序不如汇编语言源程序的可读性强

D. 高级语言程序不如汇编语言程序的移植性好

(190)下面关于优盘的描述中，错误的是(C)。

A. 优盘有基本型、增强型和加密型三种

B. 优盘的特点是重量轻、体积小

C. 优盘多固定在机箱内，不便携带

D. 断电后，优盘还能保持存储的数据不丢失

(191)在下列关于字符大小关系的说法中，正确的是(C)。

A. 空格>a>A　　B. 空格>A>a　　C. a>A>空格　　D. A >a>空格

(192)电子商务的本质是(C)。

A. 计算机技术　　B. 电子技术　　C. 商务活动　　D. 网络技术

(193)下面关于 USB 的叙述中，错误的是(A)。

A. USB 接口的尺寸比并行接口大得多

B. USB2.0 的数据传输率大大高于 USB1.0

C. USB 具有热插拔与即插即用的功能

D. 在 Windows XP 下，使用 USB 接口连接的外部设备(如移动硬盘、U 盘等)不需要驱动程序

(194)下列各项中，非法的 Internet 的 IP 地址是(C)。

A. 202.96.12.14　　　　　　　B. 202.196.72.140

C. 112.256.23.8　　　　　　　D. 201.124.38.79

(195)用户名为 XUEJY 的正确电子邮件地址是(D)。

A. XUEJY@ bj163.com　　　　B. XUEJY&bj163.com

C. XUEJY#bj163.com　　　　　D. XUEJY@ bj163.com

(196)按照数据的进位制概念，下列各数中正确的八进制数是(A)。

A. 1101　　　　B. 7081　　　　C. 1109　　　　D. B03A

(197)局域网中，提供并管理共享资源的计算机称为(C)。

A. 网桥　　　　B. 网关　　　　C. 服务器　　　　D. 工作站

(198)以.jpg 为扩展名的文件通常是(C)。

A. 文本文件　　　　　　　　　B. 音频信号文件

C. 图像文件　　　　　　　　　D. 视频信号文件

(199)早期的计算机语言中，所有的指令、数据都用一串二进制数 0 和 1 表示，这种语言称为(B)。

A. Basic 语言　　B. 机器语言　　C. 汇编语言　　D. Java 语言

参考文献

[1]刘志成，石坤泉.大学计算机基础上机指导与习题集(微课版)[M].3版.北京：人民邮电出版社，2024.

[2]史小英，张敏华.信息技术上机指导与习题集(基础模块)[M].北京：人民邮电出版社，2023.

[3]吕新平，吕金雯，王丽彬.大学计算机基础上机指导与习题集(微课版)[M].7版.北京：人民邮电出版社，2023.

[4]赵莉，谷晓蕾.信息技术(基础模块)[M].北京：电子工业出版社，2023.

[5]王珊，杜小勇，陈红.数据库系统概论[M].6版.北京：高等教育出版社，2023.

[6]肖珑.信息技术基础[M].北京：高等教育出版社，2022.

[7]薛红梅，申艳光.大学计算机：计算思维导论[M].2版.北京：清华大学出版社，2021.

[8]眭碧霞.信息技术基础[M].2版.北京：高等教育出版社，2021.

[9]史小英，张敏华.信息技术上机指导与习题集[M].北京：人民邮电出版社，2021.

[10]刘云翔，王志敏.信息技术基础与应用[M].北京：清华大学出版社，2020.